# 自動車整備士最新試験問題解説〈3級自動車ガソリン・エンジン〉

◎試験問題は最近8か年に施行された登録試験の学科問題を年次順に収録してあります。

◎解説は解答を得るヒントを出来るだけ簡潔にまとめてあります。学習に際して詳細な部分については教科書を,また用語に関しては小社「最新版自動車用語辞典」との併用をお勧めします。

# 目　次

# 28・10　試験問題（登録）

**【No.1】** ガソリン・エンジンの排出ガスに関する記述として，**適切なもの**は次のうちどれか。

(1) 燃焼ガス温度が高いとき，$N_2$(窒素)と$O_2$(酸素)が反応してNOx(窒素酸化物)が生成される。

(2) ブローバイ・ガスに含まれる有害物質は，主に$N_2$である。

(3) 三元触媒は，排気ガス中の$CO_2$(二酸化炭素)，$H_2O$(水蒸気)，$N_2$をCO(一酸化炭素)，HC(炭化水素)，NOxにそれぞれ変えて浄化している。

(4) 燃料蒸発ガスとは，ピストンとシリンダ壁との隙間からクランクケース内に吹き抜けるガスである。

**【No.2】** 図に示すクランクシャフトのA～Dのうち，バランス・ウェイトを表すものとして，**適切なもの**は次のうちどれか。

(1) A
(2) B
(3) C
(4) D

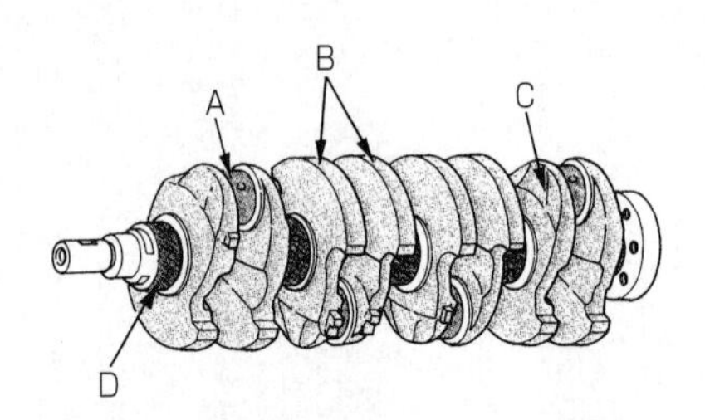

【No.3】 レシプロ・エンジンのバルブ機構に関する記述として，**適切なもの**は次のうちどれか。

(1) 一般に，インテーク・バルブのバルブ・ヘッドの外径は，吸入混合気量を多くするためエキゾースト・バルブより小さくなっている。
(2) カムシャフト・タイミング・スプロケットの回転速度は，クランクシャフト・タイミング・スプロケットの2倍である。
(3) カムシャフトのカムの長径と短径との差をカム・リフトという。
(4) バルブ・スプリングには，高速時の異常振動などを防ぐため，シリンダ・ヘッド側のピッチを広くした不等ピッチのスプリングが用いられている。

【No.4】 図に示すシリンダ・ヘッド・ボルトの締め付け順序として，**適切なもの**は次のうちどれか。

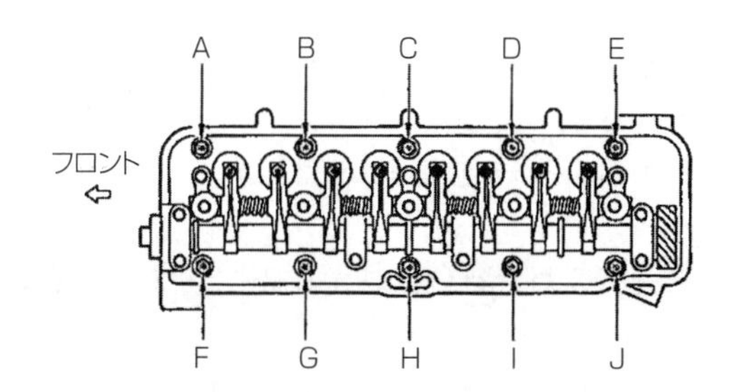


(1) A→J→E→F→I→B→D→G→C→H
(2) B→I→D→G→J→A→F→E→H→C
(3) A→B→C→D→E→F→G→H→I→J
(4) C→H→D→G→I→B→J→A→E→F

【No.5】 点火順序が1－2－4－3の4サイクル直列4シリンダ・エンジンの第4シリンダが排気行程の上死点にあり，この位置からクランクシャフトを回転方向に360°回したときに，排気行程の上死点にあるシリンダとして，**適切なもの**は次のうちどれか。

(1) 第1シリンダ
(2) 第2シリンダ
(3) 第3シリンダ
(4) 第4シリンダ

【No.6】 カートリッジ式(非分解式)オイル・フィルタのバイパス・バルブが開くときの記述として，**適切なもの**は次のうちどれか。

(1) オイル・フィルタの出口側の圧力が入口側の圧力以上になったとき。
(2) オイル・ポンプから圧送されるオイルの圧力が規定値以下になったとき。
(3) オイル・フィルタのエレメントが目詰まりし，その入口側の圧力が規定値以上になったとき。
(4) オイル・ストレーナが目詰まりしたとき。

【No.7】 全流ろ過圧送式潤滑装置に関する記述として，**適切なもの**は次のうちどれか。

(1) オイル・パンのバッフル・プレートは，オイル・パン底部にたまった鉄粉を吸着する働きをしている。
(2) オイル・ポンプのリリーフ・バルブは，オイルの圧力が規定値以上になると作動する。
(3) トロコイド式オイル・ポンプのアウタ・ロータの山とインナ・ロータの山とのすき間をボデー・クリアランスという。
(4) オイル・プレッシャ・スイッチは，オイル・ストレーナからオイル・ポンプ間の油圧を検出している。

【No.8】　水冷・加圧式の冷却装置に関する記述として，**不適切なもの**は次のうちどれか。

(1)　標準型のサーモスタットのバルブは，冷却水温度が上昇し規定温度に達すると閉じて，冷却水がラジエータを循環して冷却水温度が下げられる。

(2)　ラジエータ・コアは，多数のチューブと放熱用フィンからなっている。

(3)　LLC(ロング・ライフ・クーラント)の成分は，エチレン・グリコールに数種類の添加剤を加えたものである。

(4)　電動式ウォータ・ポンプは，補機駆動用ベルトによって駆動されるものと比べて，燃費を低減させることができる。

【No.9】　プレッシャ型ラジエータ・キャップの構成部品のうち，冷却水温度が上昇して冷却系統内の圧力が規定値より高くなったときに開くものとして，**適切なもの**は次のうちどれか。

(1)　ジグル・バルブ

(2)　バイパス・バルブ

(3)　リリーフ・バルブ

(4)　プレッシャ・バルブ

【No.10】　ガソリン・エンジンの燃焼に関する記述として，**不適切なもの**は次のうちどれか。

(1)　運転中にノッキングが発生すると，キンキンやカリカリという異音がする。

(2)　自動車から排出される有害なガスは，排気ガス，ブローバイ・ガス，燃料蒸発ガスである。

(3)　排気ガス中の有害物質の発生には，一般に空燃比と燃焼ガス温度などが影響する。

(4)　始動時，アイドリング時，高負荷時などには，一般に薄い混合気が必要になる。

**【No.11】** 排気装置のマフラに関する記述として，**不適切なもの**は次のうちどれか。

(1) 冷却により排気ガスの圧力を上げて音を減少させる。

(2) 排気の通路を絞り，圧力の変動を抑えて音を減少させる。

(3) 吸音材料により音波を吸収する。

(4) 管の断面積を急に大きくし，排気ガスを膨張させることにより圧力を下げて音を減少させる。

**【No.12】** 電子制御式燃料噴射装置に関する記述として，**不適切なもの**は次のうちどれか。

(1) くら型のフューエル・タンクでは，ジェット・ポンプによりサブ室からメーン室に燃料を移送している。

(2) 燃料噴射量の制御は，インジェクタの噴射時間を制御することによって行われている。

(3) インジェクタのソレノイド・コイルに電流が流れると，ニードル・バルブが全閉位置に移動し，燃料が噴射される。

(4) チャコール・キャニスタは，燃料蒸発ガスが大気中に放出されるのを防止している。

**【No.13】** 電子制御式燃料噴射装置のインジェクタの構成部品として，**不適切なもの**は次のうちどれか。

(1) プレッシャ・レギュレータ

(2) ソレノイド・コイル

(3) ニードル・バルブ

(4) プランジャ

【No.14】 半導体に関する記述として，**適切なもの**は次のうちどれか。

(1) 発光ダイオードは，光信号から電気信号への変換などに使われている。

(2) シリコンやゲルマニウムは，不純物半導体である。

(3) P型半導体は，正孔が多くあるようにつくられた不純物半導体である。

(4) ダイオードは，直流を交流に変換する整流回路などに使われている。

【No.15】 熱放散の度合いが大きいスパーク・プラグに関する記述として，**適切なもの**は次のうちどれか。

(1) ホット・タイプと呼ばれる。

(2) 低熱価型と呼ばれる。

(3) 焼け型と呼ばれる。

(4) 碍子（がいし）脚部が標準熱価型より短い。

【No.16】 図に示すブラシ型オルタネータに用いられているロータのAの名称として，**適切なもの**は次のうちどれか。

(1) ロータ・コア

(2) スリップ・リング

(3) シャフト

(4) ロータ・コイル

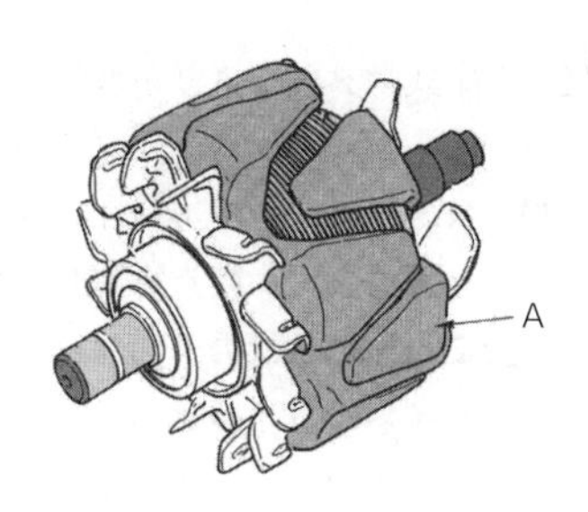

【No.17】 スター結線のオルタネータに関する次の文章の（イ)～(ロ）に当てはまるものとして，下の組み合わせのうち，**適切なもの**はどれか。

オルタネータは,ステータ・コイルを（イ）用いており,それぞれ（ロ）ずつずらして配置している。

| | （イ） | （ロ） |
|---|---|---|
| (1) | 2個 | 180° |
| (2) | 3個 | 120° |
| (3) | 4個 | 90° |
| (4) | 6個 | 60° |

【No.18】 リダクション式スタータに関する記述として，**適切なもの**は次のうちどれか。

(1) オーバランニング・クラッチは，アーマチュアの回転を増速させる働きをしている。

(2) モータのフィールドは，ヨーク，ポール・コア(鉄心)，アーマチュア・コイルなどで構成されている。

(3) モータの回転は，減速ギヤ部を介さずにピニオン・ギヤに伝えている。

(4) 直結式スタータより小型軽量化ができる利点がある。

【No.19】 スタータのマグネット・スイッチで，スタータ・スイッチをONにしたときにメーン接点を閉じる力(プランジャを動かすための力)として，**適切なもの**は次のうちどれか。

(1) プルイン・コイルとホールディング・コイルの磁力

(2) フィールド・コイルの磁力

(3) ホールディング・コイルのみの磁力

(4) アーマチュア・コイルの磁力

【No.20】 点火装置に用いられるイグニション・コイルにおいて，二次コイルと比べたときの一次コイルの特徴に関する記述として，**適切なもの**は次のうちどれか。

(1) 線径が太く巻き数が多い。
(2) 線径が太く巻き数が少ない。
(3) 線径が細く巻き数が多い。
(4) 線径が細く巻き数が少ない。

【No.21】 鉛バッテリの充電に関する記述として，**不適切なもの**は次のうちどれか。

(1) 定電流充電法では，一般に定格容量の1／10程度の電流で充電を行う。
(2) 充電中は，電解液の温度が45℃（急速充電の場合は55℃）を超えないように注意する。
(3) 補充電とは，放電状態にあるバッテリを，短時間でその放電量の幾らかを補うために，大電流（定電流充電の数倍～十倍程度）で充電を行う方法である。
(4) 同じバッテリを２個同時に充電する場合は，直列接続で行う。

【No.22】 図に示すレシプロ・エンジンのシリンダ・ブロックにピストンを挿入するときに用いられる工具Aの名称として，**適切なもの**は次のうちどれか。

(1) ピストン・リング・コンプレッサ
(2) シリンダ・ゲージ
(3) コンビネーション・プライヤ
(4) ピストン・リング・リプレーサ

【No.23】 潤滑剤に用いられるグリースに関する記述として，**適切なもの**は次のうちどれか。

(1) グリースは，常温では柔らかく，潤滑部が作動し始めると摩擦熱で徐々に固くなる。

(2) カルシウム石けんグリースは，マルチパーパス・グリースとも呼ばれている。

(3) リチウム石けんグリースは，耐熱性や機械的安定性が高い。

(4) 石けん系のグリースには，ベントン・グリースやシリカゲル・グリースなどがある。

【No.24】 Ｖリブド・ベルトに関する記述として，**不適切なもの**は次のうちどれか。

(1) Ｖベルトと比較してベルト断面が薄いため，耐屈曲性及び耐疲労性に優れている。

(2) Ｖベルトと比較して伝達効率が劣る。

(3) Ｖベルトと比較して張力の低下が少ない。

(4) Ｖベルトと同じ目的で使用される。

【No.25】 自動車に使用されている鉄鋼の熱処理に関する記述として，**適切なもの**は次のうちどれか。

(1) 焼き入れとは，鋼の硬さ及び強さを増すために，ある温度まで加熱した後，水や油などで急に冷却する操作をいう。

(2) 浸炭とは，高周波電流で鋼の表面層を加熱処理する焼き入れ操作をいう。

(3) 窒化とは，鋼の表面層から中心部まで窒素を染み込ませ硬化させる操作をいう。

(4) 焼き戻しとは，粘り強さを増すために，ある温度まで加熱した後，急速に冷却する操作をいう。

【No.26】 図に示す電気回路において，12V用の電球を12Vの電源に接続したときの内部抵抗が４Ωである場合，電球の消費電力として，**適切なもの**は次のうちどれか。ただし，バッテリ及び配線の抵抗はないものとする。

（1） 3W
（2） 24W
（3） 36W
（4） 48W

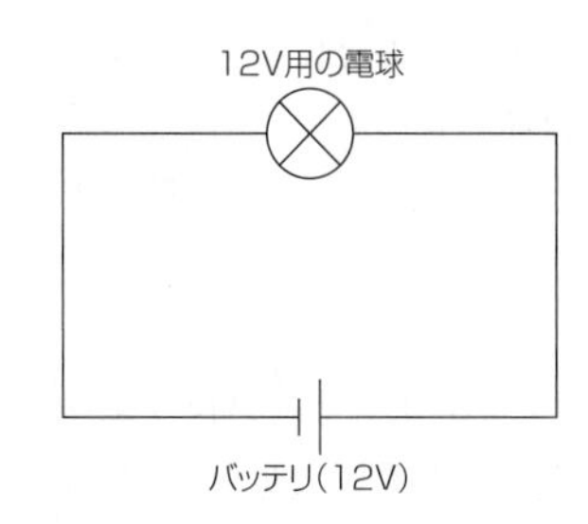


【No.27】 自動車整備等に用いるリーマに関する記述として，**適切なもの**は次のうちどれか。

（1） 金属材料の穴の内面仕上げに使用する。
（2） 金属材料のはつり及び切断に使用する。
（3） ベアリングやブシュなどの脱着に使用する。
（4） おねじのねじ立てに使用する。

【No.28】「道路運送車両の保安基準」に照らし，次の文章の（　）に当てはまるものとして，**適切なもの**は次のうちどれか。

自動車の輪荷重は，（　）を超えてはならない。なお，牽（けん）引自動車のうち告示で定めるものを除く。

（1） 2.5 t
（2） 5 t
（3） 10 t
（4） 15 t

**【No.29】**「道路運送車両の保安基準」及び「道路運送車両の保安基準の細目を定める告示」に照らし，非常信号用具の基準に関する記述として，**不適切なもの**は次のうちどれか。

(1) 使用に便利な場所に備えられたものであること。
(2) 振動，衝撃等により，損傷を生じ，又は作動するものでないこと。
(3) 自発光式のものであること。
(4) 夜間100mの距離から確認できる淡黄色の灯光を発するものであること。

**【No.30】**「道路運送車両の保安基準」及び「道路運送車両の保安基準の細目を定める告示」に照らし，方向指示器に関する次の文章の（イ）～（ロ）に当てはまるものとして，下の組み合わせのうち，**適切なもの**はどれか。

方向指示器は，毎分（イ）回以上（ロ）回以下の一定の周期で点滅するものであること。

| | （イ） | （ロ） |
|---|---|---|
| (1) | 50 | 100 |
| (2) | 50 | 120 |
| (3) | 60 | 100 |
| (4) | 60 | 120 |

# 28・10　試験問題解説（登録）

**【No.1】** 答え　(1)

(2) ブローバイ・ガスに含まれる有害物質は，主に**HC**である。

(3) 三元触媒は，排気ガス中の**CO（一酸化炭素），HC（炭化水素），NOx（窒素酸化物）を，$CO_2$（二酸化炭素），$H_2O$（水蒸気），$N_2$（窒素）**にそれぞれ変えて浄化している。

(4) 燃料蒸発ガスとは，**フューエル・タンクの燃料が蒸発して，大気中に放出されるガスのことをいう。**

ピストンとシリンダ壁との隙間からクランクケース内に吹き抜けるガスは，**ブローバイ・ガス**である。

**【No.2】** 答え　(2)

(1) Aは，クランク・ピン

(3) Cは，クランク・アーム

(4) Dは，クランク・ジャーナル

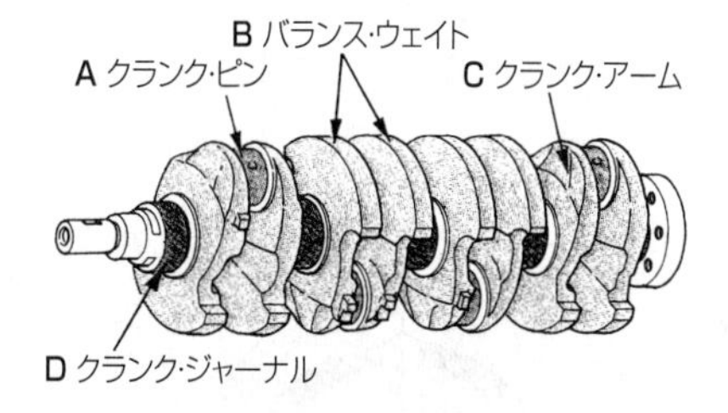


クランクシャフト

**【No.3】** 答え　(3)

(1) 一般に，インテーク・バルブのバルブ・ヘッドの外径は，吸入混合気量を多くするため，エキゾースト・バルブより**大きく**なっている。

(2) カムシャフト・タイミング・スプロケットの回転速度は，クランクシャフト・タイミング・スプロケットの**1/2**である。

(4) バルブ・スプリングには，高速時の異常振動などを防ぐため，シリンダ・ヘッド側のピッチを**狭く**した不等ピッチのスプリングが用いられている。

【No.4】　答え　(4)

締め付けは，中央のボルトから外側のボルトへと行う。

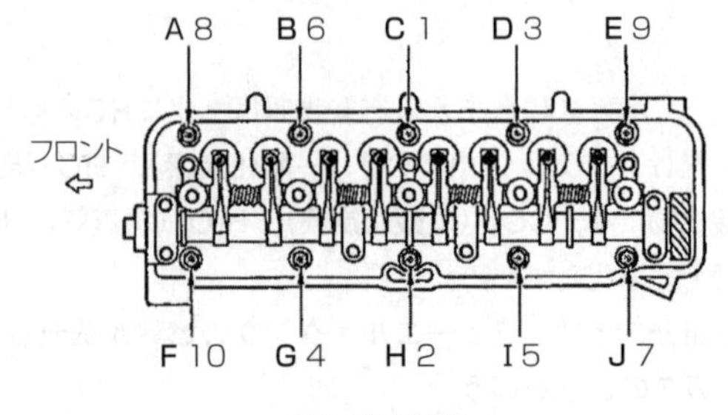


締め付け順序

【No.5】　答え　(1)

図1は第4シリンダが排気上死点のバルブ・タイミング・ダイヤグラムである。この状態からクランクシャフトを回転方向に360°回転させると，図2の状態となる。このとき排気行程の上死点にあるのは**第1シリンダ**である。

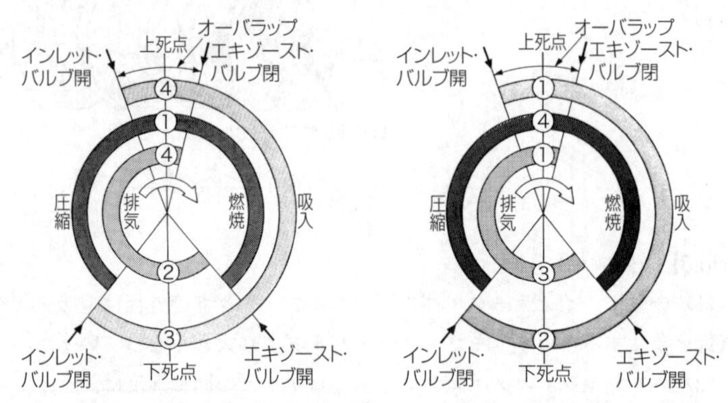


4サイクル・エンジンのバルブ・タイミング・ダイヤグラム

【No.6】 答え (3)

(1) オイル・フィルタの**入口側**の圧力が**規定値を超えたとき**。

(2) バイパス・バルブの作動には，オイル圧力は直接関係がない。

(4) オイル・ストレーナが目詰まりすると，油圧が規定値に達しない可能性がある。

【No.7】 答え (2)

(1) オイル・パンの**ドレーン・プラグにマグネットを使用しているもの**は，オイル・パン底部にたまった鉄粉を吸着する働きをしている。**バッフル・プレート**は，オイルの泡立ち防止，オイルが揺れ動くのを抑制及び車両傾斜時のオイル確保のために設けられている。

(3) トロコイド式オイル・ポンプのアウタ・ロータの山とインナ・ロータの山との隙間を**チップ・クリアランス**という。

(4) オイル・プレッシャ・スイッチは，**オイル・ギャラリ**の油圧を検出している。

【No.8】 答え (1)

標準型のサーモスタットのバルブは，冷却水温度が上昇し規定温度に達すると**開いて**，冷却水がラジエータを循環して冷却水温度が下げられる。

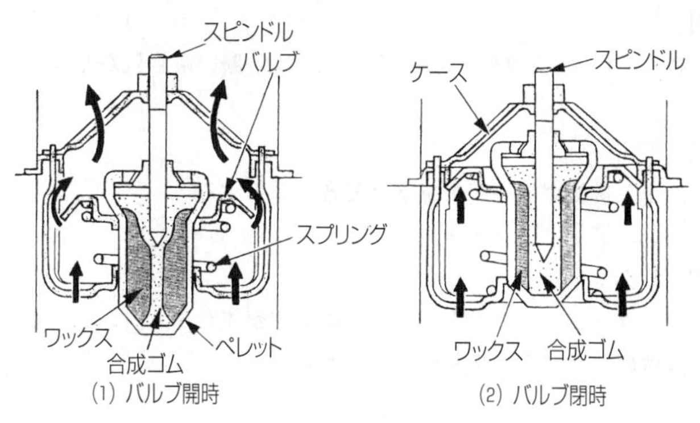


サーモスタットの作動

【No.9】 答え (4)

(1) ジグル・バルブは，サーモスタットに設けられ，循環系統内に残留している空気を逃がし，空気がないときは浮力と水圧により閉じて，冷却水がエア抜き口からラジエータ側へ流れるのを防ぐ。

(2) バイパス・バルブは，サーモスタットに設けられ，冷却水温が低いときは開いてラジエータへ冷却水を送らず，規定温度に達すると閉じてラジエータで冷やされた冷却水をシリンダ・ブロック，シリンダ・ヘッドに循環させる。

(3) リリーフ・バルブは，プレッシャ型ラジエータ・キャップには付いていない。

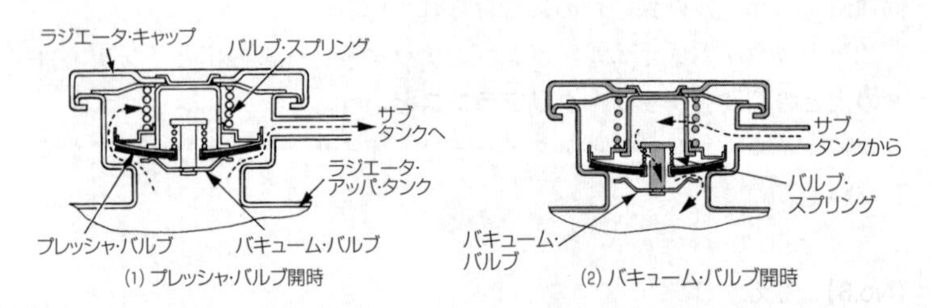


プレッシャ型ラジエータ・キャップ

【No.10】 答え (4)

始動時，アイドリング時，高負荷時などには，**濃い**混合気が必要となる。

【No.11】 答え (1)

冷却により排気ガスの圧力を**下げて**音を減少する。

【No.12】 答え (3)

インジェクタのソレノイド・コイルに電流が流れると，ニードル・バルブが**全開位置**に移動し，燃料が噴射される。

**【No.13】** 答え　(1)

プレッシャ・レギュレータは，フューエル・ポンプから吐出した燃料の圧力を一定に保つものであり，インジェクタとは別物である。

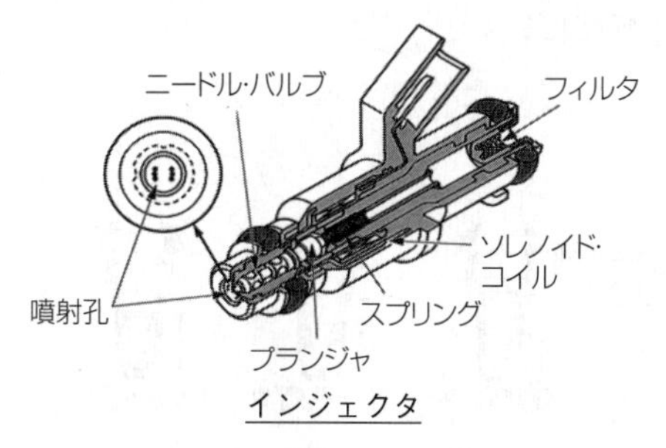


インジェクタ

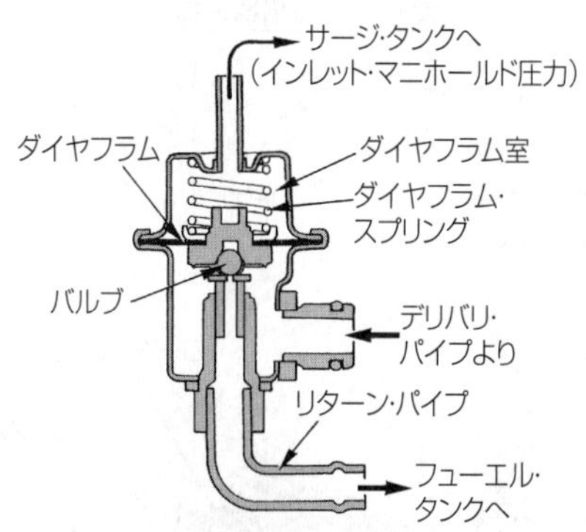


別体式プレッシャ・レギュレータ

**【No.14】** 答え　(3)

(1) 発光ダイオードは，**電気信号から光信号への変換**などに使われている。

(2) シリコンやゲルマニウムは，**真性半導体**である。

(4) ダイオードは，**交流**を**直流**に変換する整流回路などに使われている。

【No.15】 答え (4)

(1) **コールド・タイプ**と呼ばれる。

(2) **高熱価型**と呼ばれる。

(3) **冷え型**と呼ばれる。

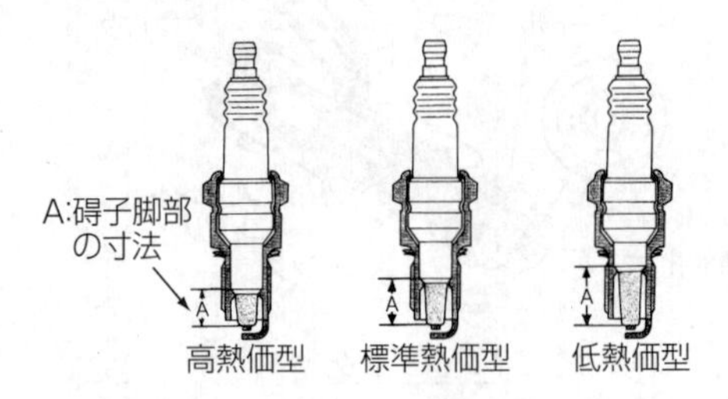


熱価による構造の違い

【No.16】 答え (1)

ロータは，**ロータ・コア**，ロータ・コイル，スリップ・リング，シャフトなどで構成されている。

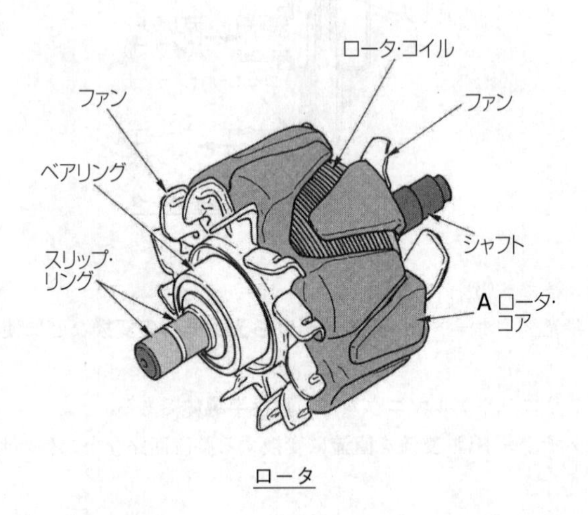


ロータ

**【No.17】** 答え（2）

オルタネータは，ステータ・コイルを**3個**用いており，それぞれ120°ずつずらして配置している。

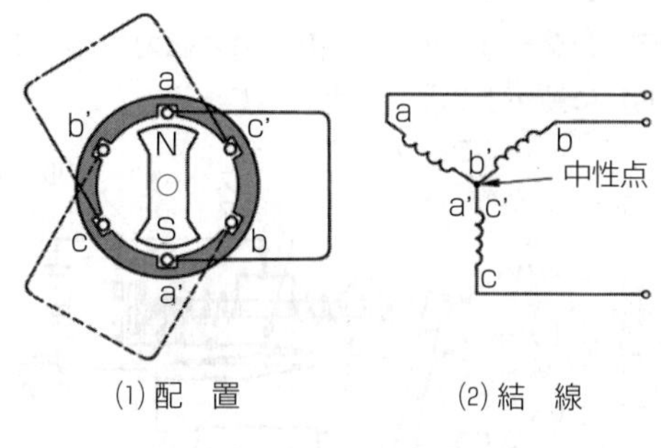


(1) 配　置　　　(2) 結　線

ステータ・コイル

**【No.18】** 答え（4）

（1）オーバランニング・クラッチは，アーマチュアがエンジンによって高速で回されることによる破損を防止するためのものである。

（2）モータのフィールドは，ヨーク，ポール・コア（鉄心），フィールド・コイルなどで構成されている。

（3）モータの回転は，減速ギヤによってアーマチュアの回転を減速（リダクション）している。

**【No.19】** 答え（1）

スタータ・スイッチをＯＮにすると，バッテリからの電流は，プルイン・コイルを通って，フィールド・コイル及びアーマチュア・コイルに流れ，同時にホールディング・コイルにも流れる。プランジャは，**プルイン・コイルとホールディング・コイルとの加算された磁力**によってメーン接点方向（図の右方向）に動かすことで接点を閉じる。

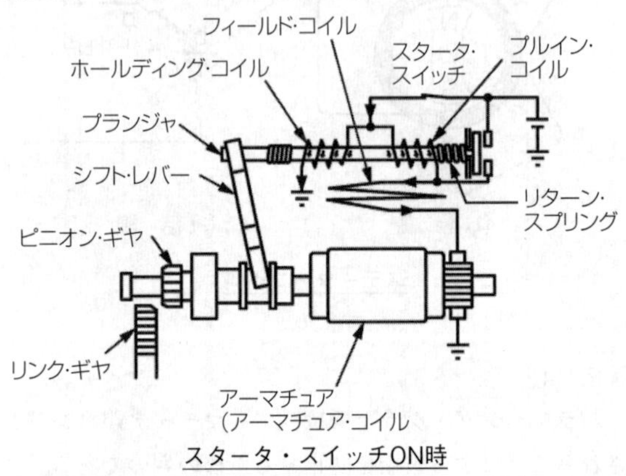


スタータ・スイッチON時

**【No.20】** 答え（2）

一次コイルは二次コイルに対して**銅線が太く**，二次コイルは一次コイルより銅線が多く巻かれている(一次コイルの**巻き数が少ない**)。

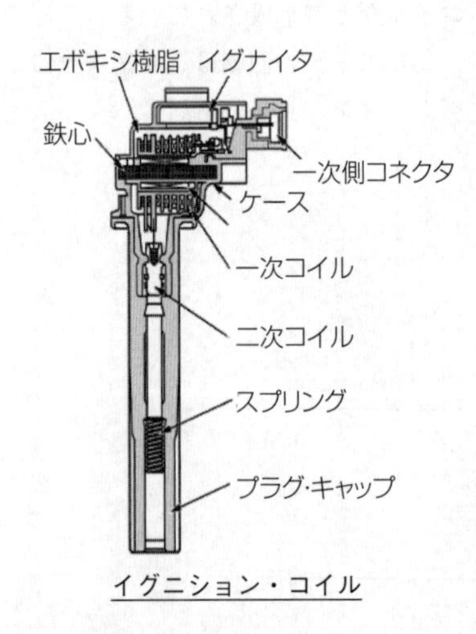


イグニション・コイル

**【No.21】** 答え（3）

補充電とは，バッテリが自己放電又は使用によって失った電気を補充するために行う充電をいう。

**【No.22】** 答え（1）

シリンダ・ブロックにピストンを挿入するときには，**ピストン・リング・コンプレッサ**を用いて，ピストン頭部を木片（ハンマの柄）などで軽くたたきながら，コンロッド・ベアリングがクランク・ピンに当たるまで押し込む。

**【No.23】** 答え（3）

（1）グリースは，常温では半固体状で，潤滑部が作動し始めると摩擦熱で徐々に**柔らかくなる**。

（2）**マルチパーパス（MP）・グリース**は，**リチウム石けんグリース**である。

（4）ベントン・グリースやシリカゲル・グリースは非石けん系のグリースである。

**【No.24】** 答え　（2）

Ｖリブド・ベルトはＶベルトと比較して**伝達効率が高い**。

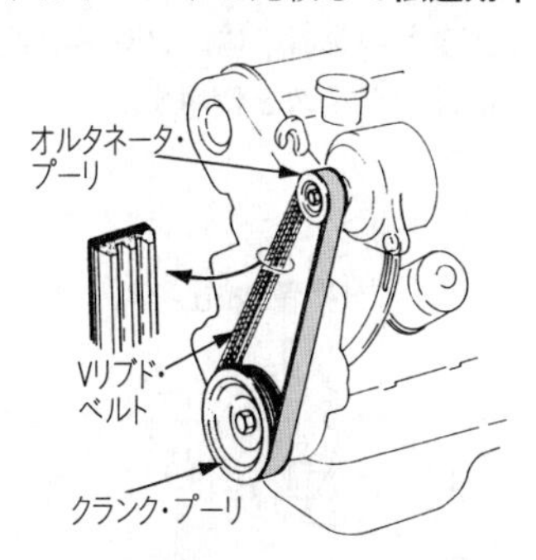


Ｖリブド・ベルトによる伝動

**【No.25】** 答え　(1)

(2) 浸炭とは，**鋼の表面層の炭素量を増加させて硬化させる**ために，浸炭剤の中で焼き入れ，焼き戻し操作を行う加熱処理をいう。高周波電流で鋼の表面層を加熱処理する焼き入れ操作は，高周波焼き入れである。

(3) 窒化とは，鋼の**表面層**に窒素を染み込ませ硬化させる操作をいう。

(4) 焼き戻しとは，粘り強さを増すために，ある温度まで加熱した後，**徐々に冷却する**操作をいう。

**【No.26】** 答え　(3)

電力：Ｐは電圧：Ｅと電流：Ｉの積で表わされ，単位にはW(ワット)が用いられる。

式で表わすと次のようになる。

$$P(W)=E(V)\times I(A)=E(V)\times\frac{E(V)}{R(\Omega)}=\frac{E^2}{R(\Omega)}$$ より

電球の消費電力は

$$P(W)=\frac{12^2}{4}=\frac{144}{4}=36W$$ となる。

**【No.27】** 答え　(1)

(2) 金属材料のはつり及び切断には，**たがね**を使用する。

(3) ベアリングやブシュなどの脱着には，**プレス**を使用する。

(4) おねじのねじ立てには，**ダイス**を使用する。

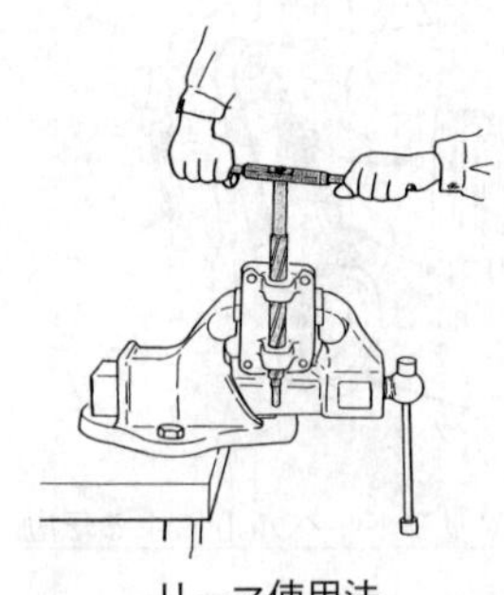

**リーマ使用法**

【No.28】 答え （2）

「道路運送車両の保安基準」第４条の２

自動車の輪荷重は，**５ｔ**を超えてはならない。

【No.29】 答え （4）

「道路運送車両法の保安基準」第43条の２

「道路運送車両の保安基準の細目を定める告示」第220条

非常信号用具は，夜間**200ｍ**の距離から確認できる**赤色の灯光**を発するものであること。

【No.30】 答え （4）

「道路運送車両法の保安基準」第41条

「道路運送車両の保安基準の細目を定める告示」第215条

方向指示器は，毎分**60**回以上**120**回以下の一定の周期で点滅するものであること。

## 29・3 試験問題（登録）

**【No.1】** クランクシャフト軸方向の遊びを測定するときに用いられるものとして，**適切なもの**は次のうちどれか。

(1) キャリパ・ゲージ
(2) コンプレッション・ゲージ
(3) プラスチ・ゲージ
(4) ダイヤル・ゲージ

**【No.2】** ガソリン・エンジンの燃焼に関する記述として，**適切なもの**は次のうちどれか。

(1) ノッキングの害の一つに，エンジンの出力の低下がある。
(2) ブローバイ・ガスとは，フューエル・タンクなどの燃料装置から燃料が蒸発するガスをいう。
(3) 一般に始動時，高負荷時には，理論空燃比より薄い混合気が必要となる。
(4) 燃料蒸発ガスに含まれる有害物質は，主にNOx（窒素酸化物）である。

**【No.3】** ピストン・リングに関する記述として，**不適切なもの**は次のうちどれか。

(1) インナ・ベベル型は，しゅう動面がテーパ状になっているため，気密性，熱伝導性が優れている。
(2) テーパ・フェース型は，オイルをかき落とす性能がよく，気密性にも優れている。
(3) バレル・フェース型は，しゅう動面が円弧状になっているため，初期なじみの際の異常摩耗を防止できる。
(4) 組み合わせ型オイル・リングは，サイド・レールとスペーサ・エキスパンダを組み合わせている。

**【No.4】** 図に示すバルブのバルブ・フェースを表すものとして，**適切なもの**は次のうちどれか。

(1)　A

(2)　B

(3)　C

(4)　D

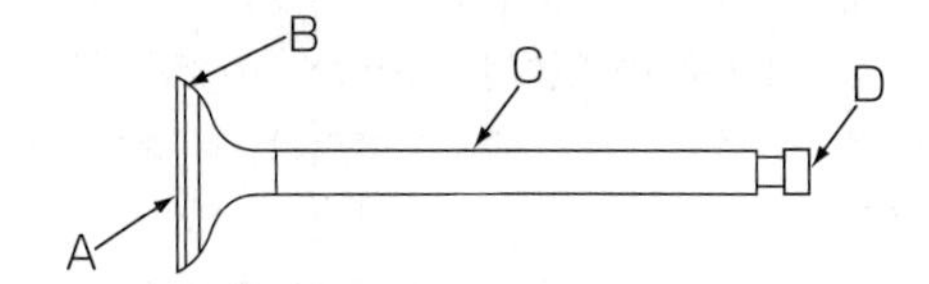


**【No.5】** フライホイール及びリング・ギヤに関する記述として，**不適切なもの**は次のうちどれか。

(1)　リング・ギヤには，一般に炭素鋼製のスパー・ギヤが用いられる。

(2)　フライホイールは，一般にアルミニウム合金製である。

(3)　リング・ギヤは，スタータの回転をフライホイールに伝える。

(4)　フライホイールは，クランクシャフトからクラッチへ動力を伝達する。

**【No.6】** 電子制御装置に用いられるセンサ及びアクチュエータに関する記述として，**不適切なもの**は次のうちどれか。

(1)　熱線式エア・フロー・メータは，吸入空気量が多いと出力電圧は高くなる。

(2)　ジルコニア式$O_2$センサのアルミナは，高温で内外面の酸素濃度の差が大きいと，起電力を発生する性質がある。

(3)　ISCV(アイドル・スピード・コントロール・バルブ)の種類には，ロータリ・バルブ式，ステップ・モータ式，ソレノイド・バルブ式がある。

(4)　スロットル・ポジション・センサは，スロットル・バルブの開度を検出するセンサである。

【No.7】 水冷・加圧式冷却装置に関する記述として，**不適切なもの**は次のうちどれか。

(1) LLC(ロング・ライフ・クーラント)の成分は，エチレン・グリコールに数種類の添加剤を加えたものである。

(2) ウォータ・ポンプのインペラは，ポンプ・シャフトに圧入されている。

(3) 冷却水は，不凍液混合率が30％のとき，冷却水の凍結温度が一番低い。

(4) ウォータ・ポンプのシール・ユニットは，ベアリング側に冷却水が漏れるのを防止している。

【No.8】 ワックス・ペレット型サーモスタットに関する記述として，**不適切なもの**は次のうちどれか。

(1) 冷却水温度が高くなると，ペレット内の固体のワックスが液体となって膨張する。

(2) サーモスタットの取り付け位置による水温制御の方法には，出口制御式と入口制御式とがある。

(3) 冷却水温度が低いときは，スプリングのばね力によってバルブは開いている。

(4) スピンドルは，サーモスタットのケースに固定されている。

【No.9】 トロコイド(ロータリ)式オイル・ポンプに関する記述として，**適切なもの**は次のうちどれか。

(1) インナ・ロータの回転によりアウタ・ロータが回される。

(2) インナ・ロータが固定されアウタ・ロータだけが回転する。

(3) アウタ・ロータの回転によりインナ・ロータが回される。

(4) アウタ・ロータが固定されインナ・ロータだけが回転する。

【No.10】 排気装置のマフラに関する記述として，**不適切なもの**は次のうちどれか。

(1) 管の断面積を急に大きくし，排気ガスを膨張させることにより圧力を下げて排気騒音を低減させる。

(2) 排気の通路を絞り，圧力の変動を増幅させることで排気騒音を低減させる。

(3) 吸音材料により音波を吸収する。

(4) 冷却により排気ガスの圧力を下げて排気騒音を低減させる。

【No.11】 インテーク・マニホールド及びエキゾースト・マニホールドに関する記述として，**適切なもの**は次のうちどれか。

(1) エキゾースト・マニホールドは，サージ・タンクと一体になっているものもある。

(2) インテーク・マニホールドの材料には，一般に鋳鉄製のものが用いられる。

(3) エキゾースト・マニホールドは，一般にシリンダ・ブロックに取り付けられている。

(4) インテーク・マニホールドは，吸入空気を各シリンダに均等に分配する。

【No.12】 スパーク・プラグに関する記述として，**適切なもの**は次のうちどれか。

(1) 高熱価型プラグは，標準熱価型プラグと比較して碍子（がいし）脚部が長い。

(2) 絶縁碍子は，純度の高いアルミナ磁器で作られている。

(3) スパーク・プラグは，ハウジング，電極，イグナイタなどで構成されている。

(4) 放熱しやすく電極部の焼けにくいスパーク・プラグを低熱価型プラグと呼んでいる。

【No.13】 図に示すスパーク・プラグのAの名称として，**適切なもの**は次のうちどれか。

(1) 接地電極
(2) 中　軸
(3) 中心電極
(4) ハウジング

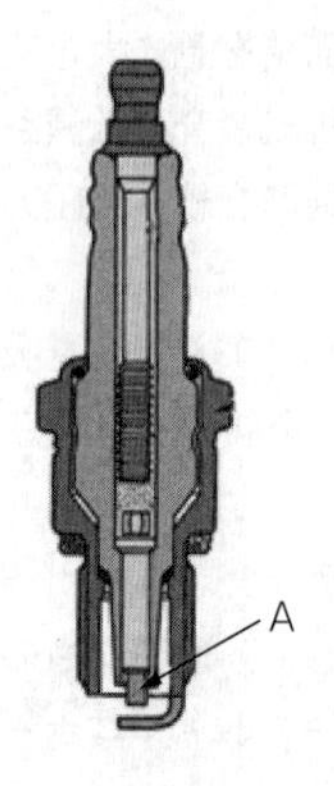


【No.14】 電子制御装置において，インジェクタのソレノイド・コイルへの通電時間を変えることにより制御しているものとして，**適切なもの**は次のうちどれか。

(1) 燃料噴射開始時期
(2) 燃料噴射回数
(3) 燃料噴射圧力
(4) 燃料噴射量

【No.15】 電子制御装置のセンサに関する記述として，**不適切なもの**は次のうちどれか。

(1) 吸気温センサには，磁気抵抗素子が用いられている。
(2) バキューム・センサには，半導体が用いられている。
(3) 水温センサには，サーミスタが用いられている。
(4) 空燃比センサには，ジルコニア素子が用いられている。

【No.16】 点火順序が1－3－4－2の4サイクル直列4シリンダ・エンジンの第3シリンダが圧縮行程の上死点にあり，この位置からクランクシャフトを回転方向に540°回したときに排気行程の上死点にあるシリンダとして，**適切なもの**は次のうちどれか。

(1) 第1シリンダ
(2) 第2シリンダ
(3) 第3シリンダ
(4) 第4シリンダ

【No.17】 オルタネータ（IC式ボルテージ・レギュレータ内蔵）に関する記述として，**適切なもの**は次のうちどれか。

(1) ステータ・コイルに発生する誘導起電力の大きさは，ステータ・コイルの巻き数が多いほど小さくなる。
(2) ステータは，ステータ・コア，ステータ・コイル，スリップ・リングなどで構成されている。
(3) ステータ・コアは薄い鉄板を重ねたもので，ロータ・コアと共に磁束の通路を形成している。
(4) ステータには，一体化された冷却用ファンが取り付けられている。

【No.18】 オルタネータに関する記述として，**適切なもの**は次のうちどれか。

(1) オルタネータ駆動用ベルトのたわみ量が規定値より過多の場合，オルタネータのベアリングの破損の原因となる。
(2) オルタネータの出力制御は，ロータ・コイルに流す電流を断続（増減）させて行っている。
(3) 発生する交流の片側（一方向）だけしか取り出すことのできない整流方法を全波整流という。
(4) オルタネータは，ステータ・コイルに発生した交流電気をトランジスタによって整流している。

**【No.19】** 半導体に関する記述として，**不適切なもの**は次のうちどれか。

(1) 真性半導体は，シリコンやゲルマニウムに他の原子をごく少量加えたものである。

(2) 発光ダイオードは，順方向の電圧を加えて電流を流すと発光するものである。

(3) IC（集積回路）は，接続部がほとんどなく，超小型化が可能になり，消費電力が少ないなどの特長がある。

(4) N型半導体は，自由電子が多くあるようにつくられた半導体である。

**【No.20】** スタータに関する記述として，**適切なもの**は次のうちどれか。

(1) リダクション式スタータは，アーマチュアの回転をそのままピニオン・ギヤに伝えている。

(2) オーバランニング・クラッチは，アーマチュアの回転を増速させる働きをしている。

(3) モータのフィールドは，ヨーク，ポール・コア（鉄心），フィールド・コイルなどで構成されている。

(4) 直結式スタータは，リダクション式スタータと比較して小型軽量化ができる利点がある。

**【No.21】** シリンダ内径65mm，ピストンのストロークが88mmの4サイクル4シリンダ・エンジンの1シリンダ当たりの排気量として，**適切なもの**は次のうちどれか。ただし，円周率は3.14として計算し，小数点以下を切り捨てなさい。

(1) $243cm^3$

(2) $291cm^3$

(3) $330cm^3$

(4) $429cm^3$

【No.22】 鉛バッテリに関する次の文章の（イ）～（ロ）に当てはまるものとして，下の組み合わせのうち，**適切なもの**はどれか。

電解液は，バッテリが完全充電状態のとき，液温（イ）に換算して，比重（ロ）のものが使用されている。

| | （イ） | （ロ） |
|---|---|---|
| (1) | 20℃ | 1.260 |
| (2) | 25℃ | 1.260 |
| (3) | 20℃ | 1.280 |
| (4) | 25℃ | 1.280 |

【No.23】 図に示すマイクロメータの目盛りの読みとして，**適切なもの**は次のうちどれか。

(1) 56.45mm
(2) 56.95mm
(3) 57.45mm
(4) 57.95mm

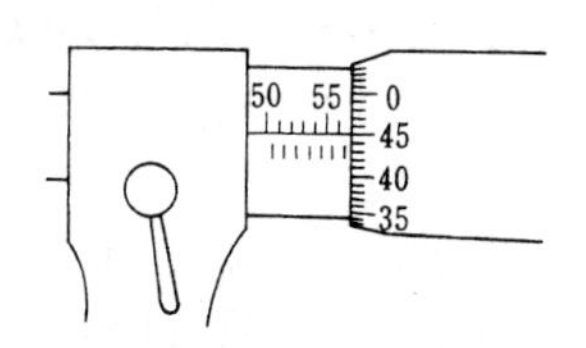


【No.24】 図に示すベルト伝達機構において，Aのプーリが900min$^{-1}$で回転しているとき，Bのプーリの回転速度として，**適切なもの**は次のうちどれか。ただし，滑り及び機械損失はないものとして計算しなさい。なお，図中の（ ）内の数値はプーリの有効半径を示す。

(1) 300min$^{-1}$
(2) 450min$^{-1}$
(3) 600min$^{-1}$
(4) 1,350min$^{-1}$

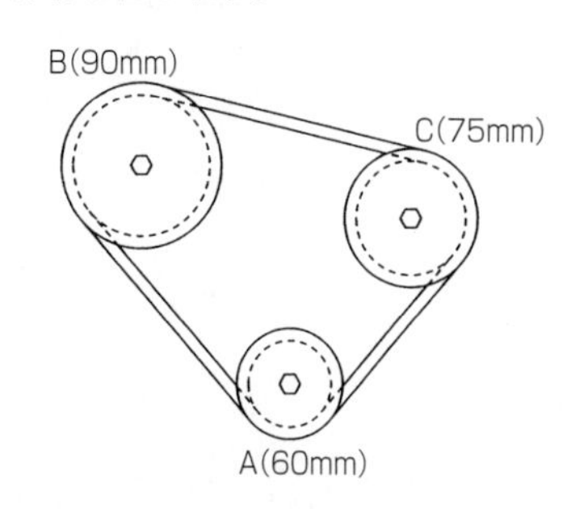

【No.25】 エンジン・オイルに関する記述として，**不適切なもの**は次のうちどれか。

(1) 粘度指数の小さいオイルほど温度による粘度変化の度合が少ない。

(2) オイルの粘度が高過ぎると粘性抵抗が大きくなり，動力損失が増大する。

(3) SAE10Wのエンジン・オイルは，シングル・グレード・オイルである。

(4) 粘度番号に付いているWは，冬季用又は寒冷地用を意味している。

【No.26】 リーマの用途に関する記述として，**適切なもの**は次のうちどれか。

(1) おねじのねじ立てに使用する。

(2) 金属材料のはつり及び切断に使用する。

(3) ベアリングやブシュなどの脱着に使用する。

(4) 金属材料の穴の内面仕上げに使用する。

【No.27】 燃焼に関する記述として，**不適切なもの**は次のうちどれか。

(1) 発火点(着火点)が低い燃料(可燃性物質)ほど燃焼しやすい。

(2) シリンダ内で燃料と空気の混合気が完全燃焼すると，大部分はCO(一酸化炭素)，HC(炭化水素)，PM(粒子状物質)になる。

(3) 燃焼の速さは，一般に燃料の温度が高くなるほど速くなる。

(4) 引火点とは，燃料の温度を上げていき，炎を近付けたときに燃え始める燃料の最低温度をいう。

【No.28】「道路運送車両の保安基準」及び「道路運送車両の保安基準の細目を定める告示」に照らし，長さ10mの普通自動車の側方灯に関する次の文章の（　）に当てはまるものとして，**適切なもの**は次のうちどれか。

側方灯は，（　）の距離から点灯を確認できるものであり，かつ，その照射光線は，他の交通を妨げないものであること。

(1) 昼間側方20m
(2) 夜間側方20m
(3) 昼間側方150m
(4) 夜間側方150m

【No.29】「道路運送車両の保安基準」に照らし，自動車の高さに関する基準として，**適切なもの**は次のうちどれか。

(1) 3.6mを超えてはならない。
(2) 3.8mを超えてはならない。
(3) 4.0mを超えてはならない。
(4) 4.2mを超えてはならない。

【No.30】「道路運送車両の保安基準」及び「道路運送車両の保安基準の細目を定める告示」に照らし，後部反射器による反射光の色に関する基準として，**適切なもの**は次のうちどれか。

(1) 白色であること。
(2) 橙色であること。
(3) 赤色であること。
(4) 淡黄色であること。

# 29・3　試験問題解説（登録）

**【No.1】** 答え　(4)

図のようにクランクシャフトを前後に動かし, 軸方向の遊びを測定する。

(1) キャリパ・ゲージは, バルブ・ガイドの内径の測定などに使用する。

(2) コンプレッション・ゲージは, 圧縮圧力の測定に使用する。

(3) プラスチ・ゲージは, オイル・クリアランスの測定に使用する。

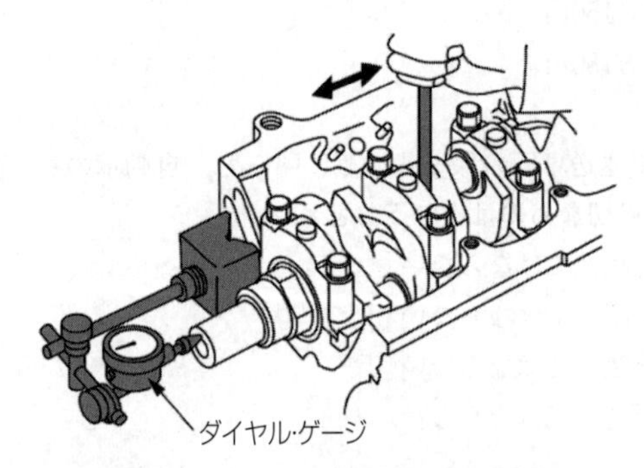


クランクシャフト軸方向の遊び測定

**【No.2】** 答え　(1)

(2) ブローバイ・ガスとは, **ピストンとシリンダ壁とのすき間から, クランクケース内に吹き抜けるガスのことをいう**。**燃料蒸発ガス**とは, フューエル・タンクなどの燃料装置から燃料が蒸発するガスをいう。

(3) 一般に始動時, 高負荷時には, 理論空燃比より**濃い**混合気が必要となる。

(4) 燃料蒸発ガスに含まれる有害物質は, 主に**HC(炭化水素)**である。

【No.3】 答え　(1)

インナ・ベベル型は，**気密性に優れ，また，オイルをかき落とす性能に優れているので，一般にトップ・リング又はセカンド・リングに使用されている。**

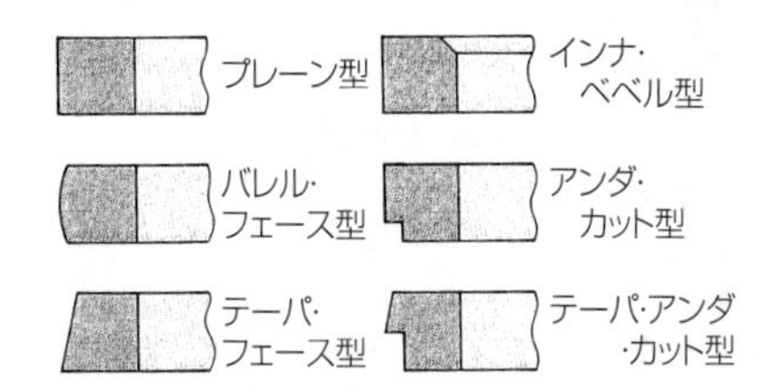


コンプレッション・リングの種類

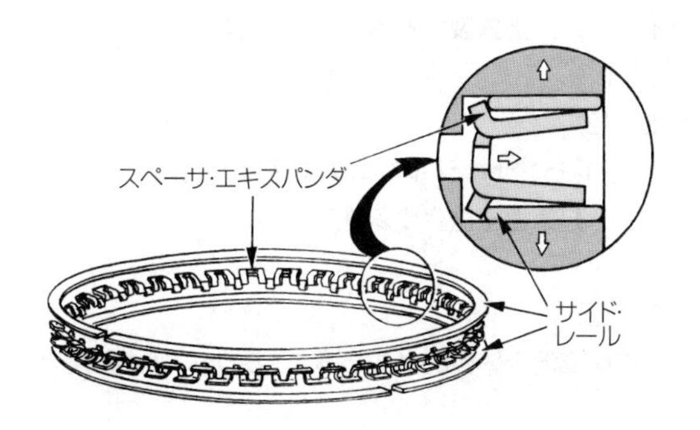


組み合わせ型オイル・リング

**【No.4】** 答え　(2)

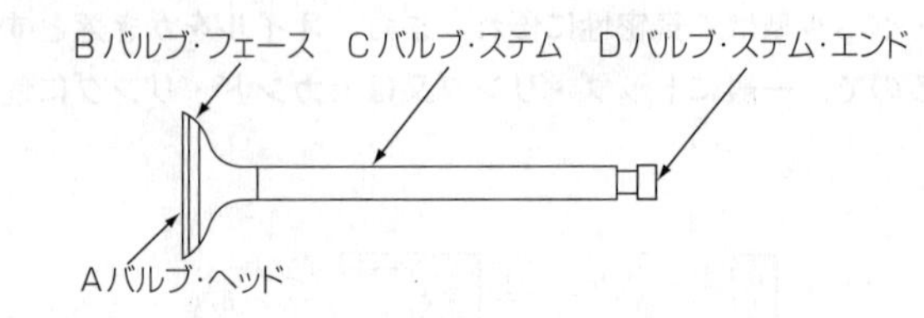


バルブ

(1) Aは，バルブ・ヘッド

(3) Cは，バルブ・ステム

(4) Dは，バルブ・ステム・エンド

**【No.5】** 答え　(2)

フライホイールは，**鋳鉄製**である。

**【No.6】** 答え　(2)

ジルコニア式$O_2$センサの**ジルコニア素子**は，高温で内外面の酸素濃度の差が大きいと，起電力を発生する性質がある。

**【No.7】** 答え　(3)

冷却水は，不凍液混合率が**60%**のとき，冷却水の凍結温度が一番低い。

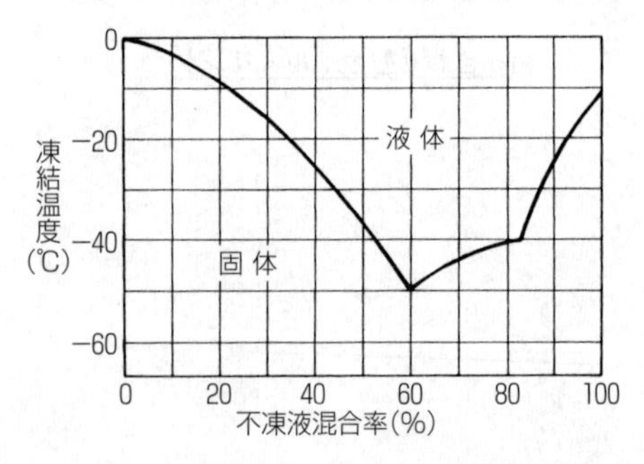


不凍液の混合率による冷却水の凍結温度

**【No.8】** 答え　(3)

冷却水温度が低いときは，図(2)のようにスプリングのばね力によってバルブは**閉じて**いる。

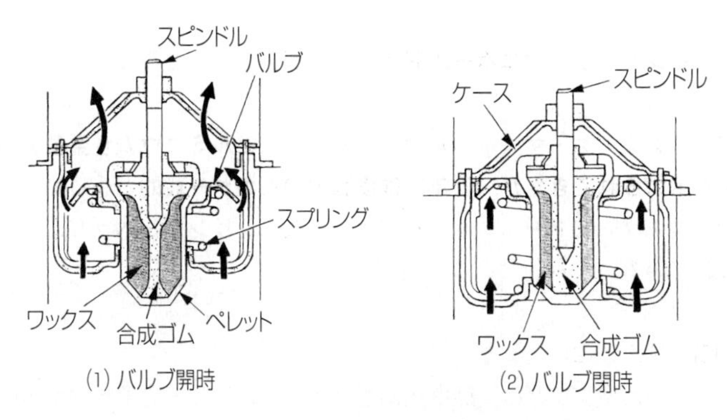


**ワックス・ペレット型サーモスタットの作動**

**【No.9】** 答え　(1)

クランクシャフトによりインナ・ロータが駆動され，これによりアウタ・ロータが同方向に回されてオイルの圧送が行われる。

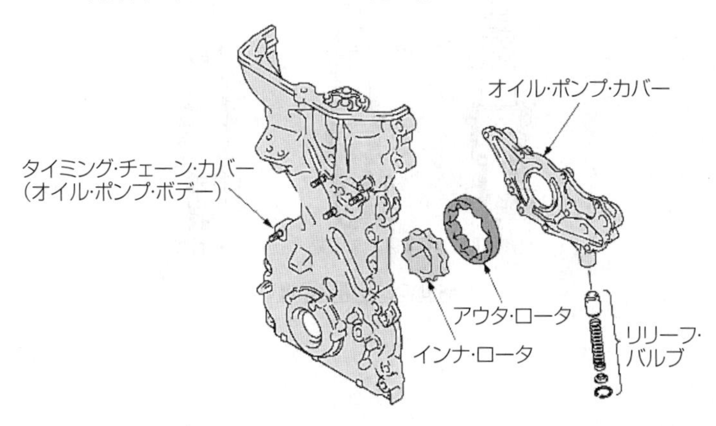


**トロコイド式オイル・ポンプ**

**【No.10】** 答え　(2)

排気の通路を絞り，圧力の変動を**抑えて**排気騒音を低減させる。

**【No.11】** 答え　(4)

(1) **インテーク・マニホールド**は，サージ・タンクと一体になっているものもある。

(2) インテーク・マニホールドの材料には，**アルミニウム合金製のものが多く用いられてきたが，近年では樹脂製のものが一般的**となっている。

(3) エキゾースト・マニホールドは，一般に**シリンダ・ヘッド**に取り付けられている。

**【No.12】** 答え　(2)

(1) 高熱価型プラグは，標準熱価型プラグと比較して碍子（がいし）脚部が**短い**。

(3) スパーク・プラグは，ハウジング，電極，**絶縁碍子**などで構成されている。

(4) 放熱しやすく電極部の焼けにくいスパーク・プラグを**高熱価型プラグ**と呼んでいる。

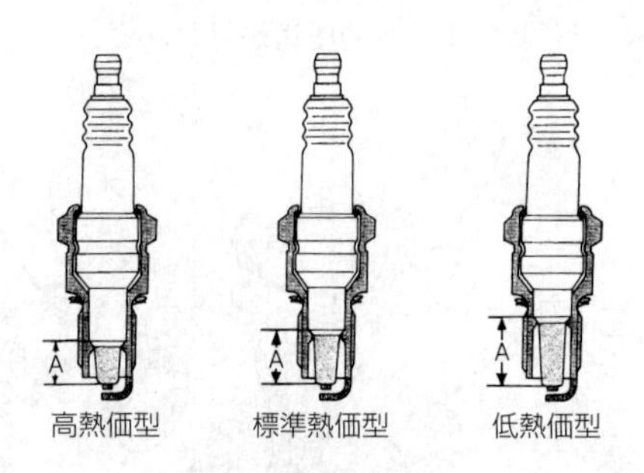


熱価による構造の違い

【No.13】 答え (3)

スパーク・プラグは，ハウジング，絶縁碍子，電極などで構成されている。

**ハウジング**は，絶縁碍子の支持及びスパーク・プラグをエンジンに取り付けるためのもので，下部には**接地電極**が溶接されており，また，接地電極と**中心電極**との間には，スパーク・プラグ・ギャップ(火花隙間)を形成している。

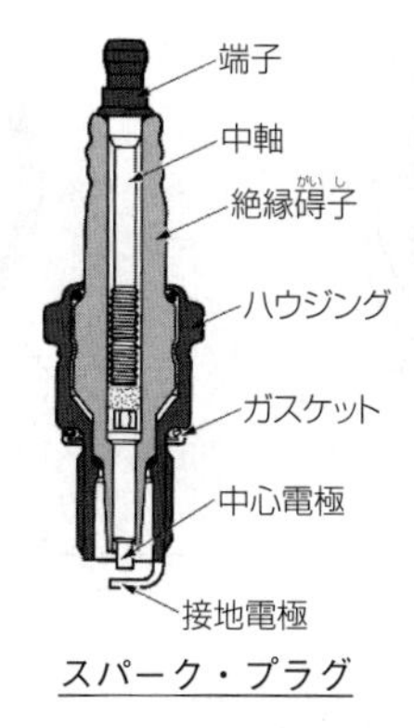

スパーク・プラグ

【No.14】 答え (4)

インジェクタのニードル・バルブのストローク，噴射孔の面積及び燃圧などが決まっているため，燃料の噴射量は，ソレノイド・コイルへの通電時間によって決定される。

【No.15】 答え (1)

吸気温センサには，**サーミスタ**が用いられている。

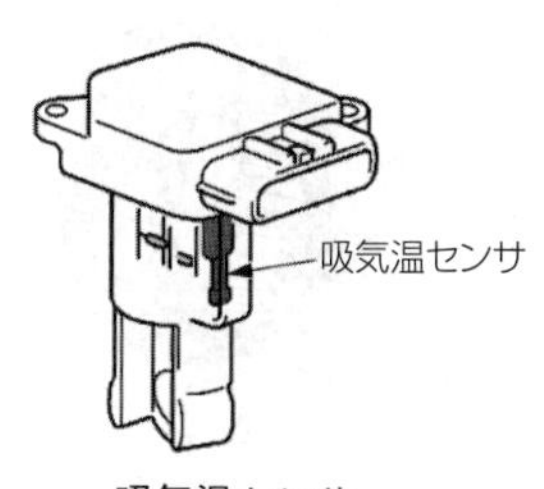

吸気温センサ

【No.16】　答え　(4)

図1は第3シリンダが圧縮上死点のバルブ・タイミング・ダイヤグラムである。この状態からクランクシャフトを回転方向に540°回転させると，図2の状態となる。このとき排気行程の上死点にあるのは**第4シリンダ**である。

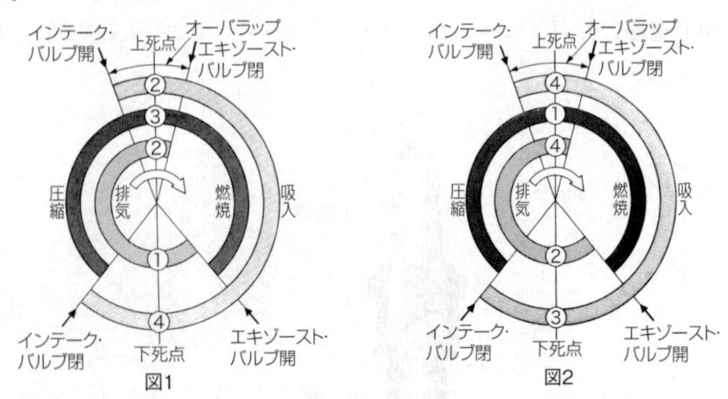


4サイクルエンジンのバルブ・タイミング・ダイヤグラム

【No.17】　答え　(3)

(1)　ステータ・コイルに発生する誘導起電力の大きさは，ステータ・コイルの**巻き数が多いほど大きくなる**。

(2)　**ステータは，ステータ・コア，ステータ・コイル**などで構成されている。スリップ・リングは，ロータの構成部品である。

(4)　一体化された冷却用ファンが取り付けられているのは，ロータである。

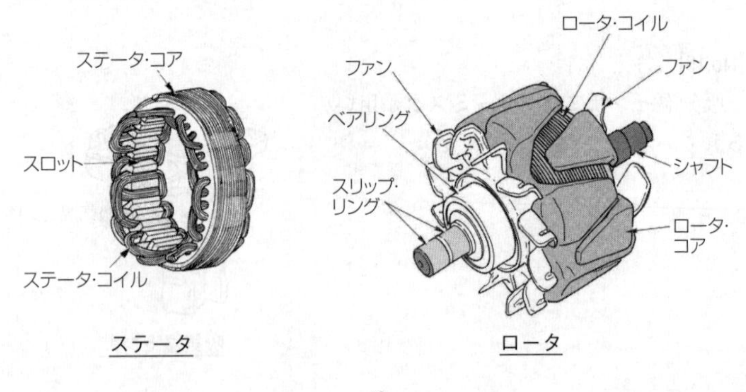


ステータ　　ロータ

**【No.18】** 答え　(2)

(1) オルタネータ駆動用ベルトのたわみ量が規定値より**過多の場合，ベルトのスリップによる充電不良の原因**となる。過少の場合は，ベルトの消耗を早め，オルタネータのベアリングの破損の原因となる。

(3) 発生する交流の片側(一方向)だけしか取り出すことのできない整流方法を**半波整流**という。

(4) オルタネータは，ステータ・コイルに発生した交流電気を**ダイオードによって整流**している。

**【No.19】** 答え　(1)

**不純物半導体**は，シリコンやゲルマニウムに**他の原子をごく少量加えたもの**である。真性半導体には，シリコン(Si)やゲルマニウム(Ge)などがある。

**【No.20】** 答え　(3)

(1) リダクション式スタータは，**減速ギヤによってアーマチュアの回転を減速**している。

(2) オーバランニング・クラッチは，**オーバランすることによる破損を防止するためのもの**である。

(4) リダクション式スタータは，**直結式スタータより小型軽量化できる**利点がある。

**【No.21】** 答え　(2)

V：排気量，D：シリンダ内径，π：円周率(3.14)，L：ピストンのストロークとして，

1シリンダ当たりの排気量は，$V=\frac{D^2}{4}\pi L$　で求められる。

(長さの単位をmmからcmに換算して数値を代入する。)

$$V = \frac{D^2}{4}\pi L = \frac{6.5^2}{4}\times 3.14\times 8.8 = 291.86 = \underline{291\text{cm}^3}$$

となる。

【No.22】　答え　(3)

電解液は，バッテリが完全充電状態のとき，**液温20℃に換算**して，**比重1.280**のものが使用されている。

【No.23】　答え　(2)

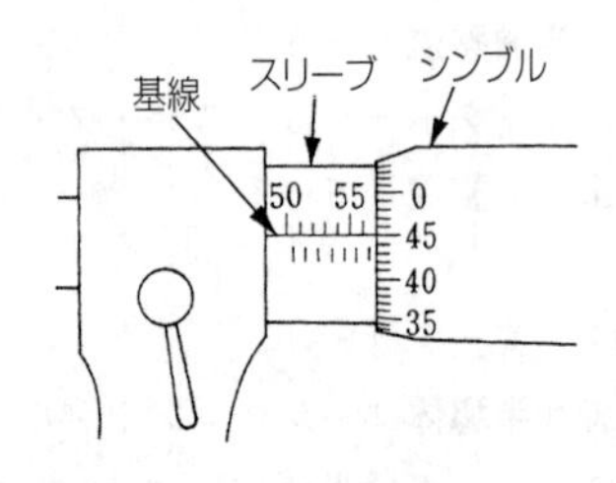

マイクロメータの読み

スリーブの基線より上側の目盛はmm目盛で，基線より下側の目盛は0.5mmの位置を示す。シンブルには1周に50目盛切ってあり，それを1回転させるとスリーブ上を0.5mm横に動く。要するに0.5mmをシンブルで50等分しているので，シンブルの1目盛は0.01mmになる。

問題の場合，シンブルの左端はスリーブの目盛の56.5mmより右にありスリーブ上の基線はシンブルの0.45mmに合致しているので，マイクロメータの目盛の読みは<u>56.95mm</u>となる。

【No.24】　答え　(3)

Aプーリが900min$^{-1}$で回転しているとき，Bプーリの回転速度は，両プーリの円周比(＝半径比)に反比例するから，次の式により求められる。

$$\frac{\text{Bプーリの回転速度}}{\text{Aプーリの回転速度}} = \frac{\text{Aプーリの半径}}{\text{Bプーリの半径}}$$ より，

$$\text{Bプーリの回転速度} = \text{Aプーリの回転速度} \times \frac{\text{Aプーリの半径}}{\text{Bプーリの半径}}$$

$$= 900 \times \frac{60}{90} = \underline{600\text{min}^{-1}}$$ となる。

【No.25】　答え　(1)

**粘度指数の大きいオイルほど**温度による**粘度変化の度合が少ない**。

**【No.26】** 答え　(4)

(1) おねじのねじ立てには，**ダイス**を使用する。

(2) 金属材料のはつり及び切断には，**たがね**を使用する。

(3) ベアリングやブシュなどの脱着には，**プレス**を使用する。

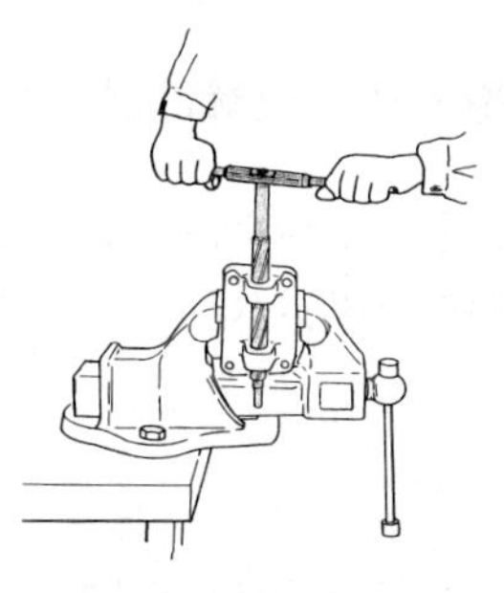

リーマ使用法

**【No.27】** 答え　(2)

シリンダ内で燃料と空気の混合気が**完全燃焼すると，大部分が$N_2$(窒素)，$H_2O$(水蒸気)，$CO_2$(二酸化炭素)**などである。同時に不完全燃焼によるCO(一酸化炭素)，HC(炭化水素)といった有害物質が含まれる。

**【No.28】** 答え　(4)

「道路運送車両の保安基準」第35条の2

「道路運送車両の保安基準の細目を定める告示」第204条

側方灯は，**夜間側方150m**の距離から点灯を確認できるものであり，かつ，その照射光線は，他の交通を妨げないものであること。

**【No.29】** 答え　(2)

「道路運送車両の保安基準」第2条

自動車は，告示で定める方法により測定した場合において，長さ12m，幅2.5m，**高さ3.8mを超えてはならない**。

**【No.30】** 答え　(3)

「道路運送車両の保安基準」第38条

「道路運送車両の保安基準の細目を定める告示」第210条

後部反射器による反射光の色は，**赤色**であること。

## 29・10　試験問題（登録）

**【No.1】** 図に示す斜線部分の断面をもつコンプレッション・リングとして，**適切なもの**は次のうちどれか。

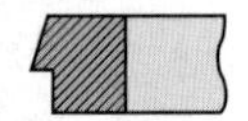

(1) バレル・フェース型
(2) インナ・ベベル型
(3) テーパ・アンダ・カット型
(4) アンダ・カット型

**【No.2】** 触媒コンバータの三元触媒に関する記述として，**適切なもの**は次のうちどれか。

(1) 燃焼室からピストンとシリンダ壁の隙間を通ってクランクケース内に吹き抜けた未燃焼ガスを，再び燃焼室に戻して燃焼させるものである。
(2) フューエル・タンクから燃料が蒸発して，大気中に放出されることを防ぐためのものである。
(3) 排気ガスの一部を吸気系統に再循環させることで，燃焼ガスの最高温度を下げてNOx(窒素酸化物)の低減を図るものである。
(4) 排気ガス中のCO(一酸化炭素)，HC(炭化水素)，NOxをそれぞれ$CO_2$(二酸化炭素)，$H_2O$(水蒸気)，$N_2$(窒素)に変えて浄化するものである。

**【No.3】** レシプロ・エンジンのバルブ機構に関する記述として，**不適切なもの**は次のうちどれか。

(1) 一般に，バルブ・ヘッドの外径は，インテーク・バルブのほうがエキゾースト・バルブより大きい。

(2) バルブ・スプリングには，高速時のバルブ・スプリングの異常振動などを防ぐため，シリンダ・ヘッド側のピッチを広くした不等ピッチのスプリングが用いられている。

(3) 一般に，バルブ・フェースとバルブ・シート・リングとの当たり面の角度は，インテーク側，エキゾースト側共に45°である。

(4) バルブ・ステム上端には，アッパ・スプリング・シートが二つ割りのコッタで固定されている。

**【No.4】** ブローバイ・ガス還元装置(クローズド・タイプ)に関する次の文章の（イ)～(ロ）に当てはまるものとして，下の組み合わせのうち，**適切なもの**はどれか。ただし，参考として図に示すPCVバルブの状態は，エンジン停止時を表す。

エンジンの高負荷時は，軽負荷時と比較してインテーク・マニホールドの負圧が（イ)，PCVバルブのブローバイ・ガスの通過面積は（ロ）する。

| | （イ） | （ロ） |
|---|---|---|
| (1) | 低く(小さく) | 減　少 |
| (2) | 高く(大きく) | 減　少 |
| (3) | 高く(大きく) | 増　大 |
| (4) | 低く(小さく) | 増　大 |

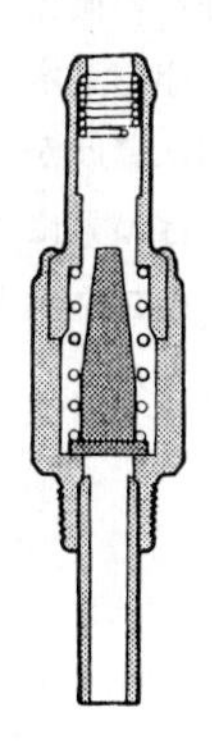

【No.5】　クランクシャフトの曲がりを測定するときに用いられるものとして，**適切なもの**は次のうちどれか。

(1)　コンプレッション・ゲージ
(2)　プラスチ・ゲージ
(3)　ダイヤル・ゲージ
(4)　シックネス・ゲージ

【No.6】　点火順序が1－3－4－2の4サイクル直列4シリンダ・エンジンの第3シリンダが圧縮上死点にあり，この状態からクランクシャフトを回転方向に360°回したとき，燃焼行程の下死点にあるシリンダとして，**適切なもの**は次のうちどれか。

(1)　第1シリンダ
(2)　第2シリンダ
(3)　第3シリンダ
(4)　第4シリンダ

【No.7】　ワックス・ペレット型サーモスタットに関する記述として，**不適切なもの**は次のうちどれか。

(1)　スピンドルは，サーモスタットのケースに固定されている。
(2)　冷却水の循環系統内に残留している空気がないときのジグル・バルブは，浮力と水圧により開いている。
(3)　冷却水温度が低くなると，ワックスが固体となって収縮し，スプリングのばね力によってペレットが押されてバルブが閉じる。
(4)　サーモスタットのケースには，小さなエア抜き口が設けられているものもある。

**【No.8】** 水冷・加圧式の冷却装置に関する記述として，**適切なもの**は次のうちどれか。

(1) 冷却水が熱膨張によって加圧(60～125kPa)されるので，水温が100℃になっても沸騰しない。

(2) 冷却水には，水あかが発生しにくい水(軟水)などが適当であり，不凍液には添加剤を含まないものを使用する。

(3) サーモスタットは，ラジエータ内に設けられている。

(4) プレッシャ型ラジエータ・キャップは，ラジエータに流れる冷却水の流量を制御している。

**【No.9】** トロコイド式オイル・ポンプに関する記述として，**不適切なもの**は次のうちどれか。

(1) サイド・クリアランスとは，ロータとカバー取り付け面との隙間をいう。

(2) チップ・クリアランスは，シックネス・ゲージを用いて測定する。

(3) クランクシャフトによりアウタ・ロータが駆動されると，インナ・ロータも同方向に回転する。

(4) タイミング・チェーン・カバー(オイル・ポンプ・ボデー)内には，歯数の異なるインナ・ロータとアウタ・ロータが偏心して組み付けられている。

**【No.10】** 排気装置のマフラに関する記述として，**適切なもの**は次のうちどれか。

(1) 管の断面積を急に大きくし，排気ガスを膨張させることにより圧力を上げて音を減少させる。

(2) 冷却により排気ガスの圧力を上げて音を減少させる。

(3)排気の通路を広げ,圧力の変動を拡大させることで音を減少させる。

(4) 吸音材料により音波を吸収する。

**【No.11】** フライホイール及びリング・ギヤに関する記述として，**適切なもの**は次のうちどれか。

(1) 一般にリング・ギヤは，炭素鋼製のスパイラル・ベベル・ギヤが用いられる。

(2) フライホイールは鋳鉄製で，クランクシャフト後端部に取り付けられている。

(3) リング・ギヤは，フライホイールの外周にボルトで固定されている。

(4) フライホイールの振れの測定は，シックネス・ゲージを用いて行う。

**【No.12】** スパーク・プラグに関する記述として，**不適切なもの**は次のうちどれか。

(1) 低熱価型プラグは，標準熱価型プラグと比較して碍子（がいし）脚部が長い。

(2) 一般に中心電極及び接地電極には，腐食に強いニッケル合金が用いられている。

(3) 放熱し過ぎて電極部の温度が低過ぎると，正規の火花放電による点火より前に混合気が燃焼し始める原因となる。

(4) 放熱しやすく電極部の焼けにくいスパーク・プラグを高熱価型プラグと呼んでいる。

**【No.13】** 電子制御装置に用いられるセンサに関する記述として，**適切なもの**は次のうちどれか。

(1) 吸気温センサのサーミスタ(負特性)の抵抗値は，吸入空気温度が低いときほど小さくなる。

(2) クランク角センサは，クランク角度及びスロットル・バルブの開度を検出している。

(3) バキューム・センサは，シリコン・チップ(結晶)に圧力を加えると，その電気抵抗が変化する性質を利用している。

(4) ジルコニア式$O_2$センサのジルコニア素子は，高温で内外面の酸素濃度の差がないときに起電力が発生する性質がある。

**【No.14】** ブラシ型オルタネータ（IC式ボルテージ・レギュレータ内蔵）に関する記述として，**不適切なもの**は次のうちどれか。

(1) ステータ・コイルを3個用いたスター結線の場合，各相のステータ・コイルの起電力は，120°ずつずれた交流となっている。

(2) ステータには，一体化された冷却用ファンが取り付けられている。

(3) ロータは，ロータ・コア，ロータ・コイル，スリップ・リング，シャフトなどで構成されている。

(4) エンジン運転中のオルタネータの発生電圧は，ボルテージ・レギュレータにより規定値に調整している。

**【No.15】** リダクション式スタータに関する記述として，**不適切なもの**は次のうちどれか。

(1) 内接式のリダクション式スタータは，一般にプラネタリ・ギヤ式とも呼ばれている。

(2) オーバランニング・クラッチは，アーマチュアがエンジンの回転によって逆に駆動され，オーバランすることによる破損を防止している。

(3) 直結式スタータより小型軽量化できる利点がある。

(4) アーマチュアの回転を，減速ギヤ部を介さずにピニオン・ギヤに伝えている。

**【No.16】** スタータの作動に関する次の文章の（　）に当てはまるものとして，**適切なもの**は次のうちどれか。

スタータ・スイッチをONにし，プランジャが吸引されメーン接点が閉じた後，（　）の磁力による吸引力だけでプランジャは保持されている。

(1) アーマチュア・コイル

(2) フィールド・コイル

(3) プルイン・コイル

(4) ホールディング・コイル

【No.17】 オルタネータの構成部品のうち，三相交流を整流する部品として，**適切なもの**は次のうちどれか。

(1) トランジスタ

(2) ステータ・コア

(3) ダイオード(レクチファイア)

(4) ブラシ

【No.18】 電子制御装置に関する記述として，**不適切なもの**は次のうちどれか。

(1) 熱線式エア・フロー・メータは，吸入空気量が多いほど出力電圧は低くなる。

(2) 電子制御式スロットル装置のスロットル・モータには，DCモータが用いられている。

(3) インジェクタの燃料の噴射量は，ソレノイド・コイルへの通電時間によって決定される。

(4) ピックアップ・コイル式のカム角センサは，シリンダ・ヘッドに取り付けられ，カム角度の検出に用いられている。

【No.19】 電気装置の半導体に関する記述として，**適切なもの**は次のうちどれか。

(1) P型半導体は，自由電子が多くあるようにつくられた不純物半導体である。

(2) IC(集積回路)は，「はんだ付けによる故障が少ない」，「超小型化が可能になる」などの利点の反面，「消費電力が多い」などの欠点がある。

(3) 発光ダイオードは，P型半導体とN型半導体を接合したもので，順方向の電圧を加えて電流を流すと発光するものである。

(4) 真性半導体は，シリコンやゲルマニウムに他の原子をごく少量加えたものである。

**【No.20】** 図に示すNPN型トランジスタに関する次の文章の（イ）～(ロ)に当てはまるものとして，下の組み合わせのうち，**適切なもの**はどれか。

ベース電流は（イ）に流れ，コレクタ電流は（ロ）に流れる。

| | （イ） | （ロ） |
|---|---|---|
| (1) | CからB | BからE |
| (2) | BからE | CからE |
| (3) | BからC | CからE |
| (4) | CからE | BからE |

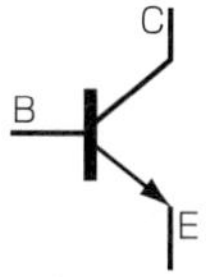

**【No.21】** 図に示すバッテリ上がり車のバッテリと救援車のバッテリをブースタ・ケーブルで接続する順番として，**適切なもの**は次のうちどれか。

(1) Ⓐ－Ⓑ－Ⓓ－Ⓒ
(2) Ⓐ－Ⓑ－Ⓒ－Ⓓ
(3) Ⓑ－Ⓐ－Ⓓ－Ⓒ
(4) Ⓑ－Ⓐ－Ⓒ－Ⓓ

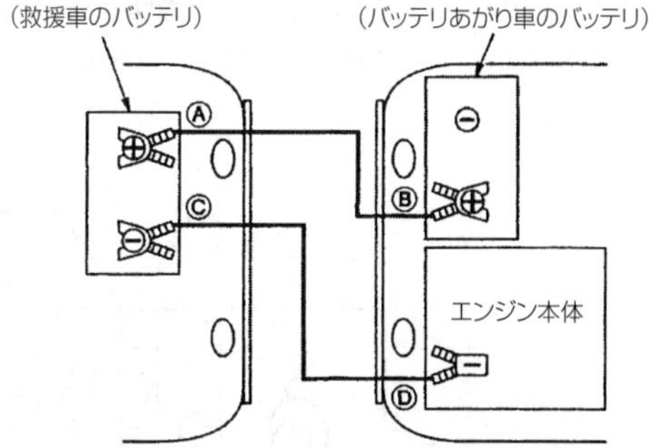

**【No.22】** 鉛バッテリの充電に関する記述として，**適切なもの**は次のうちどれか。

(1) 同じバッテリを2個同時に充電する場合には，必ず並列接続で見合った電圧にて行う。
(2) 急速充電方法の急速充電電流の最大値は，充電しようとするバッテリの定格容量(Ah)の数値にアンペア(A)を付けた値である。
(3) 初充電とは，バッテリが自己放電又は使用によって失った電気を補充するために行う充電をいう。
(4) 定電流充電法は，一般に定格容量の1／5程度の電流で充電する。

【No.23】　プライヤの種類と構造・機能に関する記述として，**不適切なもの**は次のうちどれか。

(1) バイス・プライヤは，二重レバーによってつかむ力が非常に強い。

(2) ピストン・リング・プライヤは，ピストン・リングの脱着に用いられる。

(3) ロング・ノーズ・プライヤは，刃が斜めで刃先が鋭く，細い針金の切断や電線の被覆をむくのに用いられる。

(4) コンビネーション・プライヤは，支点の穴を変えることで，口の開きを大小二段に切りかえることができる。

【No.24】　図に示す電気回路の電圧測定において，接続されている電圧計A～Dが表示する電圧値として，**適切なもの**は次のうちどれか。ただし，回路中のスイッチはOFF(開)で，バッテリ及び配線の抵抗はないものとする。

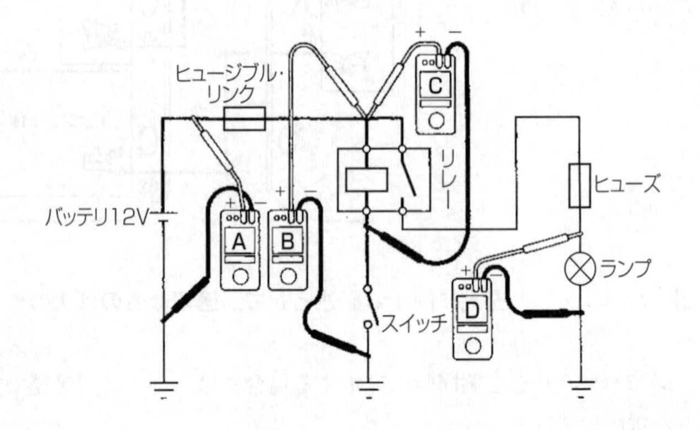


(1) 電圧計Aは０Ｖを表示する。

(2) 電圧計Bは12Ｖを表示する。

(3) 電圧計Cは12Ｖを表示する。

(4) 電圧計Dは12Ｖを表示する。

【No.25】 図に示す電気回路において，電流計Aが２Ａを表示したときの抵抗Rの抵抗値として，**適切なもの**は次のうちどれか。ただし，バッテリ及び配線等の抵抗はないものとする。

(1) 1 Ω
(2) 2 Ω
(3) 6 Ω
(4) 12Ω

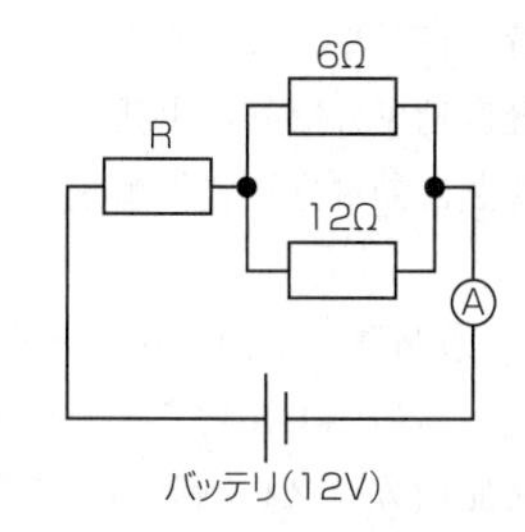


【No.26】 自動車に用いられる非鉄金属に関する記述として，**不適切なもの**は次のうちどれか。

(1) 黄銅は，銅に亜鉛を加えた合金で，加工性に優れているので，ラジエータなどに使用されている。
(2) アルミニウムは，比重が鉄の約１／３と軽いが，線膨張係数は鉄の約２倍である。
(3) ケルメットは，銀に鉛を加えたもので，軸受合金として使用されている。
(4) 青銅は，銅にすずを加えた合金で，耐摩耗性に優れ，潤滑油とのなじみもよい。

【No.27】 次に示す諸元のエンジンの総排気量について，**適切なもの**は次のうちどれか。

(1) 1365cm$^3$
(2) 1560cm$^3$
(3) 1820cm$^3$
(4) 2730cm$^3$

・燃焼室容積：65cm$^3$
・圧縮比：８
・シリンダ数：３

【No.28】「道路運送車両法」に照らし，自動車分解整備事業の種類に**該当しないもの**は，次のうちどれか。

(1) 小型自動車分解整備事業
(2) 特殊自動車分解整備事業
(3) 軽自動車分解整備事業
(4) 普通自動車分解整備事業

【No.29】「道路運送車両の保安基準」及び「道路運送車両の保安基準の細目を定める告示」に照らし，最高速度が100km／hの小型四輪自動車の運転席側面ガラス(運転者が交通状況を確認するために必要な視野の範囲に係る部分に限る)の可視光線の透過率の基準として，**適切なもの**は次のうちどれか。

(1) 50％以上
(2) 60％以上
(3) 70％以上
(4) 80％以上

【No.30】「道路運送車両の保安基準」及び「道路運送車両の保安基準の細目を定める告示」に照らし，前部霧灯の灯光の色の基準に関する記述として，**適切なもの**は次のうちどれか。

(1) 白色又は橙色であり，その全てが同一であること。
(2) 白色又は淡黄色であり，その全てが同一であること。
(3) 橙色又は淡黄色であり，その全てが同一であること。
(4) 白色又は赤色であり，その全てが同一であること。

# 29・10　試験問題解説（登録）

**【No.1】** 答え　(3)

各形状は図に示す通りである。

コンプレッション・リングの種類

**【No.2】** 答え　(4)

(1) は，ブローバイ・ガス還元装置である。

(2) は，燃料蒸発ガス排出抑止装置である。

(3) は，EGR(排気ガス再循環)装置である。

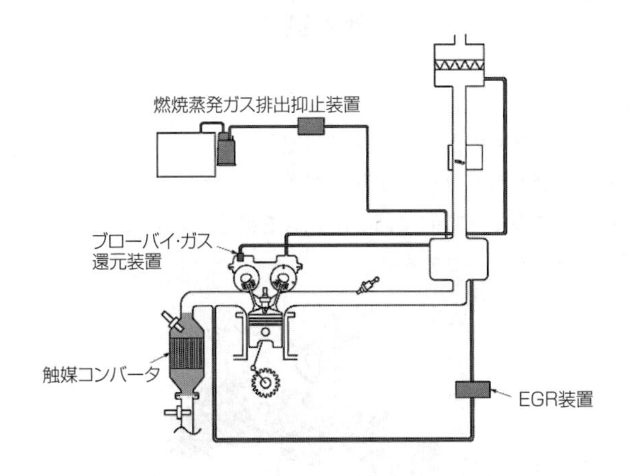


排出ガス浄化の対応策

**【No.3】** 答え　(2)

不等ピッチのバルブ・スプリングは，シリンダ・ヘッド側のピッチを**狭く**したものである。

**【No.4】** 答え (4)

エンジンの高負荷時は，軽負荷時と比較してインテーク・マニホールドの負圧が(**低く(小さく)**)，PCVバルブのブローバイ・ガスの通過面積は(**増大**)する。

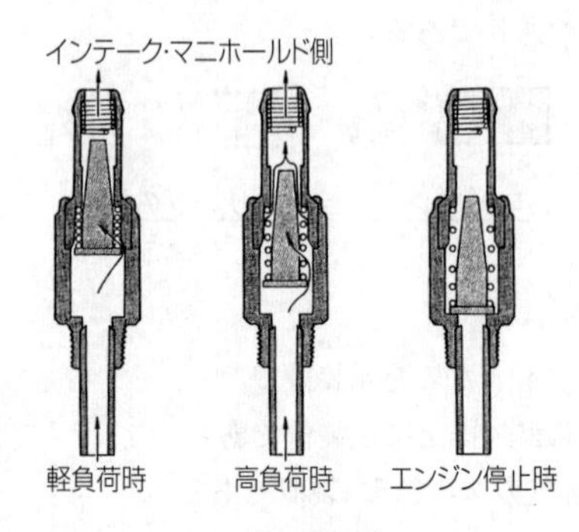


PCVバルブ

**【No.5】** 答え (3)

クランクシャフトの曲りの点検は，定盤上のＶブロックに載せて，クランクシャフト中央のジャーナル部にダイヤル・ゲージを当て，クランクシャフトを静かに手で一方向に回して振れを測定する。

曲りは，振れの１／２である。

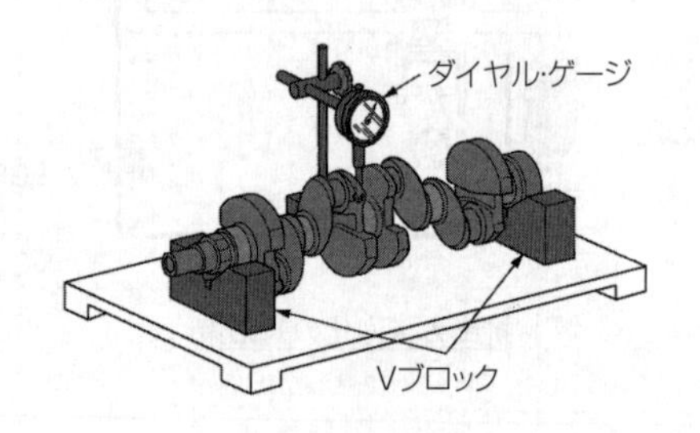


クランクシャフトの振れの測定

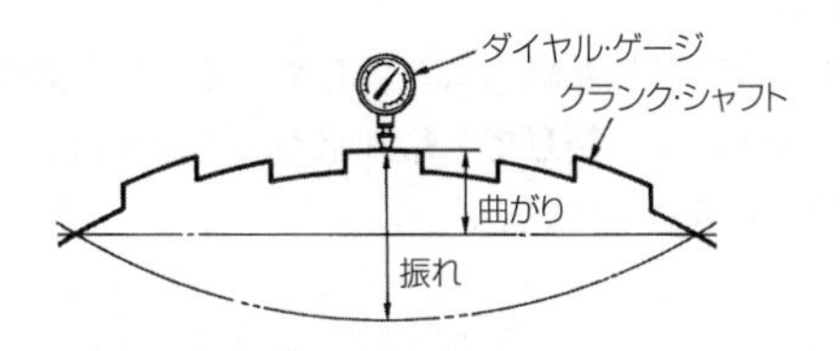


クランクシャフトの曲がり及び振れ

【No.6】 答え　(4)

図1は第3シリンダが圧縮上死点のバルブ・タイミング・ダイヤグラムである。この状態からクランクシャフトを回転方向に360°回転させると，図2の状態となる。このとき燃焼行程の下死点にあるのは**第4シリンダ**である。

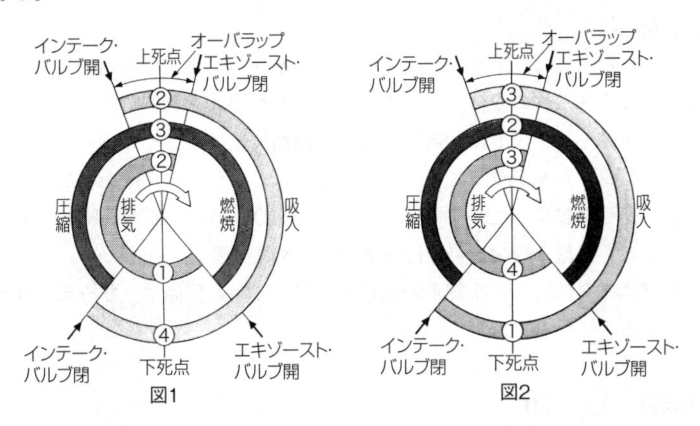


4サイクル・エンジンのバルブ・タイミング・ダイヤグラム

【No.7】 答え (2)

ジグル・バルブは，循環系統内に残留している空気を逃がし，空気がないときは浮力と水圧により**閉じて**，冷却水がエア抜き口からラジエータ側へ流れるのを防ぐ働きをしている。

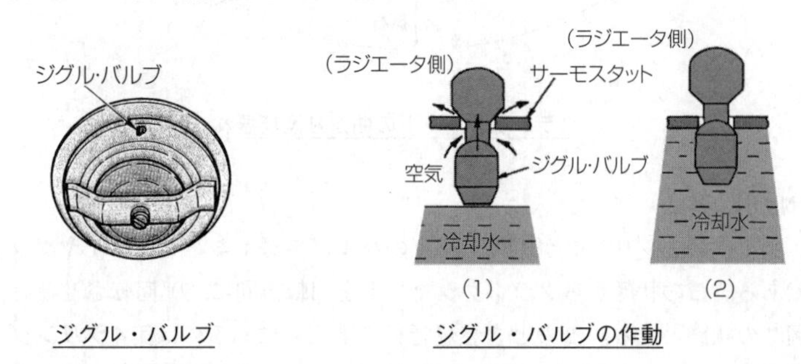


ジグル・バルブ　　ジグル・バルブの作動

【No.8】 答え (1)

(2) 冷却水には，水あかが発生しにくい水(軟水)などが適当であり，不凍液には冷却系統の腐食を防ぐための**添加剤が混入されている**。

(3) サーモスタットは，**冷却水の循環経路**に設けられている。

(4) プレッシャ型ラジエータ・キャップは，ラジエータ内を密封し，冷却水の熱膨張によって圧力をかけ，水温が100℃になっても沸騰しないようにして，気泡の発生を抑え冷却効果を高めている。

ラジエータに流れる冷却水の流量を調整している部品は，**サーモスタット**である。

【No.9】 答え (3)

クランクシャフトにより**インナ・ロータ**が駆動されると，**アウタ・ロータ**も同方向に回転する。

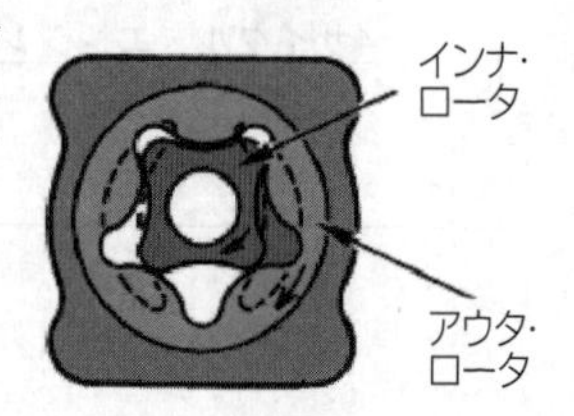


トロコイド式オイル・ポンプ

【No.10】 答え （4）

（1） 管の断面積を急に大きくし，排気ガスを膨張させることにより圧力を**下げて**音を減少させる。

（2） 冷却により排気ガスの圧力を**下げて**音を減少させる。

（3） 排気管の通路を**絞り**，圧力の変動を**抑えて**音を減少させる。

【No.11】 答え （2）

（1） 一般にリング・ギヤは，炭素鋼製の**スパー・ギヤ**が用いられる。

（3） リング・ギヤは，フライホイールの外周に**焼きばめ**されている。

（4） フライホイールの振れの測定は，**ダイヤル・ゲージ**を用いて行う。

フライホイールの振れの測定

【No.12】 答え （3）

放熱し過ぎて電極部の温度が低過ぎると，燃焼時に生じたカーボンが碍子に付着して絶縁不良となり，この部分で高電圧がリークして電極部で放電が行われなくなる。

【No.13】 答え （3）

（1） 吸気温センサのサーミスタ（負特性）の抵抗値は，吸入空気温度が低いときほど**高くなる**。

（2） クランク角センサは，クランク角度と**ピストン上死点**を検出している。

（4） ジルコニア式$O_2$センサのジルコニア素子は，高温で内外面の酸素濃度の**差が大きい**と，起電力を発生する。

**【No.14】**　答え　(2)

**ロータの前後には**，一体化された冷却用ファンが取り付けられている。

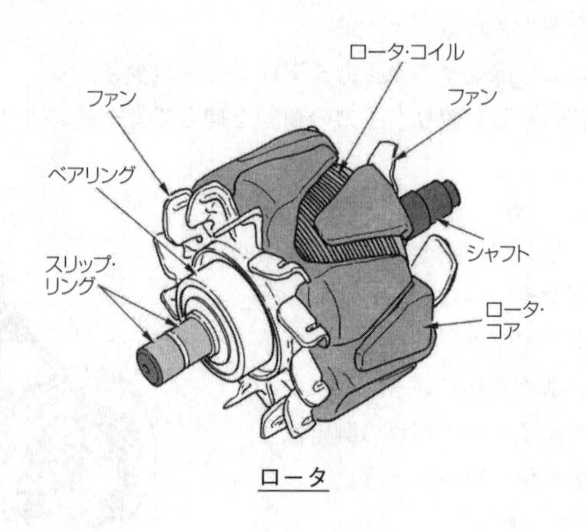


ロータ

**【No.15】**　答え　(4)

アーマチュアの回転を，減速ギヤ部を**介して**ピニオン・ギヤに伝えている。

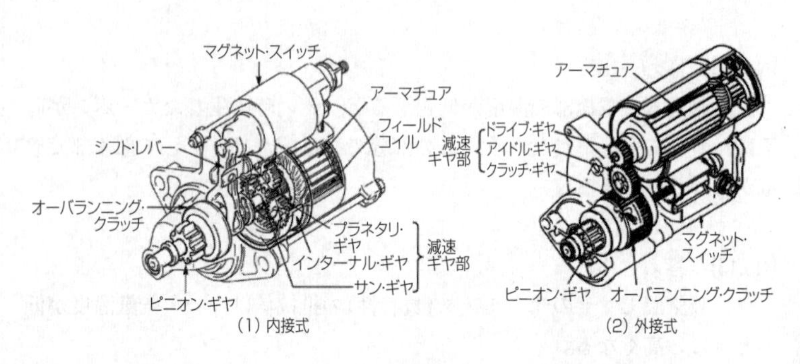


リダクション式スタータ

【No.16】 答え　(4)

スタータ・スイッチをONにし，プランジャが吸引されメーン接点が閉じた後，プルイン・コイルの両端が短絡されるので，プルイン・コイルの磁力はなくなり，**ホールディング・コイル**の磁力による吸引力だけでプランジャは保持されている。

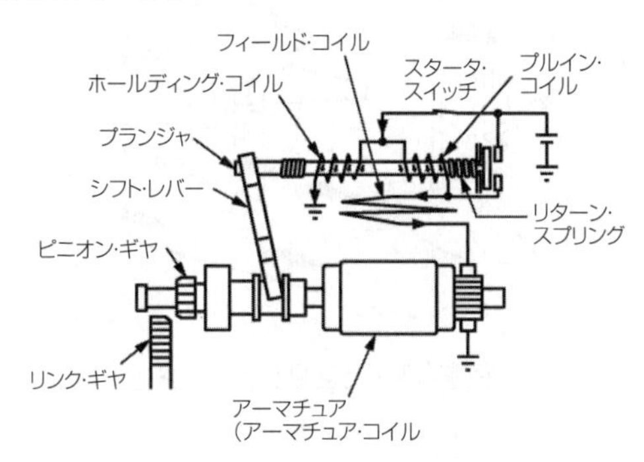


スタータのエンジン・クランキング時

【No.17】 答え　(3)

三相交流を整流する部品は**ダイオード(レクチファイヤ)**である。レクチファイヤは，プラス側とマイナス側のダイオードをそれぞれ3～4個ずつホルダに組み付けたものを一組としている。

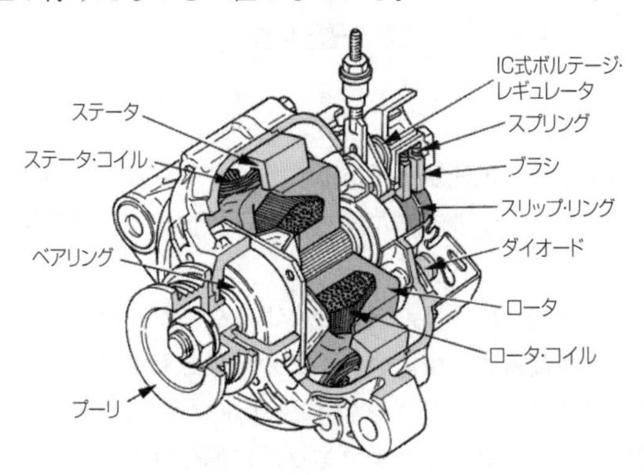


ブラシ型オルタネータ

【No.18】　答え　(1)

熱線式エア・フロー・メータは，**吸入空気量が多いほど出力電圧は高くなる。**

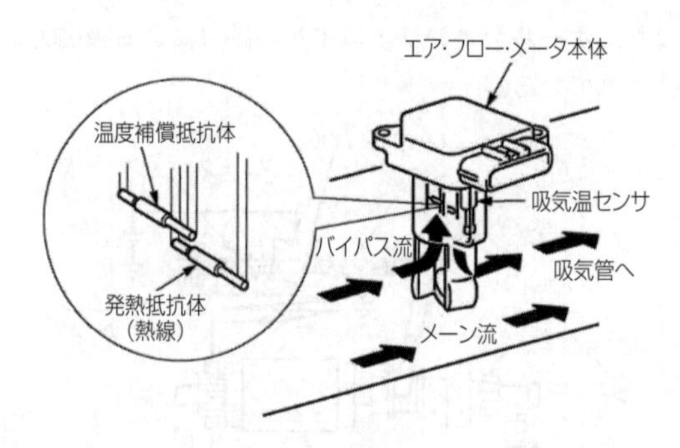


熱線式エア・フロー・メータ

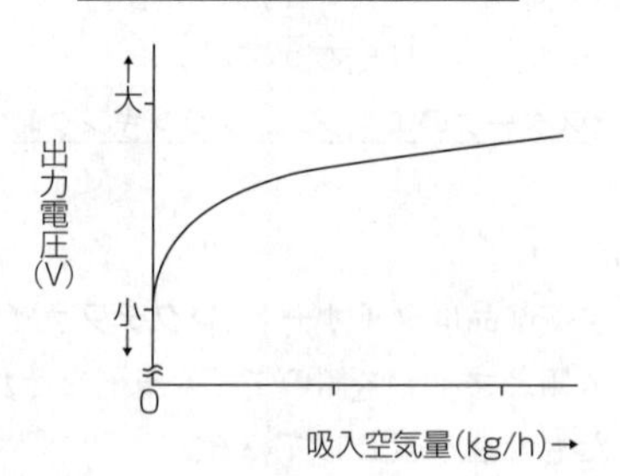


出力電圧特性

【No.19】　答え　(3)

(1)　P型半導体は，**正孔が多くある**ようにつくられた不純物半導体である。自由電子が多くあるようにつくられた不純物半導体はN型半導体である。

(2)　IC(集積回路)は，「はんだ付けによる故障が少ない」，「超小型化が可能になる」，**「消費電力が少ない」**などの特長をもっている。

(4)　真性半導体には，シリコン(Si)やゲルマニウム(Ge)などがある。**不純物半導体**は，シリコンやゲルマニウムに他の原子をごく少量加えたものである。

**【No.20】** 答え (2)

NPN型トランジスタでは，**ベース電流はB（ベース）からE（エミッタ）に流れ，コレクタ電流はC（コレクタ）からE（エミッタ）に流れる。**

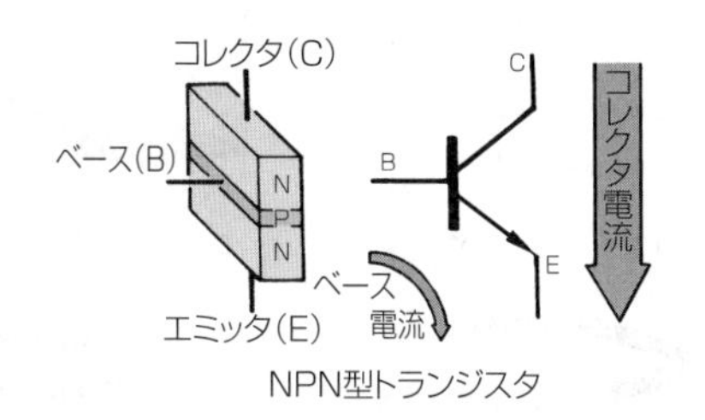


NPN型トランジスタ

**【No.21】** 答え (4)

ブースタ・ケーブルの接続手順は，

①救援車，バッテリ上がり車共にイグニション・スイッチはOFFの位置にし，全ての電気負荷をOFFにする。

②ブースタ・ケーブルを**Ⓑ→Ⓐ→Ⓒ→Ⓓの順で接続**する。

③接続後，救援車のエンジンを始動させ，エンジン回転を少し高めにしてからバッテリ上がり車のエンジンを始動する。

④ブースタ・ケーブルの取り外しは接続のときと逆の順序（Ⓓ→Ⓒ→Ⓐ→Ⓑ）で行う。

**【No.22】** 答え (2)

(1) 同じバッテリを2個同時に充電する場合には，**直列接続**で見合った電圧にて行う。

(3) 初充電とは，**新しい未充電バッテリを使用するとき，液注入後，最初に行う充電**をいう。バッテリが，自己放電又は使用によって失った電気を補充するために行う充電は補充電という。

(4) 定電流充電法は，充電の開始から終了まで一定の電流で充電を行う方法で，一般に**定格容量の1／10程度の電流で充電**する。

**【No.23】** 答え　(3)

ロング・ノーズ・プライヤは，**口先が細くなっており，狭い場所の作業に便利である**。刃が斜めで刃先が鋭く，細い針金の切断や電線の被覆をむくのに用いられるプライヤは，ニッパである。

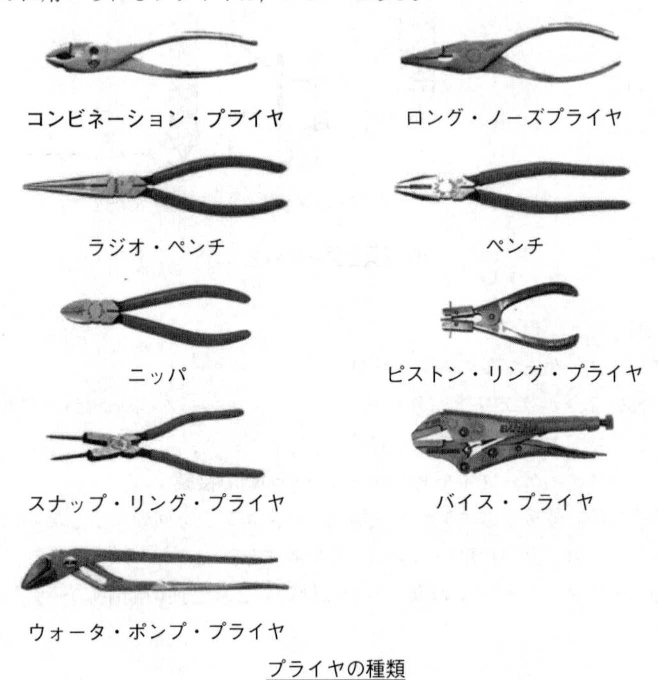


プライヤの種類

**【No.24】** 答え　(2)

電圧計Bは，回路が開いているところまではバッテリ電圧が掛かっていることから12Vを表示する。

(1) 電圧計Aは，バッテリ電圧を示すので12Vを表示する。

(3) 電圧計Cは，スイッチがOFF(開き)になっているので，等しく12Vの電圧が掛かり電位差がないことから０Ｖを表示する。

(4) 電圧計Dは，リレー接点がOFF(開)になっているので，電圧は掛からず０Ｖを表示する。

**【No.25】** 答え　(2)

回路内の全抵抗値はオームの法則を利用して計算すると，

$$Rt = \frac{V}{I} = \frac{12}{2} = 6\,\Omega$$ となる。

並列接続された抵抗6Ωと12Ωの合成抵抗値は，

$$\frac{1}{R} = \frac{1}{6} + \frac{1}{12} = \frac{2}{12} + \frac{1}{12}$$

$$\frac{1}{R} = \frac{3}{12}$$

$$\frac{1}{R} = \frac{1}{4}$$

$R = 4\,\Omega$ となる。

回路内の全抵抗値６Ωから並列接続分の抵抗値４Ωを引くと，

$R = 6 - 4 = \underline{2\Omega}$

求める抵抗Ｒの抵抗値は**2Ω**となる。

**【No.26】** 答え　(3)

ケルメットは**銅(Cu)に鉛(Pb)を加えたもの**で，軸受合金として使用されている。

**【No.27】** 答え　(1)

問題の意図するところは，圧縮比を用いて排気量を求め，総排気量を計算することである。

$$圧縮比(R) = \frac{排気量}{燃焼室容積} + 1 より$$

$$排気量(V) = 燃焼室容積 \times (圧縮比 - 1)$$

$$= 65 \times (8 - 1)$$

$$= 65 \times 7 = 455cm^3$$

シリンダ数は3シリンダなので，

総排気量（Vt）＝455×3＝**<u>1365cm³</u>**となる。

**【No.28】** 答え　(2)

「道路運送車両法」第77条

自動車分解整備事業の種類は，普通自動車分解整備事業，小型自動車分解整備事業，軽自動車分解整備事業の3種類である。

**【No.29】** 答え　(3)

「道路運送車両の保安基準」第29条の3

「道路運送車両の保安基準の細目を定める告示」第195条の3 (2)

運転者が交通状況を確認するために必要な視野の範囲に係る部分における可視光線の透過率が**70%以上**のものであること。

**【No.30】** 答え　(2)

「道路運送車両の保安基準」第33条

「道路運送車両の保安基準の細目を定める告示」第199条

前部霧灯は，**白色又は淡黄色**であり，その全てが同一であること。

## 30・3　試験問題（登録）

**【No.1】** ガソリン・エンジンの排出ガスに関する記述として，**適切なもの**は次のうちどれか。

(1) 燃料蒸発ガスとは，ピストンとシリンダ壁との隙間からクランクケース内に吹き抜けるガスである。

(2) ブローバイ・ガスに含まれる有害物質は，主に$N_2$(窒素)である。

(3) 三元触媒は，排気ガス中の$CO_2$(二酸化炭素)，$H_2O$(水蒸気)，$N_2$をCO(一酸化炭素)，HC(炭化水素)，NOx(窒素酸化物)にそれぞれ変えて浄化している。

(4) 燃焼ガス温度が高いとき，$N_2$と$O_2$(酸素)が反応してNOxが生成される。

**【No.2】** 図に示すクランクシャフトのA～Dのうち，クランク・アームを表すものとして，**適切なもの**は次のうちどれか。

(1) A

(2) B

(3) C

(4) D

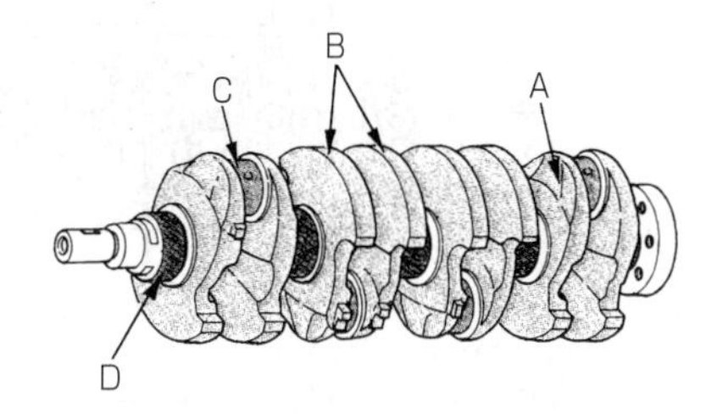

**【No.3】** レシプロ・エンジンのバルブ機構に関する記述として，**適切なもの**は次のうちどれか。

(1) カムシャフトのカムの形状は卵形状で，カムの長径をカム・リフトという。

(2) 一般に，エキゾースト・バルブのバルブ・ヘッドの外径は，排気効率を向上させるため，インテーク・バルブより大きくなっている。

(3) バルブ・スプリングには，高速時の異常振動などを防ぐため，シリンダ・ヘッド側のピッチを広くした不等ピッチのスプリングが用いられている。

(4) カムシャフト・タイミング・スプロケットは，クランクシャフト・タイミング・スプロケットの１／２の回転速度で回る。

**【No.4】** 図に示すシリンダ・ヘッド・ボルトの締め付け順序として，**適切なもの**は次のうちどれか。

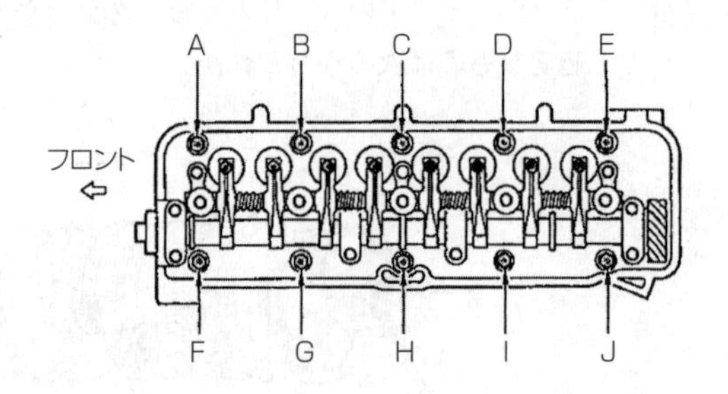


(1) A→J→E→F→I→B→D→G→C→H

(2) C→H→D→G→I→B→J→A→E→F

(3) A→B→C→D→E→F→G→H→I→J

(4) B→I→D→G→J→A→F→E→H→C

【No.5】 点火順序が1－3－4－2の4サイクル直列4シリンダ・エンジンの第2シリンダが排気行程の上死点にあり，この位置からクランクシャフトを回転方向に360°回したときに，排気行程の上死点にあるシリンダとして，**適切なもの**は次のうちどれか。

(1) 第1シリンダ
(2) 第2シリンダ
(3) 第3シリンダ
(4) 第4シリンダ

【No.6】 カートリッジ式(非分解式)オイル・フィルタのバイパス・バルブが開くときの記述として，**適切なもの**は次のうちどれか。

(1)オイル･フィルタの出口側の圧力が入口側の圧力以上になったとき。
(2) オイル・フィルタのエレメントが目詰まりし，その入口側の圧力が規定値以上になったとき。
(3) オイル・ポンプから圧送されるオイルの圧力が規定値以下になったとき。
(4) オイル・ストレーナが目詰まりしたとき。

【No.7】 全流ろ過圧送式潤滑装置に関する記述として，**不適切なもの**は次のうちどれか。

(1) オイル・プレッシャ・スイッチは，油圧が規定値より高くなり過ぎた場合に，コンビネーション・メータ内のオイル・プレッシャ・ランプを点灯させる。
(2) オイル・ポンプのリリーフ・バルブは，オイルの圧力が規定値以上になると作動する。
(3) トロコイド式オイル・ポンプのアウタ・ロータの山とインナ・ロータの山とのすき間をチップ・クリアランスという。
(4) オイル・パンのバッフル・プレートは，オイルの泡立ち防止　オイルが揺れ動くのを抑制及び車両傾斜時のオイル確保のために設けられている。

**【No.8】** 水冷・加圧式の冷却装置に関する記述として，**不適切なもの**は次のうちどれか。

(1) 電動式ウォータ・ポンプは，補機駆動用ベルトによって駆動されるものと比べて，燃費を低減させることができる。

(2) ラジエータ・コアは，多数のチューブと放熱用フィンからなっている。

(3) LLC(ロング・ライフ・クーラント)の成分は，エチレン・グリコールに数種類の添加剤を加えたものである。

(4) 標準型のサーモスタットのバルブは，冷却水温度が上昇し規定温度に達すると閉じて，冷却水がラジエータを循環して冷却水温度が下げられる。

**【No.9】** プレッシャ型ラジエータ・キャップの構成部品で，冷却水温が高くなり，ラジエータ内の圧力が規定値以上になったときに開く部品として，**適切なもの**は次のうちどれか。

(1) リリーフ・バルブ

(2) バイパス・バルブ

(3) プレッシャ・バルブ

(4) バキューム・バルブ

**【No.10】** ガソリン・エンジンの燃焼に関する記述として，**適切なもの**は次のうちどれか。

(1) 燃焼によるシリンダ内の圧力は，ピストンの上死点で最高圧力に達する。

(2) エンジンに供給された燃料の発熱量は，軸出力として取り出される有効な仕事のほかは，大部分が冷却，排気などの損失として失われる。

(3) 燃料蒸発ガスに含まれる有害物質は，主にCOである。

(4) 始動時と高負荷時には，理論空燃比より薄い混合気が必要になる。

【No.11】吸排気装置に関する記述として，**適切なもの**は次のうちどれか。

(1) インテーク・マニホールドは，各シリンダへの吸気抵抗を小さくするなどして，吸入空気の体積効率が高まるように設計されている。

(2) 吸気経路の途中に設けられたレゾネータは，異物を取り除く役目をしている。

(3) メイン及びサブ・マフラは，冷却により排気ガスの圧力を上げて消音させている。

(4) 乾式のエア・クリーナのエレメントには，特殊なオイル(半乾性油)を染み込ませている。

【No.12】電子制御式燃料噴射装置に関する記述として，**不適切なもの**は次のうちどれか。

(1) くら型のフューエル・タンクでは，ジェット・ポンプによりサブ室からメーン室に燃料を移送している。

(2) インジェクタのソレノイド・コイルに電流が流れると，ニードル・バルブが全閉位置に移動し，燃料が噴射される。

(3) 燃料噴射量の制御は，インジェクタの噴射時間を制御することによって行われている。

(4) チャコール・キャニスタは，燃料蒸発ガスが大気中に放出されるのを防止している。

【No.13】 電子制御式燃料噴射装置のインジェクタの構成部品として，**不適切なもの**は次のうちどれか。

(1) ニードル・バルブ

(2) ソレノイド・コイル

(3) プレッシャ・レギュレータ

(4) プランジャ

**【No.14】** 半導体に関する記述として，**不適切なもの**は次のうちどれか。

(1) フォト・ダイオードは，光信号から電気信号への変換などに用いられている。

(2) ツェナ・ダイオードは，電気信号を光信号に変換する場合などに用いられている。

(3) トランジスタは，スイッチング回路などに用いられている。

(4) ダイオードは，交流を直流に変換する整流回路などに用いられている。

**【No.15】** スパーク・プラグに関する記述として，**不適切なもの**は次のうちどれか。

(1) 高熱価型プラグは，標準熱価型プラグと比較して碍子（がいし）脚部が短い。

(2) 絶縁碍子は，電極の支持と高電圧の漏電を防ぐ働きをしている。

(3) 接地電極と中心電極との間に，スパーク・ギャップ(火花隙間)を形成している。

(4) 標準熱価型プラグと比較して，放熱しやすく電極部の焼けにくいスパーク・プラグを低熱価型プラグと呼んでいる。

**【No.16】** 図に示すブラシ型オルタネータに用いられているAの名称として，**適切なもの**は次のうちどれか。

(1) ステータ・コイル

(2) ロータ・コイル

(3) アーマチュア・コイル

(4) フィールド・コイル

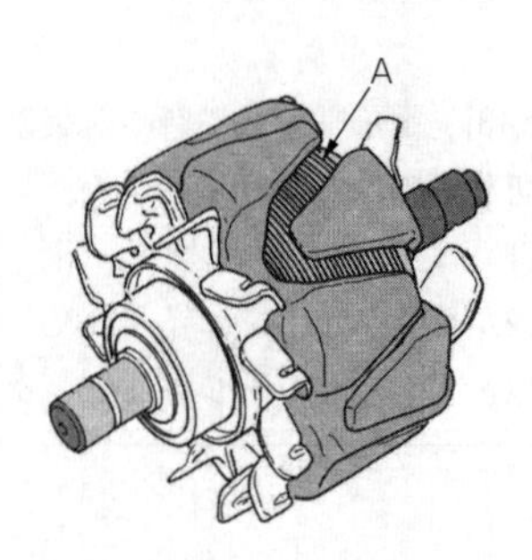

【No.17】 ブラシ型オルタネータ（IC式ボルテージ・レギュレータ内蔵）に関する記述として，**適切なもの**は次のうちどれか。

(1) ステータ・コアは薄い鉄板を重ねたもので，ロータ・コアと共に磁束の通路を形成している。

(2) オルタネータは，ロータ，ステータ，オーバランニング・クラッチなどで構成されている。

(3) ステータ・コイルに発生する誘導起電力の大きさは，ステータ・コイルの巻き数が多いほど小さくなる。

(4) 一般にステータには，一体化された冷却用ファンが取り付けられている。

【No.18】 リダクション式スタータのマグネット・スイッチの構成部品として，**不適切なもの**は次のうちどれか。

(1) プルイン・コイル

(2) プランジャ

(3) クラッチ・ローラ

(4) ホールディング・コイル

【No.19】 リダクション式スタータに関する記述として，**不適切なもの**は次のうちどれか。

(1) マグネット・スイッチは，ピニオン・ギヤをリング・ギヤにかみ合わせる働き及びモータに大電流を流すためのスイッチの働きをする。

(2) 減速ギヤ部によって，アーマチュアの回転を減速し，駆動トルクを増大させてピニオン・ギヤに伝えている。

(3) アーマチュアの回転をそのままピニオン・ギヤに伝える直結式スタータと比較して小型軽量化ができる利点がある。

(4) モータのフィールドは，ヨーク、ポール・コア（鉄心），アーマチュア・コイルなどで構成されている。

**【No.20】** 点火装置に用いられるイグニション・コイルの二次コイルと比べたときの一次コイルの特徴に関する記述として，**適切なもの**は次のうちどれか。

(1) 銅線が太く巻き数が多い。

(2) 銅線が細く巻き数が多い。

(3) 銅線が太く巻き数が少ない。

(4) 銅線が細く巻き数が少ない。

**【No.21】** 鉛バッテリの充電に関する記述として，**不適切なもの**は次のうちどれか。

(1) 定電流充電法では，一般に定格容量の1／10程度の電流で充電を行う。

(2) 充電中は，電解液の温度が45℃（急速充電の場合は55℃）を超えないように注意する。

(3) 急速充電器の急速充電電流の最大値は，充電しようとするバッテリの定格容量（Ah）の数値にアンペア（A）をつけた値である。

(4) 補充電とは，放電状態にあるバッテリを，短時間でその放電量の幾らかを補うために，大電流（定電流充電の数倍～十倍程度）で充電を行う方法である。

**【No.22】** 自動車の警告灯に関する記述として，**不適切なもの**は次のうちどれか。

(1) エア・バッグ警告灯は，シート・ベルトを着用していないときに点灯する。

(2) チャージ・インジケータ・ランプは，充電装置に異常が発生したときに点灯する。

(3) 半ドア警告灯は，ドアが完全に閉じていないときに点灯する。

(4) ブレーキ警告灯は，パーキング・ブレーキを掛けたままのときや，ブレーキ液が不足したときに点灯する。

【No.23】 潤滑剤に用いられるグリースに関する記述として，**適切なもの**は次のうちどれか。

(1) グリースは，常温では柔らかく，潤滑部が作動し始めると摩擦熱で徐々に固くなる。

(2) リチウム石けんグリースは，耐熱性や機械的安定性が高い。

(3) カルシウム石けんグリースは，マルチパーパス・グリースとも呼ばれている。

(4) 石けん系のグリースには，ベントン・グリースやシリカゲル・グリースなどがある。

【No.24】 自動車に用いられるアルミニウムに関する記述として，**適切なもの**は次のうちどれか。

(1) 電気の伝導率は，銅の約20％である。

(2) 比重は，鉄の約３分の１である。

(3) 熱の伝導率は，鉄の約20倍である。

(4) 線膨張係数は，鉄の約10倍である。

【No.25】 Ｖリブド・ベルトに関する記述として，**不適切なもの**は次のうちどれか。

(1) Ｖベルトと比較して伝達効率が低い。

(2) Ｖベルトと比較してベルト断面が薄いため，耐屈曲性及び耐疲労性に優れている。

(3) Ｖベルトと比較して張力の低下が少ない。

(4) Ｖベルトと同様に，オルタネータ・プーリなどを駆動している。

**【No.26】** 図に示す電気回路において，12V用のランプを12Vの電源に接続したときの内部抵抗が3Ωである場合，ランプの消費電力として，**適切なもの**は次のうちどれか。ただし，バッテリ及び配線の抵抗はないものとする。

(1)　4W

(2)　24W

(3)　36W

(4)　48W

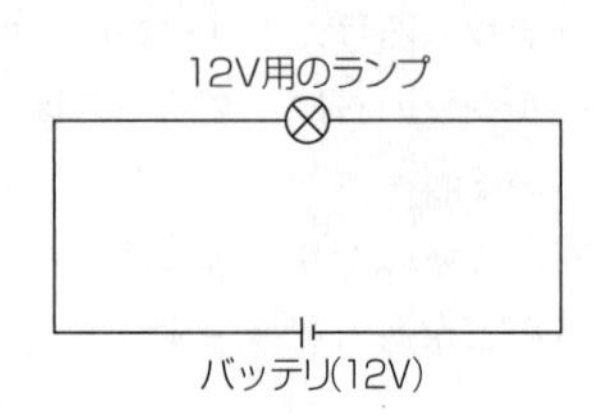


**【No.27】** ドライバの種類と構造・機能に関する記述として，**不適切なもの**は次のうちどれか。

(1)　角軸形の外観は普通形と同じであるが，軸が柄の中を貫通しているため頑丈である。

(2)　スタッビ形は，短いドライバで，柄が太く強い力を与えることができる。

(3)　オートマティック・ドライバは，柄を軸方向に押すだけで刃先を回転させることができる。

(4)　ショック・ドライバは，ねじ類を強い力で緩めたりするときに用いるものである。

**【No.28】** 「道路運送車両法」及び「自動車点検基準」に照らし，1年ごとに定期点検整備をしなければならない自動車として，**適切なもの**は次のうちどれか。

(1)　乗車定員5人の小型乗用自動車のレンタカー

(2)　車両総重量9tの自家用自動車

(3)　総排気量2.00ℓの自動車運送事業用の自動車

(4)　自家用乗用自動車

【No.29】「道路運送車両の保安基準」及び「道路運送車両の保安基準の細目を定める告示」に照らし，方向指示器に関する次の文章の（イ）～（ロ）に当てはまるものとして，下の組み合わせのうち，**適切なもの**はどれか。

方向指示器は，毎分（イ）回以上（ロ）回以下の一定の周期で点滅するものであること。

| | （イ） | （ロ） |
|---|---|---|
| (1) | 50 | 100 |
| (2) | 50 | 120 |
| (3) | 60 | 100 |
| (4) | 60 | 120 |

【No.30】「道路運送車両の保安基準」及び「道路運送車両の保安基準の細目を定める告示」に照らし，最高速度が100km／hの小型四輪自動車について，次の文章の（　）に当てはまるものとして，**適切なもの**は次のうちどれか。

走行用前照灯は，そのすべてを照射したときには，夜間にその前方（　）mの距離にある交通上の障害物を確認できる性能を有するものであること。

(1) 40
(2) 100
(3) 150
(4) 200

## 30・3　試験問題解説（登録）

**【No.1】** 答え　(4)

(1) 燃料蒸発ガスとは，**フューエル・タンクの燃料が蒸発して，大気中に放出されるガスのことをいう**。

ピストンとシリンダ壁との隙間から，クランクケース内に吹き抜けるガスは，**ブローバイ・ガス**である。

(2) ブローバイ・ガスに含まれる有害物質は，主に**HC**である。

(3) 三元触媒は，排気ガス中の**CO（一酸化炭素），HC（炭化水素），NOx（窒素酸化物）を，$CO_2$（二酸化炭素），$H_2O$（水蒸気），$N_2$（窒素）**にそれぞれ変えて浄化している。

**【No.2】** 答え　(1)

(2) Bは，**バランス・ウェイト**

(3) Cは，**クランク・ピン**

(4) Dは，**クランク・ジャーナル**

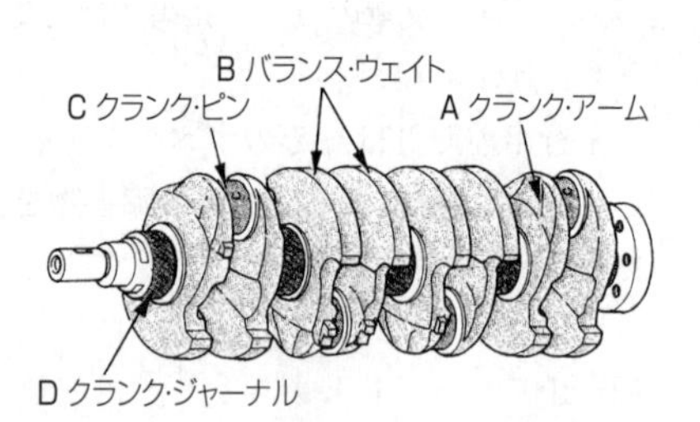


クランクシャフト

**【No.3】** 答え　(4)

(1) カムシャフトのカムの形状は卵形状で，**カムの長径と短径との差をカム・リフトという**。

(2) 一般に，**インテーク・バルブ**のバルブ・ヘッドの外径は，**吸入混合気量を多くするため，エキゾースト・バルブより大きくなっている**。

(3) バルブ・スプリングには，高速時の異常振動などを防ぐため，シリンダ・ヘッド側のピッチを**狭く**した不等ピッチのスプリングが用いられている。

【No.4】　答え　(2)

締め付けは，**中央部のボルトから外側のボルトへ**と行う。

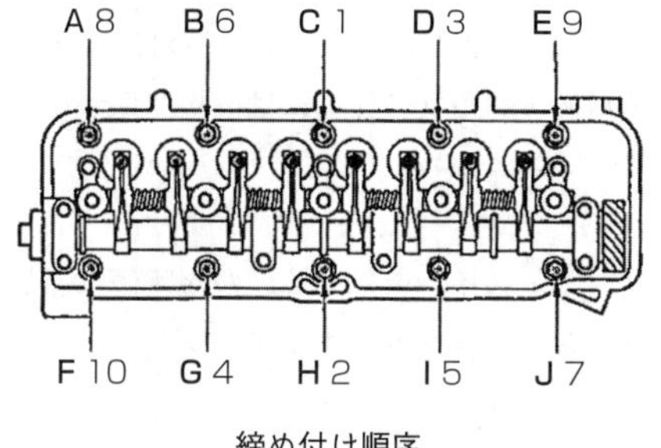


締め付け順序

【No.5】　答え　(3)

図1は第2シリンダが排気上死点のバルブ・タイミング・ダイヤグラムである。この状態からクランクシャフトを回転方向に360°回転させると，図2の状態となる。このとき排気行程の上死点にあるのは**第3シリンダ**である。

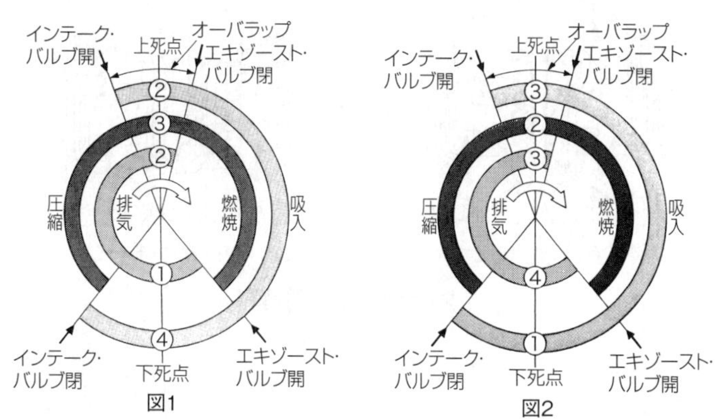


4サイクル・エンジンのバルブ・タイミング・ダイヤグラム

**【No.6】** 答え (2)

(1) オイル・フィルタの**入口側**の圧力が**規定値を超えたとき**。

(3) バイパス・バルブの作動には，オイル圧力は直接関係がない。

(4) オイル・ストレーナが目詰まりすると，油圧が規定値に達しない可能性がある。バイパス・バルブの作動には直接関係がない。

**【No.7】** 答え (1)

オイル・プレッシャ・スイッチは，**油圧が規定値に達していない場合**には，コンビネーション・メータ内のオイル・プレッシャ・ランプを点灯させる。

**【No.8】** 答え (4)

標準型のサーモスタットのバルブは，冷却水温度が上昇し規定温度に達すると**開いて**，冷却水がラジエータを循環して冷却水温度が下げられる。

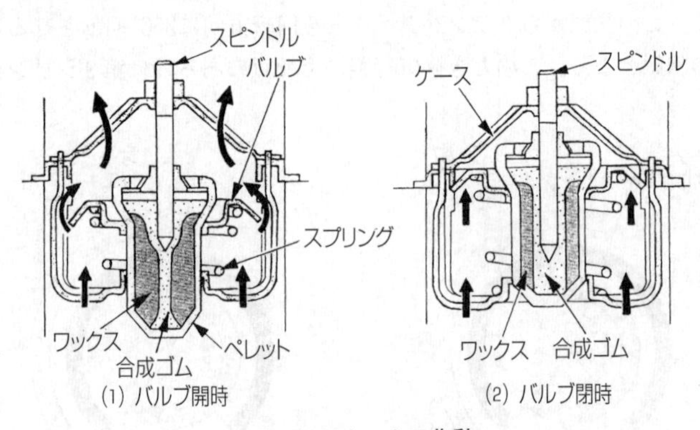


**サーモスタットの作動**

**【No.9】** 答え (3)

(1) リリーフ・バルブは，プレッシャ型ラジエータ・キャップには付いていない。

(2) バイパス・バルブは，サーモスタットに設けられ，冷却水温が低いときは開いてラジエータへ冷却水を送らず，規定温度に達すると閉じてラジエータで冷やされた冷却水をシリンダ・ブロック，シリンダ・ヘッドに循環させる。

(4) バキューム・バルブは，冷却水温度が低下し，ラジエータ内の圧力が規定値以下になったときに開く。

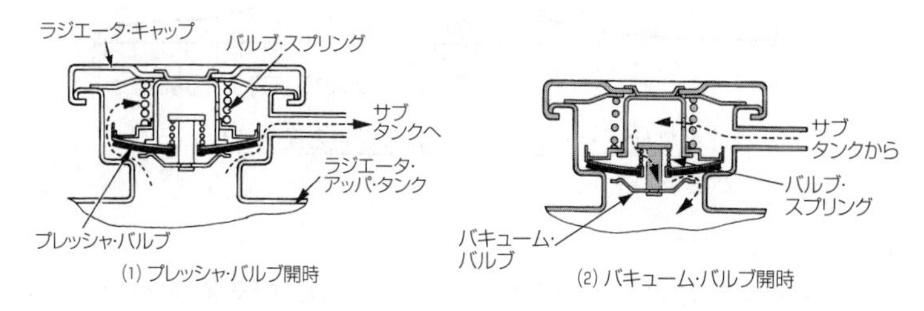


プレッシャ型ラジエータ・キャップ

**【No.10】** 答え (2)

(1) 燃焼によるシリンダ内の圧力は，ピストンが**上死点から下がり始めた直後に**最高圧力となる。

(3) 燃料蒸発ガスに含まれる有害物質は，主に**HC**である。

(4) 始動時，高負荷時には，理論空燃比より**濃い**混合気が必要となる。

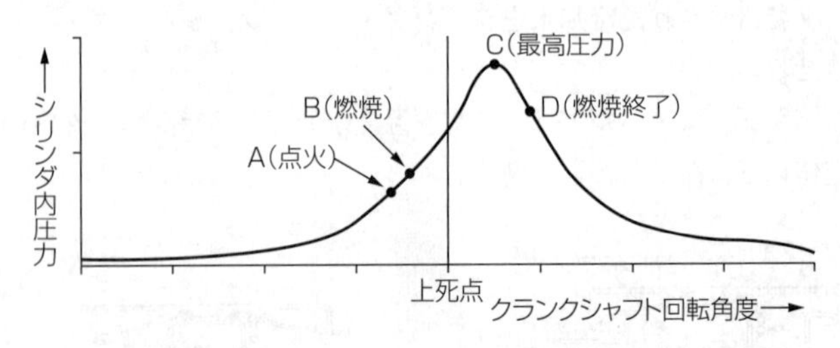


ガソリン・エンジンにおける燃焼と圧力変化

**【No.11】** 答え (1)

(2) 吸気経路の途中に設けられたレゾネータは，**吸気騒音を小さくしたり，吸気効率を改善するもの。**

異物を取り除く役目をしているのは，**エア・クリーナ**である。

(3) メイン及びサブ・マフラは，冷却により排気ガスの圧力を**下げて**消音させている。

(4) **ビスカス式**のエア・クリーナのエレメントには，特殊なオイル(半乾性油)が染み込ませている。

**【No.12】** 答え (2)

インジェクタのソレノイド・コイルに電流が流れると，ニードル・バルブが**全開位置**に移動し，燃料が噴射される。

【No.13】 答え (3)

プレッシャ・レギュレータは，フューエル・ポンプから吐出した燃料の圧力を一定に保つものであり，インジェクタとは別物である。

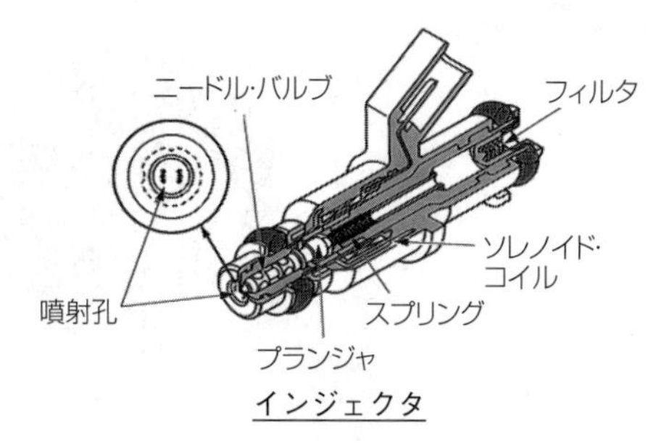


インジェクタ

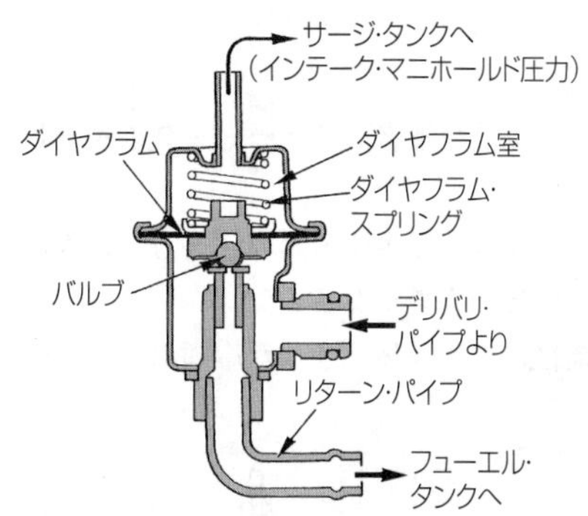


別体式プレッシャ・レギュレータ

【No.14】 答え (2)

ツェナ・ダイオードは，**定電圧回路や電圧検出回路**に用いられている。

電気信号を光信号に変換する場合に用いられるのは，**発光ダイオード(LED)**である。

【No.15】 答え (4)

標準熱価型プラグと比較して，放熱しやすく電極部の焼けにくいスパーク・プラグを**高熱価型プラグ**と呼んでいる。

**【No.16】** 答え　(2)

ロータは，ロータ・コア，**ロータ・コイル**，スリップ・リング，シャフトなどで構成されている。

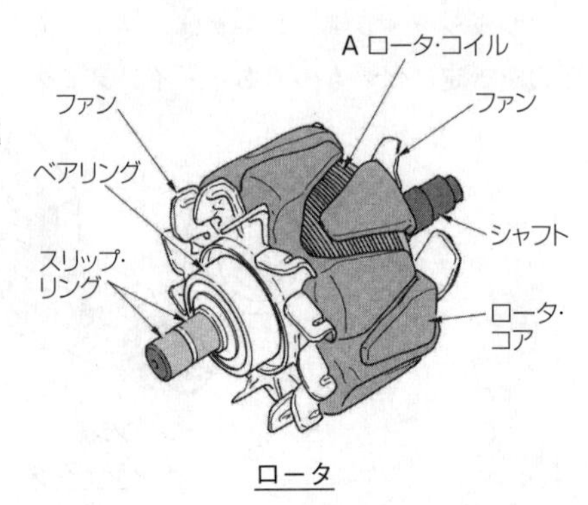


ロータ

**【No.17】** 答え　(1)

(2) オルタネータは，ロータ，ステータ，**ダイオード**(レクチファイヤ)などで構成されている。

(3) ステータ・コイルに発生する誘導起電力の大きさは，ステータ・コイルの**巻き数が多いほど大きくなる**。

(4) **ロータの前後には**，一体化された冷却用ファンが取り付けられている。

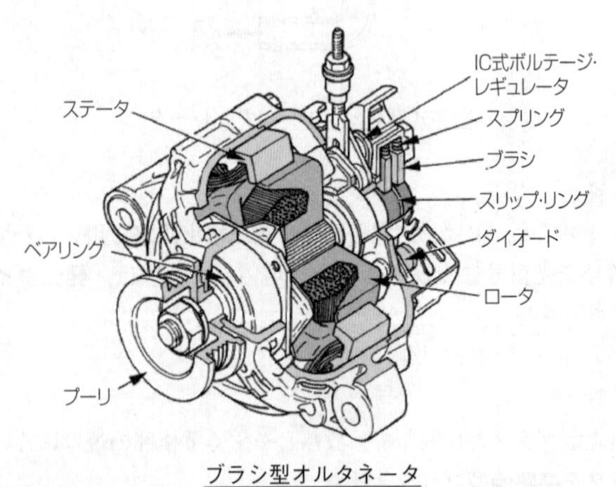


ブラシ型オルタネータ

【No.18】 答え (3)

リダクション式スタータのマグネット・スイッチは，プルイン・コイルとホールディング・コイルの二つのコイル，リターン・スプリング，プランジャ，メーン接点などで構成されている。クラッチ・ローラは，**オーバランニング・クラッチの構成部品**である。

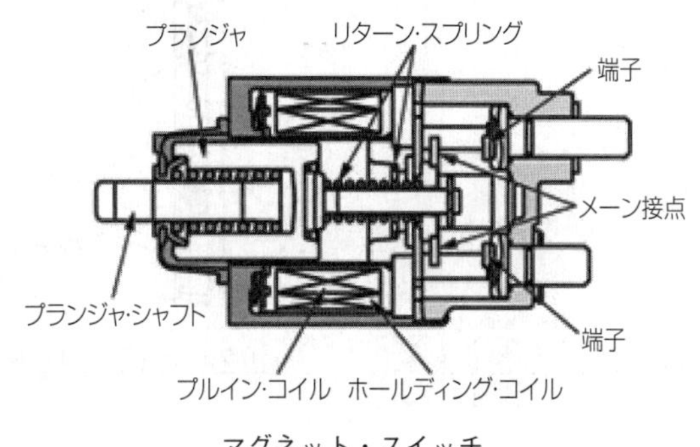


マグネット・スイッチ

【No.19】 答え (4)

モータのフィールドは，ヨーク，ポール・コア(鉄心)，**フィールド・コイル**などで構成されている。

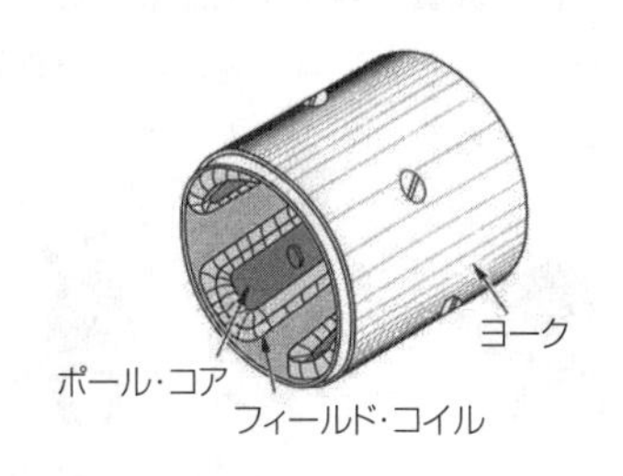


フィールド

**【No.20】** 答え (3)

一次コイルは二次コイルに対して**銅線が太く**，二次コイルは一次コイルより銅線が多く巻かれている(一次コイルの**巻き数が少ない**)。

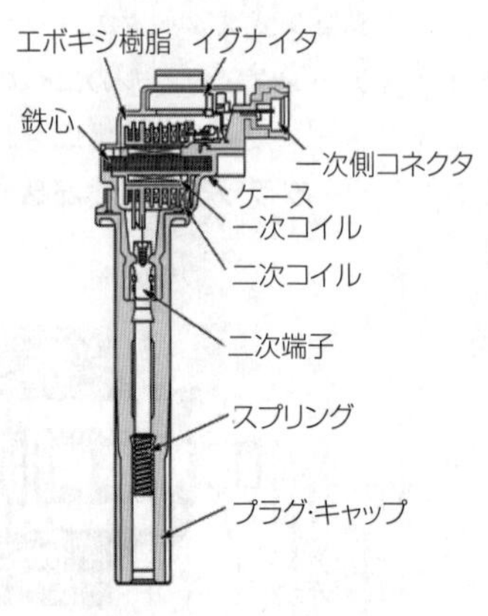


イグニション・コイル

**【No.21】** 答え (4)

補充電とは，**バッテリが自己放電又は使用によって失った電気を補充するために行う充電**をいう。

**【No.22】** 答え (1)

**エア・バッグ警告灯は，装置に異常が発生したときに点灯**する。運転席のシート・ベルトを着用していないときに点灯する警告灯は，運転席シート・ベルト非着用警告灯である。

エア･バッグ警告灯

運転席シート･ベルト非着用警告灯

警告灯

【No.23】 答え　(2)

(1) グリースは，常温では半固体状で，潤滑部が作動し始めると摩擦熱で徐々に**柔らかくなる**。

(3) **マルチパーパス(MP)・グリースは，リチウム石けんグリース**である。

(4) ベントン・グリースやシリカゲル・グリースは，非石けん系のグリースである。

【No.24】 答え　(2)

(1) **電気の伝導率は，銅の約60%**である。

(3) **熱の伝導率は，鉄の約３倍**である。

(4) **線膨張係数は，鉄の約２倍**である。

【No.25】 答え　(1)

Ｖリブド・ベルトはＶベルトと比較して**伝達効率が高い**。

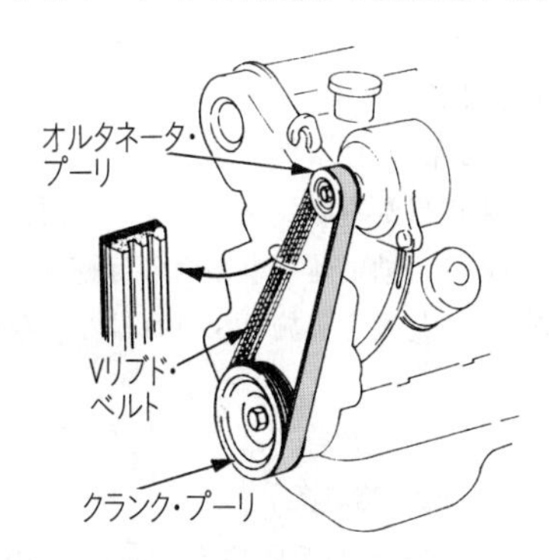


Ｖリブド・ベルトによる伝動

**【No.26】** 答え　(4)

電力：Pは電圧：Eと電流：Iの積で表わされ，単位にはW(ワット)が用いられる。

式で表わすと次のようになる。

$$P(W) = E(V) \times I(A) = E(V) \times \frac{E(V)}{R(\Omega)} = \frac{E^2}{R(\Omega)}$$ より

電球の消費電力は

$$P(W) = \frac{12^2}{3} = \frac{144}{3} = \underline{\mathbf{48W}}$$ となる。

**【No.27】** 答え　(1)

**角軸形は，軸が四角形で大きな力に耐えられるようになっており**，軸にスパナなどを掛けて使用することもできる。外観が普通形と同じであるが，軸が柄の中を貫通している頑丈なドライバは貫通形である。

**【No.28】** 答え　(4)

「道路運送車両法」第48条の（3）

「自動車点検基準」第２条の（2）別表第６

乗車定員５人の小型乗用自動車のレンタカー，車両総重量９ｔの自家用自動車，総排気量2.00ℓの自動車運送事業用の自動車は，別表第３の基準により３月ごとに定期点検整備を実施しなければならない。

**【No.29】** 答え　(4)

「道路運送車両の保安基準」第41条

「道路運送車両の保安基準の細目を定める告示」第215条の４（1）

方向指示器は，**毎分60回以上120回以下**の一定の周期で点滅するものであること。

**【No.30】** 答え　(2)

「道路運送車両の保安基準」第32条

「道路運送車両の保安基準の細目を定める告示」第198条の２（1）

走行用前照灯は，そのすべてを照射したときには，夜間にその前方100mの距離にある交通上の障害物を確認できる性能を有するものであること。

## 30・10　試験問題（登録）

**【No.1】** ガソリン・エンジンの燃焼に関する記述として，**不適切なもの**は次のうちどれか。

(1) 始動時，アイドリング時，高負荷時などには，一般に薄い混合気が必要である。

(2) 排気ガス中の有害物質の発生には，一般に空燃比と燃焼ガス温度などが影響する。

(3) 自動車から排出される有害なガスには，排気ガス，ブローバイ・ガス，燃料蒸発ガスがある。

(4) 運転中にキンキンやカリカリという異音を発することがあり，この現象をノッキングという。

**【No.2】** クランクシャフトの曲がりの点検に関する次の文章の（　）に当てはまるものとして，**適切なもの**はどれか。

クランクシャフトの曲がりの値は，クランクシャフトの振れの値の（　）であり，限度を超えたものは交換する。

(1) 1／4

(2) 1／2

(3) 2　倍

(4) 4　倍

**【No.3】** 図に示すバルブのバルブ・ステムを表すものとして，**適切なもの**は次のうちどれか。

(1) A

(2) B

(3) C

(4) D

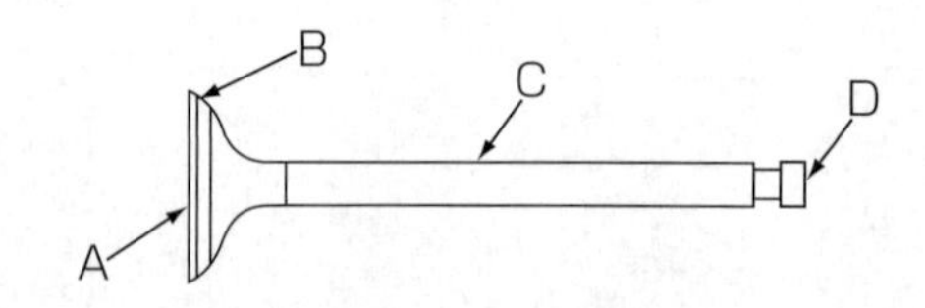

【No.4】 スパーク・プラグに関する記述として，**適切なもの**は次のうちどれか。

(1) 絶縁碍子（がいし）は，純度の高いアルミナ磁器で作られている。

(2) 高熱価型プラグは，標準熱価型プラグと比較して碍子脚部が長い。

(3) 放熱しやすく電極部の焼けにくいスパーク・プラグを低熱価型プラグという。

(4) スパーク・プラグは，ハウジング，イグナイタ，電極などで構成されている。

【No.5】 電子制御装置に用いられるセンサ及びアクチュエータに関する記述として，**不適切なもの**は次のうちどれか。

(1) 熱線式エア・フロー・メータは，吸入空気量が多いほど出力電圧は高くなる。

(2) スロットル・ポジション・センサは，スロットル・バルブの開度を検出するセンサである。

(3) ISCV(アイドル・スピード・コントロール・バルブ)の種類には，ロータリ・バルブ式，ステップ・モータ式，ソレノイド・バルブ式がある。

(4) ジルコニア式$O_2$センサのアルミナは，高温で内外面の酸素濃度の差が大きいと，起電力を発生する性質がある。

【No.6】 フライホイール及びリング・ギヤに関する記述として，**適切なもの**は次のうちどれか。

(1) リング・ギヤの歯先は，焼き入れを施して，耐久性の向上を図るとともに，スタータのピニオンのかみ合いを容易にするため，片側は面取りされている。

(2) フライホイールの振れの点検では，シックネス・ゲージを用いて測定する。

(3) リング・ギヤは，フライホイールの外周にボルトで固定されている。

(4) フライホイールは，一般にアルミニウム合金製で，クランクシャフト後端部に取り付けられている。

**【No.7】** 水冷・加圧式の冷却装置に関する記述として，**不適切なもの**は次のうちどれか。

(1) 冷却水は，不凍液混合率が60％のとき，冷却水の凍結温度が一番低い。

(2) サーモスタットの取り付け位置による水温制御の方法には，出口制御式と入口制御式がある。

(3) プレッシャ型ラジエータ・キャップは，ラジエータに流れる冷却水の流量を制御している。

(4) ウォータ・ポンプのシール・ユニットは，ベアリング側に冷却水が漏れるのを防止している。

**【No.8】** ワックス・ペレット型サーモスタットに関する記述として，**適切なもの**は次のうちどれか。

(1) 冷却水の循環系統内に残留している空気がないとき，ジグル・バルブは浮力と水圧により開いている。

(2) 冷却水温度が高くなると，ペレット内の固体のワックスが液体となって膨張する。

(3) 冷却水温度が低いときは，スプリングのばね力によってバルブは開いている。

(4) サーモスタットは，ラジエータ内に設けられている。

**【No.9】** トロコイド式オイル・ポンプに関する記述として，**適切なもの**は次のうちどれか。

(1) アウタ・ロータが固定されインナ・ロータだけが回転する。

(2) アウタ・ロータの回転によりインナ・ロータが回される。

(3) インナ・ロータが固定されアウタ・ロータだけが回転する。

(4) インナ・ロータの回転によりアウタ・ロータが回される。

**【No.10】** 排気装置のマフラに関する記述として，**不適切なもの**は次のうちどれか。

(1) 排気の通路を絞り，圧力の変動を抑えて音を減少させる。

(2) 高温・高圧の排気ガスは，マフラ内の圧力を上げて消音される。

(3) 管の断面積を急に大きくし，排気ガスを膨張させることにより，圧力を下げて消音する。

(4) 吸音材料により音波を吸収する。

**【No.11】** エア・クリーナに関する記述として，**適切なもの**は次のうちどれか。

(1) ビスカス式エレメントの清掃は，エレメントの内側(空気の流れの下流側)から圧縮空気を吹き付けて行う。

(2) エレメントが汚れて目詰まりを起こすと吸入空気量が減少し，有害排気ガスが発生する原因になる。

(3) エンジンに吸入される空気は，レゾネータを通過することによってごみなどが取り除かれる。

(4) 乾式エレメントは，一般に特殊なオイル(半乾性油)を染み込ませたものが用いられている。

**【No.12】** ピストン・リングに関する記述として，**適切なもの**は次のうちどれか。

(1) コンプレッション・リングの摩耗・衰損，シリンダの摩耗などがあっても，オイル消費量には影響しない。

(2) インナ・ベベル型は，しゅう動面がテーパ状になっているため，気密性，熱伝導性が優れている。

(3) アンダ・カット型は，サイド・レールとスペーサ・エキスパンダを組み合わせている。

(4) バレル・フェース型は，しゅう動面が円弧状になっているため，初期なじみの際の異常摩耗を防止できる。

**【No.13】** 電子制御装置において，インジェクタのソレノイド・コイルへの通電時間を変えることにより制御しているものとして，**適切なもの**は次のうちどれか。

(1) 燃料噴射回数
(2) 燃料噴射開始時期
(3) 燃料噴射量
(4) 燃料噴射圧力

**【No.14】** 図に示すスパーク・プラグのAの名称として，**適切なもの**は次のうちどれか。

(1) ハウジング
(2) 絶縁碍子
(3) 中心電極
(4) 中　軸

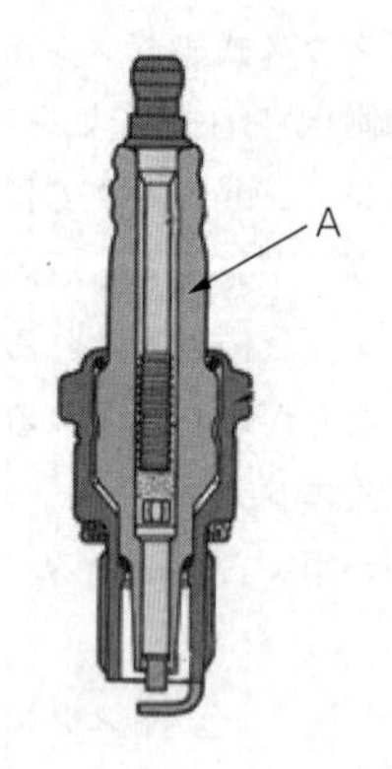


**【No.15】** 点火順序が１－３－４－２の４サイクル直列４シリンダ・エンジンの第１シリンダが圧縮行程の上死点にあり，この状態からクランクシャフトを回転方向に540°回したときに排気行程の上死点にあるシリンダとして，**適切なもの**は次のうちどれか。

(1) 第１シリンダ
(2) 第２シリンダ
(3) 第３シリンダ
(4) 第４シリンダ

**【No.16】** 電子制御装置のセンサに関する記述として，**不適切なもの**は次のうちどれか。

(1) バキューム・センサには，半導体が用いられている。
(2) 吸気温センサには，磁気抵抗素子が用いられている。
(3) 空燃比センサには，ジルコニア素子が用いられている。
(4) 水温センサには，サーミスタが用いられている。

**【No.17】** ブラシ型オルタネータ（IC式ボルテージ・レギュレータ内蔵）に関する記述として，**不適切なもの**は次のうちどれか。

(1) オルタネータは，ロータ，ステータ，マグネット・スイッチなどで構成されている。
(2) ロータの前後には，一般に一体化された冷却用ファンが取り付けられている。
(3) ステータ・コアは薄い鉄板を重ねたもので，ロータ・コアとともに磁束の通路を形成している。
(4) 発生電圧を規定値に調整するため，ボルテージ・レギュレータを備えている。

**【No.18】** 点火装置に用いられるイグニション・コイルに関する記述として，**適切なもの**は次のうちどれか。

(1) 一次コイルに電流を流すことで，二次コイル部に高電圧を発生させる。
(2) 一次コイルは，二次コイルより銅線が多く巻かれている。
(3) 二次コイルは，一次コイルに対して銅線が太い。
(4) 鉄心に一次コイルと二次コイルが巻かれておりケースに収められている。

【No.19】 半導体に関する記述として，**適切なもの**は次のうちどれか。

(1) Ｐ型半導体は，正孔が多くあるようにつくられた不純物半導体である。

(2) シリコンやゲルマニウムなどに他の原子をごく少量加えたものは，真性半導体である。

(3) 発光ダイオードは，光信号から電気信号への変換などに使われている。

(4) ダイオードは，直流を交流に変換する整流回路などに使われている。

【No.20】 スタータに関する記述として，**適切なもの**は次のうちどれか。

(1) 直結式スタータは，リダクション式スタータと比較して小型軽量化ができる利点がある。

(2) モータのフィールドは，ヨーク，ポール・コア（鉄心），フィールド・コイルなどで構成されている。

(3) リダクション式スタータは，アーマチュアの回転をそのままピニオン・ギヤに伝えている。

(4) オーバランニング・クラッチは，アーマチュアの回転を増速させる働きをしている。

【No.21】 排気量300cm$^3$，燃焼室容積50cm$^3$のガソリン・エンジンの圧縮比として，**適切なもの**は次のうちどれか。

(1) 5

(2) 6

(3) 7

(4) 8

**【No.22】** エンジンの圧縮圧力を測定するときに用いられる測定器具として，**適切なもの**は次のうちどれか。

（1）プラスチ・ゲージ

（2）バキューム・ゲージ

（3）シックネス・ゲージ

（4）コンプレッション・ゲージ

**【No.23】** 図に示すマイクロメータの目盛りの読みとして，**適切なもの**は次のうちどれか。

（1）56.05mm

（2）56.55mm

（3）57.05mm

（4）57.55mm

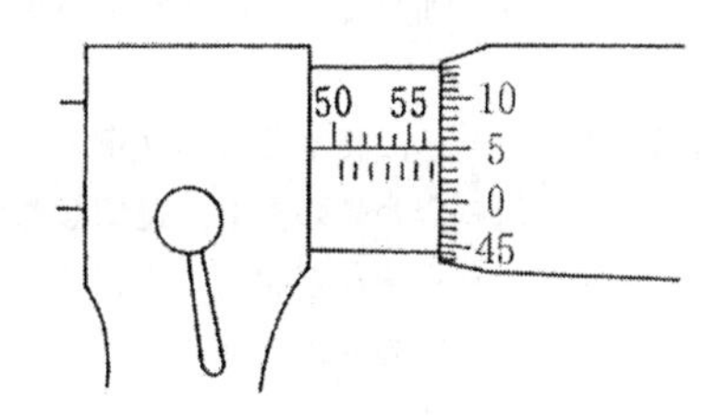


**【No.24】** 図に示す電気回路において，電流計Aが1.2Aを表示したときの抵抗Rの抵抗値として，**適切なもの**は次のうちどれか。ただし，バッテリ，配線等の抵抗はないものとする。

（1）2Ω

（2）4Ω

（3）6Ω

（4）10Ω

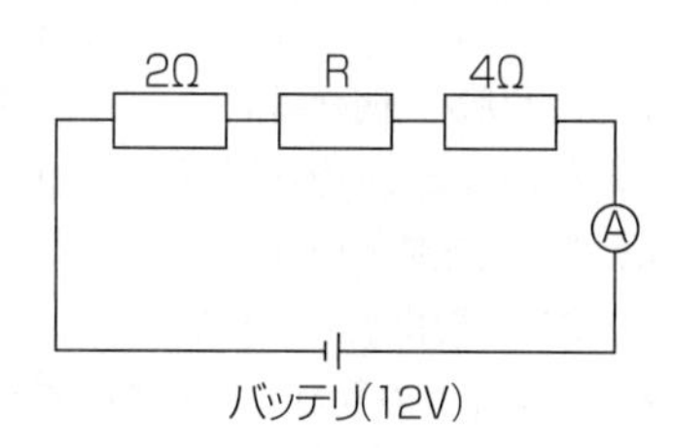

**【No.25】** 自動車に使用されている鉄鋼の熱処理に関する記述として，**適切なもの**は次のうちどれか。

(1) 焼き戻しとは，粘り強さを増すため，ある温度まで加熱したあと，急速に冷却する操作をいう。

(2) 浸炭とは，高周波電流で鋼の表面層を加熱処理する焼き入れ操作をいう。

(3) 窒化とは，鋼の表面層から中心部まで窒素を染み込ませ硬化させる操作をいう。

(4) 焼き入れとは，鋼の硬さ及び強さを増すため，ある温度まで加熱したあと，水や油などで急に冷却する操作をいう。

**【No.26】** 鉛バッテリに関する次の文章の（イ）～（ロ）に当てはまるものとして，下の組み合わせのうち，**適切なもの**はどれか。

電解液は，バッテリが完全充電状態のとき，液温（イ）に換算して，一般に比重（ロ）のものが使用されている。

| | （イ） | （ロ） |
|---|---|---|
| (1) | 20℃ | 1.260 |
| (2) | 20℃ | 1.280 |
| (3) | 25℃ | 1.260 |
| (4) | 25℃ | 1.280 |

**【No.27】** ガソリンに関する記述として，**不適切なもの**は次のうちどれか。

(1) 単位量（1 kg）の燃料が完全燃焼をするときに発生する熱量を，その燃料の発熱量という。

(2) 主成分は炭化水素である。

(3) オクタン価91のものより100のものの方がノッキングを起こしやすい。

(4) 完全燃焼すると炭酸ガスと水が発生する。

**【No.28】**「道路運送車両の保安基準」及び「道路運送車両の保安基準の細目を定める告示」に照らし，前部霧灯の基準に関する記述として，**不適切なもの**は次のうちどれか。

(1) 自動車の前面には，前部霧灯を備えることができる。

(2) 前部霧灯の照射光線は，他の交通を妨げないものであること。

(3) 前部霧灯は，同時に3個以上点灯しないように取り付けられていること。

(4) 前部霧灯は，白色又は橙色であり，その全てが同一であること。

**【No.29】**「道路運送車両の保安基準」に照らし，次の文章の（　）に当てはまるものとして，**適切なもの**はどれか。なお，牽(けん)引自動車のうち告示で定めるものを除く。

自動車の輪荷重は，（　）を超えてはならない。

(1) 5 t

(2) 10 t

(3) 15 t

(4) 20 t

**【No.30】**「道路運送車両の保安基準」及び「道路運送車両の保安基準の細目を定める告示」に照らし，普通自動車に備える警音器の基準に関する次の文章の（　）に当てはまるものとして，**適切なもの**はどれか。

警音器の音の大きさ（2以上の警音器が連動して音を発する場合は，その和）は，自動車の前方7mの位置において（　）であること。

(1) 100dB以下85dB以上

(2) 111dB以下86dB以上

(3) 112dB以下87dB以上

(4) 115dB以下90dB以上

# 30・10　試験問題解説（登録）

**【No.1】** 答え　(1)

始動時，アイドリング時，高負荷時などには，**濃い**混合気が必要である。

**【No.2】** 答え　(2)

クランクシャフトの曲がりの値は，クランクシャフトの振れの値の（**1/2**）であり，限度を超えたものは交換する。

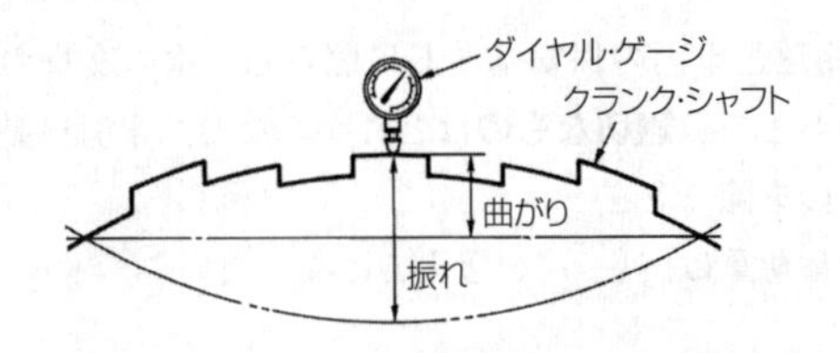


クランクシャフトの曲がり及び振れ

**【No.3】** 答え　(3)

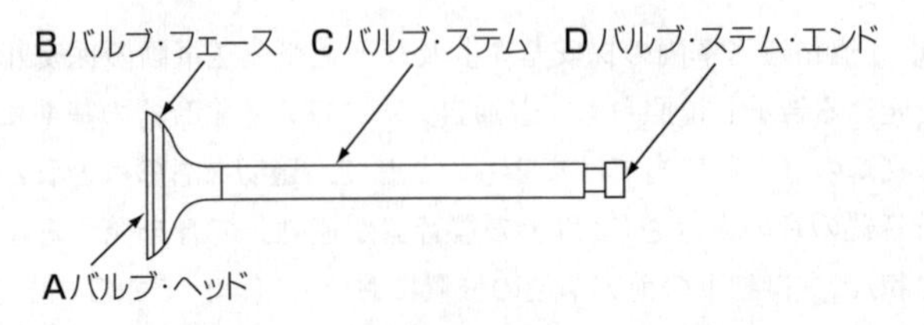


バルブ

**【No.4】** 答え　(1)

(2) 高熱価型プラグは，標準熱価型プラグと比較して碍子脚部が**短い**。

(3) **放熱しにくく**電極部の焼けにくいスパーク・プラグを低熱価型プラグという。

(4) スパーク・プラグは，ハウジング，**絶縁碍子**，電極などで構成されている。

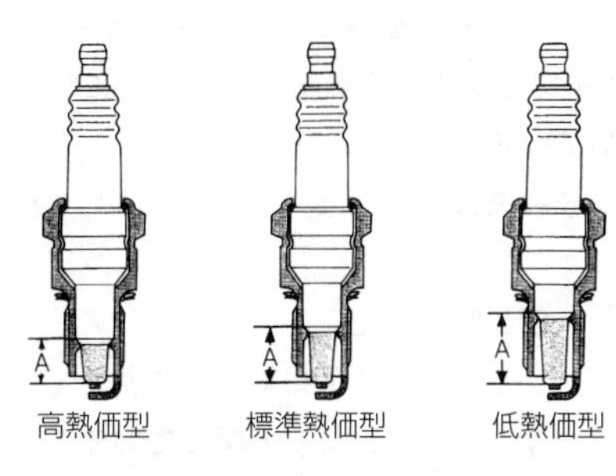


熱価による構造の違い

**【No.5】** 答え　(4)

ジルコニア式$O_2$センサの**ジルコニア素子**は，高温で内外面の酸素濃度の差が大きいと，起電力を発生する性質がある。

アルミナは，**空燃比センサ**に用いられている。

**【No.6】** 答え　(1)

(2) フライホイールの振れの点検では，**ダイヤル・ゲージ**を用いて測定する。

(3) リング・ギヤは，フライホイールの外周に**焼きばめ**されている。

(4) フライホイールは，一般に鋳鉄製で，クランクシャフト後端部に取り付けられている。

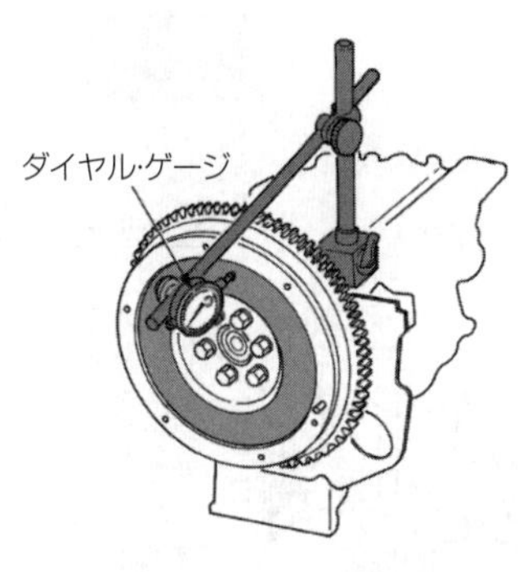


フライホイールの振れの点検

**【No.7】** 答え (3)

プレッシャ型ラジエータ・キャップは，**冷却系統を密閉して，水温が100℃になっても沸騰しないようにして，気泡の発生を抑え冷却効果を高めている。**

**サーモスタット**は，ラジエータに流れる冷却水の流量を制御している。

**【No.8】** 答え (2)

(1) 冷却水の循環系統内に残留している空気がないとき，ジグル・バルブは浮力と水圧によって**閉じている**。

(3) 冷却水温度が低いときは，スプリングのばね力によってバルブは**閉じている**。

(4) サーモスタットは，**冷却水の循環経路内に**設けられている。

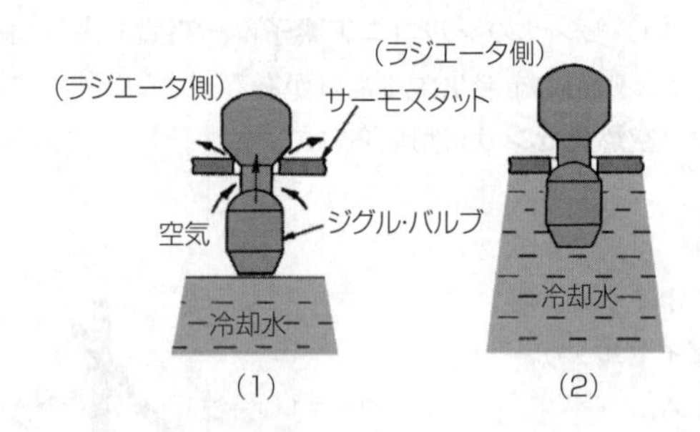


ジグル・バルブの作動

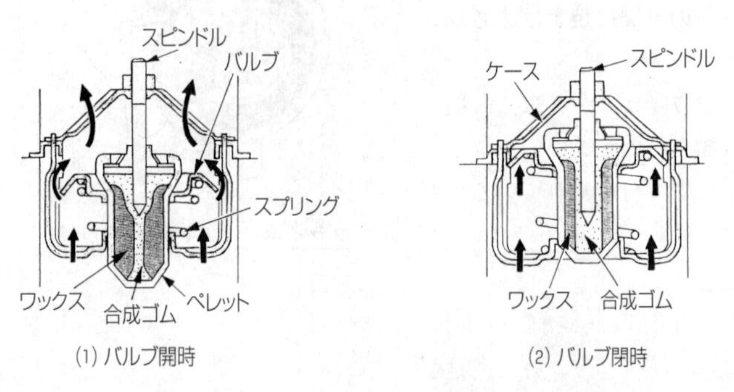


ワックス・ペレット型サーモスタットの作動

**【No.9】** 答え　(4)

クランクシャフトによりインナ・ロータが駆動されると，アウタ・ロータも同方向に回転する。

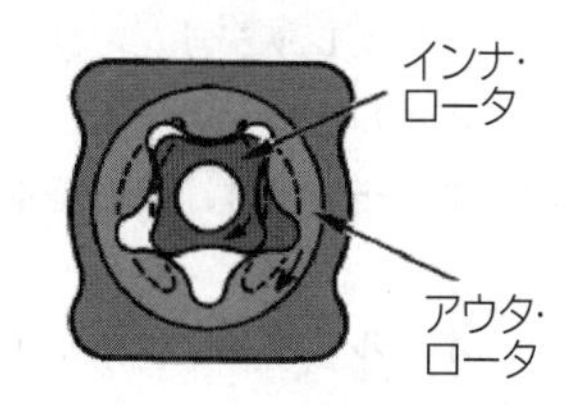


トロコイド式オイル・ポンプ

**【No.10】** 答え　(2)

高温・高圧の排気ガスは，マフラ内で**温度と圧力を下げて**消音される。

**【No.11】** 答え　(2)

(1) **乾式エレメント**の清掃は，エレメントの内側(空気の流れの下流側)から圧縮空気を吹き付けて行う。

(3) エンジンに吸入される空気は，**エア・クリーナ**を通過することによってごみなどが取り除かれる。レゾネータは，**吸気騒音を小さくしたり，吸気効率を改善するのに用いられる**。

(4) **ビスカス式**エレメントは，一般に特殊なオイル(半乾性油)を染み込ませたものが用いられる。

【No.12】 答え (4)

(1) コンプレッション・リングの摩耗・衰損，シリンダの摩耗などがあると，オイル上がりの原因となる。

(2) **プレーン型は，最も基本的な形状**で，気密性，熱伝導性が優れている。

(3) **オイル・リング**は，サイド・レールとスペーサ・エキスパンダを組み合わせている。

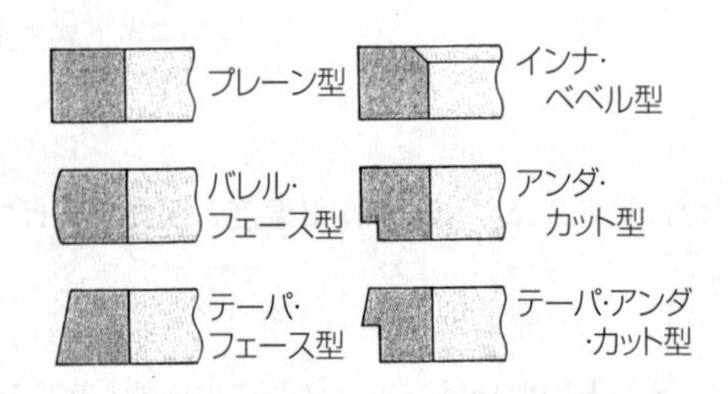


コンプレッション・リングの種類

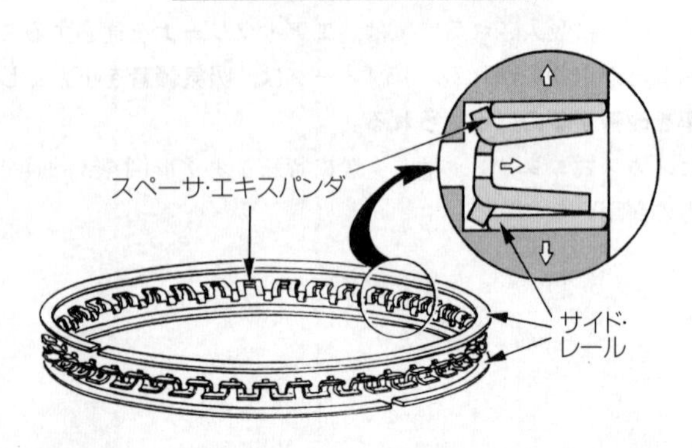


組み合わせ型オイル・リング(スペーサ・エキスパンダ付 オイル・リング)

【No.13】 答え (3)

インジェクタのソレノイド・コイルへの通電時間を変えることにより，**燃料噴射量**を制御している。

【No.14】 答え　(2)

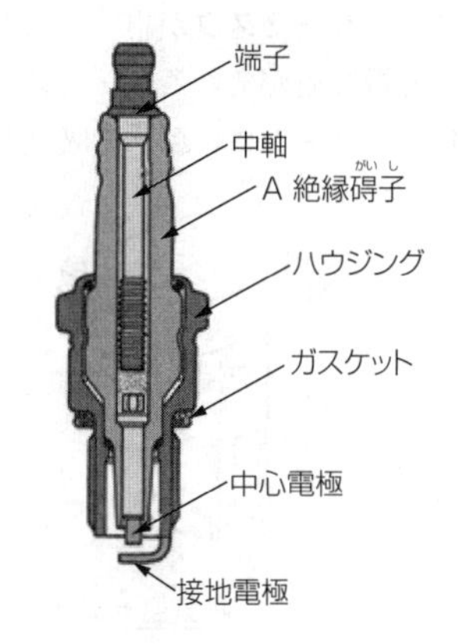


スパーク・プラグ

【No.15】 答え　(3)

図1は第1シリンダが圧縮上死点のバルブ・タイミング・ダイヤグラムである。この状態からクランクシャフトを回転方向に540°回転させると，図2の状態となる。このとき排気行程の上死点にあるのは**第3シリンダ**である。

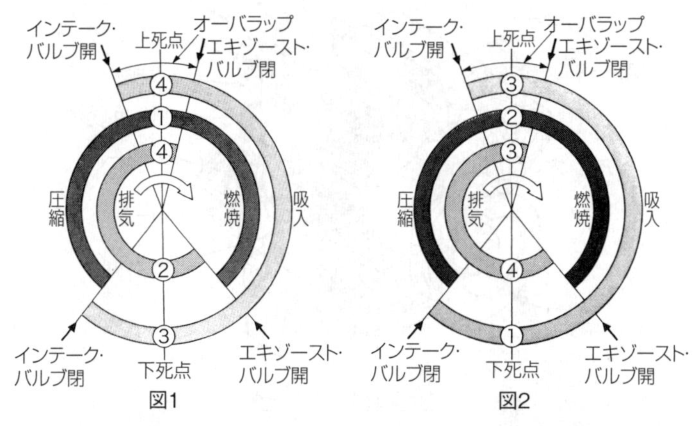


4サイクルエンジンのバルブ・タイミング・ダイヤグラム

**【No.16】** 答え　(2)

吸気温センサには，**サーミスタ**が用いられている。センサの内部には測定物の温度によって抵抗値が変わるサーミスタが内蔵されている。図は，熱線式エア・フロー・メータに付属する吸気温センサを示す。

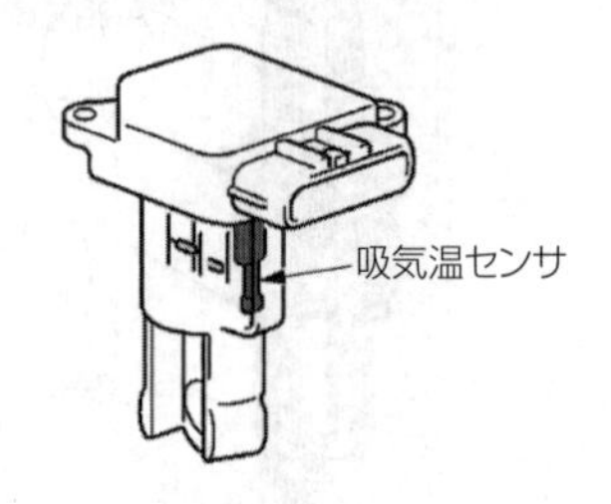


吸気温センサ

**【No.17】** 答え　(1)

オルタネータは，ロータ，ステータ，**ダイオード**(レクチファイヤ)などで構成されている。

マグネット・スイッチは，スタータの構成部品である。

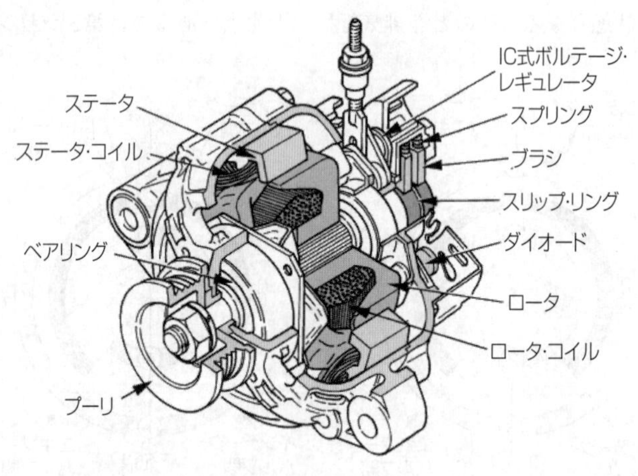


ブラシ型オルタネータ

【No.18】 答え （4）

（1） 一次コイルの電流を**遮断する**ことで，二次コイル部に高電圧を発生させる。

（2） 一次コイルは，二次コイルより銅線が**太い**。

（3） 二次コイルは，一次コイルに対して銅線が**細く**，多く巻かれている。

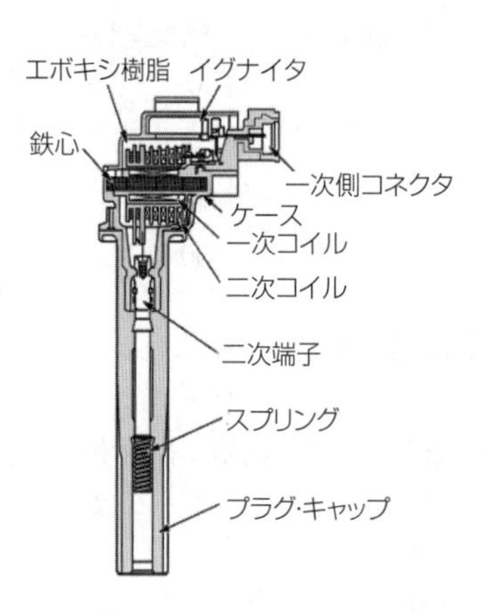


イグニション・コイル

【No.19】 答え （1）

（2） シリコンやゲルマニウムなどに他の原子をごく少量加えたものは，**不純物半導体**である。

（3） 発光ダイオードは，**P型半導体とN型半導体を接合したものに，順方向の電圧を加えて電流を流すと発光するものである**。

（4） ダイオードは，**交流を直流に変換する**整流回路などに使われている。

【No.20】 答え （2）

（1） **リダクション式スタータ**は，直結式スタータと比較して**小型軽量化できる**利点がある。

（3） リダクション式スタータは，**アーマチュアの回転を減速（リダクション）して**ピニオン・ギヤに伝えている。

（4） オーバランニング・クラッチは，**アーマチュアがエンジンの回転によって逆に駆動され，オーバランすることによる破損を防止する**ためのもの。

【No.21】 答え (3)

V：排気量, v：燃焼室容積, R：圧縮比として,

圧縮比(R) $= \dfrac{V}{v} + 1$ より各数値を代入すると,

$$R = \frac{300}{50} + 1 = 6 + 1 = \underline{7}$$ となる。

【No.22】 答え (4)

(1) プラスチ・ゲージは，プレーン・ベアリングのオイル・クリアランスなどの隙間の測定に使用する。

(2) バキューム・ゲージは，インテーク・マニホールド圧力などの負圧の測定に使用する。

(3) シックネス・ゲージは，隙間の測定に使用する。

【No.23】 答え (2)

スリーブの基線より上側の目盛はmm目盛で，基線より下側の目盛は0.5mmの位置を示す。シンブルには1周に50目盛切ってあり，それを1回転させるとスリーブ上を0.5mm横に動く。要するに0.5mmをシンブルで50等分しているので，シンブルの1目盛は0.01mmになる。

問題の場合，シンブルの左端はスリーブの目盛の56.5mmより右にありスリーブ上の基線はシンブルの0.05mmに合致しているので，マイクロメータの目盛の読みは<u>56.55mm</u>となる。

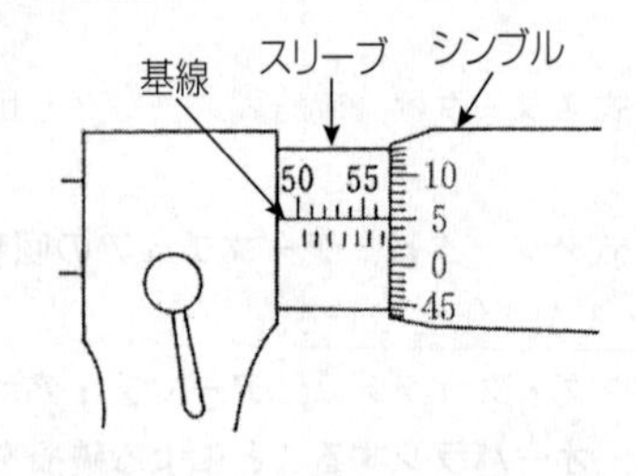


マイクロメータの読み

**【No.24】** 答え　(2)

回路内の抵抗値はオームの法則を利用して計算すると，

$$R = \frac{V}{I} = \frac{12}{1.2} = 10\Omega$$ となる。

直列接続された抵抗２ΩとRΩと４Ωの合成抵抗値は，

Ｒｔ＝２＋Ｒ＋４からＲｔ＝10Ωなので，10＝２＋Ｒ＋４から

Ｒ＝10－６＝**４Ω**

求める抵抗Ｒの抵抗値は４Ωとなる。

**【No.25】** 答え　(4)

(1) 焼き戻しとは，粘り強さを増すため，ある温度まで加熱したあと，**徐々に冷却する操作**をいう。

(2) 浸炭とは，**鋼の表面層の炭素量を増加させて硬化させるために，浸炭剤の中で焼き入れ，焼き戻し操作を行う加熱処理**である。

(3) 窒化とは，**鋼の表面層に窒素を染み込ませ硬化させる操作**をいう。

**【No.26】** 答え　(2)

電解液は，バッテリが完全充電状態のとき，液温**20℃**に換算して，一般に比重**1.280**のものが使用されている。

**【No.27】** 答え　(3)

オクタン価は，**ノッキングしにくい性質を表すもの**で，この数値の大きいものほどノッキングを起こしにくい。選択肢（3）は，オクタン価91のものより100のものの方がノッキングを**起こしにくい**ことになる。

**【No.28】** 答え　(4)

「道路運送車両法」第33条の

「道路運送車両の保安基準の細目を定める告示」第199条の（2）

前部霧灯は，白色又は**淡黄色**であり，その全てが同一であること。

**【No.29】** 答え　(1)

「道路運送車両の保安基準」第4条の2

自動車の輪荷重は，**5t**を超えてはならない。

**【No.30】** 答え　(3)

「道路運送車両の保安基準」第43条

「道路運送車両の保安基準の細目を定める告示」219条の2（1）

警音器の音の大きさは，自動車の前方7mの位置において**112dB以下87dB以上**であること。

## 31・3　試験問題（登録）

**【No.1】** 図に示す斜線部分の断面形状をもつコンプレッション・リングとして，**適切なもの**は次のうちどれか。

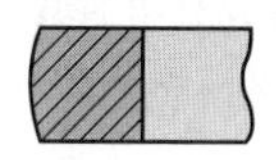

(1) インナ・ベベル型
(2) バレル・フェース型
(3) テーパ・アンダ・カット型
(4) アンダ・カット型

**【No.2】** スパーク・プラグに関する記述として，**不適切なもの**は次のうちどれか。

(1) 絶縁碍子（がいし）は，電極の支持と高電圧の漏電を防ぐ働きをしている。
(2) 低熱価型プラグは，標準熱価型プラグと比較して，放熱しやすく電極部は焼けにくい。
(3) 高熱価型プラグは，標準熱価型プラグと比較して碍子脚部が短い。
(4) 接地電極と中心電極との間には，スパーク・ギャップ(火花隙間)を形成している。

**【No.3】** 触媒コンバータの三元触媒に関する記述として，**適切なもの**は次のうちどれか。

(1) 排気ガス中のCO（一酸化炭素），HC（炭化水素），NOx（窒素酸化物）をそれぞれ$CO_2$（二酸化炭素），$H_2O$（水蒸気），$N_2$（窒素）に変えて浄化するものである。

(2) 排気ガスの一部を吸気系統に再循環させることで，最高燃焼ガス温度を下げることができ，ノッキングの防止及びNOxの低減を図るものである。

(3) フューエル・タンクから燃料が蒸発して，大気中に放出されることを防ぐためのものである。

(4) 燃焼室からピストンとシリンダ壁の隙間を通ってクランクケース内に吹き抜けた未燃焼ガスを，再び燃焼室に戻して燃焼させるものである。

**【No.4】** コンロッド・ベアリングの内径を測定するときに用いられるものとして，**適切なもの**は次のうちどれか。

(1) シックネス・ゲージ

(2) ストレート・エッジ

(3) プラスチ・ゲージ

(4) シリンダ・ゲージ

**【No.5】** クローズド・タイプのブローバイ・ガス還元装置に関する次の文章の（イ）と（ロ）に当てはまるものとして，下の組み合わせのうち，**適切なもの**はどれか。

エンジンが軽負荷時には，ブローバイ・ガスは，（イ）を通って（ロ）へ吸入される。

| | （イ） | （ロ） |
|---|---|---|
| (1) | PCVバルブ | エキゾースト・マニホールド |
| (2) | PCVバルブ | インテーク・マニホールド |
| (3) | パージ・コントロール・バルブ | エキゾースト・マニホールド |
| (4) | パージ・コントロール・バルブ | インテーク・マニホールド |

【No.6】 排気装置のマフラに関する記述として，**適切なもの**は次のうちどれか。

(1) 冷却により排気ガスの圧力を上げて音を減少させる。
(2) 管の断面積を急に大きくし，排気ガスを膨張させることにより圧力を上げて音を減少させる。
(3) 吸音材料により音波を吸収する。
(4)排気の通路を広げ，圧力の変動を拡大させることで音を減少させる。

【No.7】 水冷・加圧式の冷却装置に関する記述として，**不適切なもの**は次のうちどれか。

(1) プレッシャ型ラジエータ・キャップは，ラジエータ内が規定圧力範囲内のとき，プレッシャ・バルブとバキューム・バルブは閉じている。
(2) サーモスタットは，ラジエータ内に設けられている。
(3) 不凍液には，冷却系統の腐食を防ぐための添加剤が混入されている。
(4) 冷却水は熱膨張によって加圧(60～125kPa)されるので，冷却水温が100℃になっても沸騰しない。

【No.8】 ワックス・ペレット型サーモスタットに関する記述として，**不適切なもの**は次のうちどれか。

(1) サーモスタットのケースには，小さなエア抜き口が設けられているものもある。
(2) 冷却水温度が低くなると，ワックスが固体となって収縮し，スプリングのばね力によってペレットが押されてバルブが閉じる。
(3) 冷却水の循環系統内に残留している空気がないときのジグル・バルブは，浮力と水圧により開いている。
(4) スピンドルは，サーモスタットのケースに固定されている。

**【No.9】** 図に示すギヤ式オイル・ポンプに関する記述として，**適切なもの**は次のうちどれか。

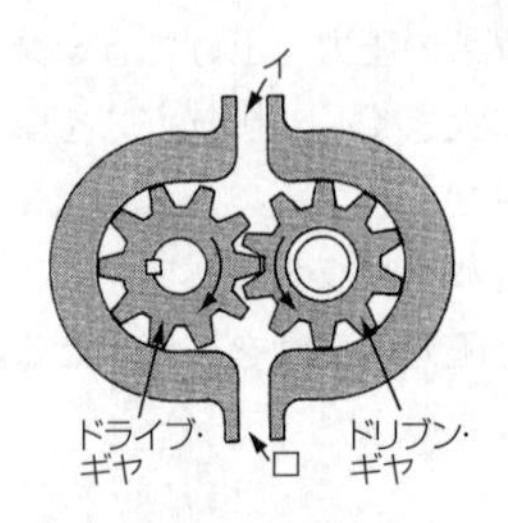


(1) ドリブン・ギヤが左回転（矢印方向）の場合，吐出口は図のロになる。
(2) ドリブン・ギヤが左回転（矢印方向）の場合，吸入口は図のロになる。
(3) ドライブ・ギヤが右回転（矢印方向）の場合，吐出口は図のロになる。
(4) ドライブ・ギヤが右回転（矢印方向）の場合，吸入口は図のイになる。

**【No.10】** 点火順序が1－3－4－2の4サイクル直列4シリンダ・エンジンの第2シリンダが吸入行程の下死点にあり，この状態からクランクシャフトを回転方向に360°回したとき，圧縮行程の上死点にあるシリンダとして，**適切なもの**は次のうちどれか。

(1) 第1シリンダ
(2) 第2シリンダ
(3) 第3シリンダ
(4) 第4シリンダ

**【No.11】** フライホイール及びリング・ギヤに関する記述として，**不適切なもの**は次のうちどれか。

(1) フライホイールは，燃焼（膨張）によって変化するクランクシャフトの回転力を平均化する働きをする。
(2) リング・ギヤは，フライホイールの外周に焼きばめされている。
(3) リング・ギヤには，一般に炭素鋼製のスパー・ギヤが用いられる。
(4) フライホイールの材料には，一般にアルミニウム合金が用いられる。

【No.12】 レシプロ・エンジンのバルブ機構に関する記述として，**適切なもの**は次のうちどれか。

(1) カムシャフト・タイミング・スプロケットの回転速度は，クランクシャフト・タイミング・スプロケットの2倍である。

(2) バルブ・スプリングには，高速時の異常振動などを防ぐため，シリンダ・ヘッド側のピッチを広くした不等ピッチのスプリングが用いられている。

(3) 一般に，インテーク・バルブのバルブ・ヘッドの外径は，吸入混合気量を多くするため，エキゾースト・バルブより大きくなっている。

(4) カムシャフトのカムの長径と短径との差をクラッシュ・ハイトという。

【No.13】 電子制御装置に用いられるセンサに関する記述として，**適切なもの**は次のうちどれか。

(1) ジルコニア式$O_2$センサのジルコニア素子は，高温で内外面の酸素濃度の差がないときに起電力が発生する性質がある。

(2) バキューム・センサは，シリコン・チップ(結晶)に圧力を加えると，その電気抵抗が変化する性質を利用している。

(3) クランク角センサは，クランク角度及びスロットル・バルブの開度を検出している。

(4) 吸気温センサのサーミスタ(負特性)の抵抗値は，吸入空気温度が低いときほど小さくなる。

**【No.14】** オルタネータに関する記述として，**不適切なもの**は次のうちどれか。

(1) ステータ・コアの内周にはスロット(溝)が設けられており，ここにステータ・コイルが巻かれている。

(2) ステータ・コイルを3個用いたスター結線の場合，各相のステータ・コイルの起電力は，120°ずつずれた交流となっている。

(3) ロータ・コアは，スリップ・リングを通してロータ・コイルに電流を流すことによって磁化される。

(4) ステータ・コイルに発生する誘導起電力の大きさは，ステータ・コイルの巻き数が多いほど小さくなる。

**【No.15】** スタータ・スイッチをONにしたときに，マグネット・スイッチのメーン接点を閉じる力(プランジャを動かすための力)として，**適切なもの**は次のうちどれか。

(1) ホールディング・コイルのみの磁力

(2) フィールド・コイルの磁力

(3) プルイン・コイルとホールディング・コイルの磁力

(4) アーマチュア・コイルの磁力

**【No.16】** リダクション式スタータに関する記述として，**不適切なもの**は次のうちどれか。

(1) 内接式のリダクション式スタータは，一般にプラネタリ・ギヤ式とも呼ばれている。

(2) オーバランニング・クラッチは，アーマチュアの回転を増速させる働きをしている。

(3) 直結式スタータより小型軽量化ができる利点がある。

(4) モータのフィールドは，ヨーク，ポール・コア(鉄心)，フィールド・コイルなどで構成されている。

**【No.17】** 図に示すブラシ型オルタネータに用いられているロータのAの名称として，**適切なもの**は次のうちどれか。

(1) ロータ・コイル
(2) シャフト
(3) スリップ・リング
(4) ロータ・コア

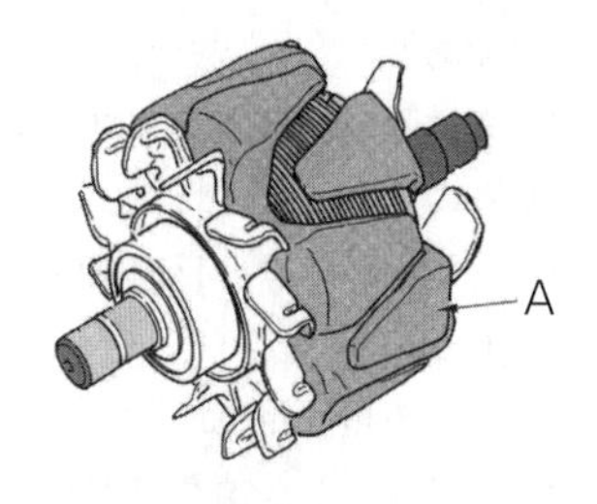


**【No.18】** 電子制御装置に関する記述として，**不適切なもの**は次のうちどれか。

(1) インジェクタの燃料の噴射量は，ソレノイド・コイルへの通電時間によって決定される。
(2) 電子制御式スロットル装置のスロットル・モータには，DCモータが用いられている。
(3) 熱線式エア・フロー・メータは，吸入空気量が多いほど出力電圧は低くなる。
(4) ピックアップ・コイル式のカム角センサは，シリンダ・ヘッドに取り付けられ　カム角度の検出に用いられている。

**【No.19】** 図に示すPNP型トランジスタに関する次の文章の（イ）と（ロ）に当てはまるものとして，下の組み合わせのうち，**適切なもの**はどれか。

ベース電流は（イ）に流れ　コレクタ電流は（ロ）に流れる。

| | （イ） | （ロ） |
|---|---|---|
| (1) | EからB | BからC |
| (2) | BからC | EからC |
| (3) | BからE | BからC |
| (4) | EからB | EからC |

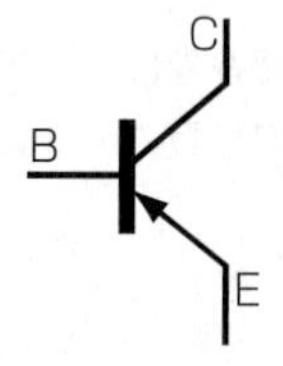

**【No.20】** 半導体に関する記述として，**不適切なもの**は次のうちどれか。

(1) 発光ダイオードは，順方向の電圧を加えて電流を流すと発光するものである。

(2) 真性半導体は，シリコンやゲルマニウムに他の原子をごく少量加えたものである。

(3) N型半導体は，自由電子が多くあるようにつくられた不純物半導体である。

(4) IC(集積回路)は，「はんだ付けによる故障が少ない」，「超小型化が可能になる」，「消費電力が少ない」などの特長がある。

**【No.21】** 鉛バッテリの定電流充電法に関する記述として，**適切なもの**は次のうちどれか。

(1) 充電初期には充電電圧を高くする必要がある。

(2) 充電電流の大きさは，定格容量を表す数値の２分の１程度の値とする。

(3) 充電電流の大きさは，定格容量を表す数値の３分の１程度の値とする。

(4) 充電が進むにつれて充電電圧を徐々に高くする必要がある。

**【No.22】** エンジン・オイルに関する記述として，**不適切なもの**は次のうちどれか。

(1) オイルの粘度が低過ぎると粘性抵抗が大きくなり，動力損失が増大する。

(2) SAE 10Wのエンジン・オイルは，シングル・グレード・オイルである。

(3) 粘度番号に付いているWは，冬季用又は寒冷地用を意味している。

(4) 粘度指数の大きいオイルほど温度による粘度変化の度合が少ない。

**【No.23】** プライヤの種類と構造・機能に関する記述として，**不適切なもの**は次のうちどれか。

(1) コンビネーション・プライヤは，支点の穴を変えることによって，口の開きを大小二段に切り替えることができるので，使用範囲が広い。

(2) ピストン・リング・プライヤは，ピストン・リングの脱着に用いられる。

(3) バイス・グリップ(ロッキング・プライヤ)は，二重レバーによってつかむ力が非常に強い。

(4) ロング・ノーズ・プライヤは，刃が斜めで刃先が鋭く，細い針金の切断や電線の被覆をむくのに用いられる。

**【No.24】** 図に示す電気回路の電圧測定において，接続されている電圧計AからDが表示する電圧値として，**適切なもの**は次のうちどれか。ただし，回路中のスイッチはOFF(開)で，バッテリ，配線等の抵抗はないものとする。

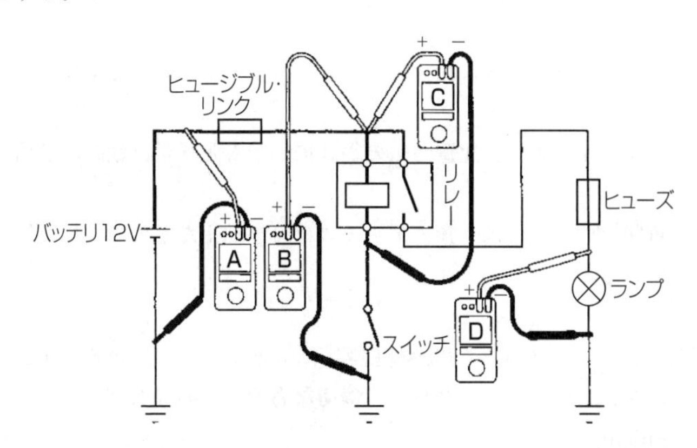


(1) 電圧計Aは０Ｖを表示する。

(2) 電圧計Bは０Ｖを表示する。

(3) 電圧計Cは０Ｖを表示する。

(4) 電圧計Dは12Ｖを表示する。

【No.25】 図に示す電気回路において，電流計Aが１Ａを表示したときの抵抗Ｒの抵抗値として，**適切なもの**は次のうちどれか。ただし，バッテリ，配線等の抵抗はないものとする。

(1)　3 Ω
(2)　6 Ω
(3)　12Ω
(4)　24Ω

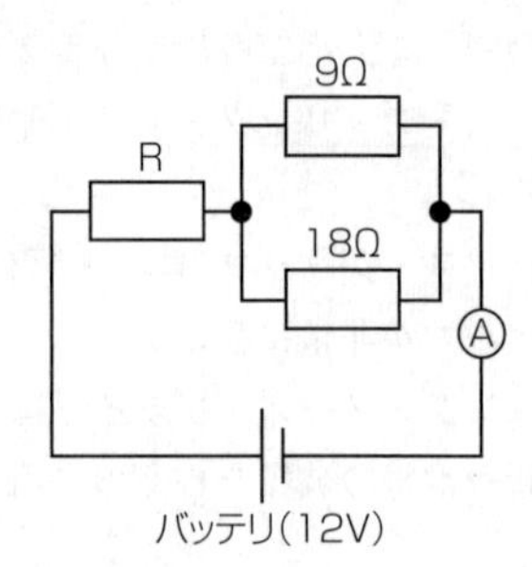


【No.26】 自動車に用いられる非鉄金属に関する記述として，**適切なもの**は次のうちどれか。

(1) 青銅は，銅に錫（すず）を加えた合金で，耐摩耗性に優れ，潤滑油とのなじみもよい。
(2) ケルメットは，銀に鉛を加えたもので，軸受合金として使用されている。
(3) アルミニウムは，比重が鉄の約３倍，線膨張係数は鉄の約２倍である。
(4) 黄銅(真ちゅう)は，銅にアルミニウムを加えたもので，加工性に優れている。

【No.27】 １シリンダ当たりの燃焼室容積が65cm$^3$，圧縮比が８の４シリンダ・エンジンの総排気量として，**適切なもの**は次のうちどれか。

(1) 910cm$^3$
(2) 1,560cm$^3$
(3) 1,820cm$^3$
(4) 2,080cm$^3$

**【No.28】**「道路運送車両の保安基準」に照らし，自動車の幅に関する基準として，**適切なもの**は次のうちどれか。

(1) 2.0mを超えてはならない。

(2) 2.2mを超えてはならない。

(3) 2.5mを超えてはならない。

(4) 2.8mを超えてはならない。

**【No.29】**「道路運送車両法」に照らし，自動車分解整備事業の種類に**該当しないもの**は，次のうちどれか。

(1) 特殊自動車分解整備事業

(2) 普通自動車分解整備事業

(3) 軽自動車分解整備事業

(4) 小型自動車分解整備事業

**【No.30】**「道路運送車両の保安基準」及び「道路運送車両の保安基準の細目を定める告示」に照らし，最高速度が100km/hで，幅1.50mの小型四輪自動車の走行用前照灯に関する記述として，**不適切なもの**は次のうちどれか。

(1) 走行用前照灯の灯光の色は，白色であること。

(2) 走行用前照灯の点灯操作状態を運転者席の運転者に表示する装置を備えること。

(3) 走行用前照灯は，レンズ取付部に緩み，がた等がないこと。

(4) 走行用前照灯の数は，2個であること。

# 31・3　試験問題解説（登録）

【No.1】　答え　(2)

各形状は図に示す通りである。

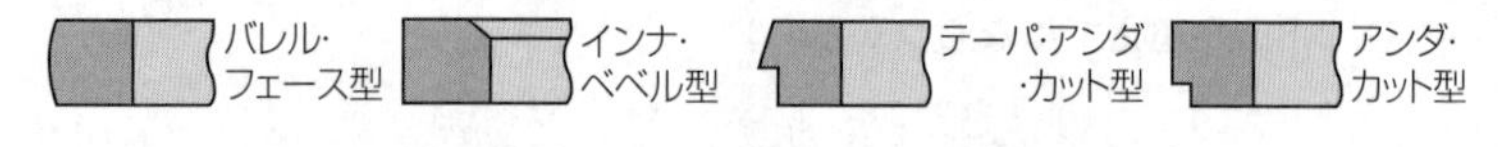


コンプレッション・リングの種類

【No.2】　答え　(2)

低熱価型プラグは，標準熱価型プラグと比較して，**放熱しにくく電極部は焼けやすい**。

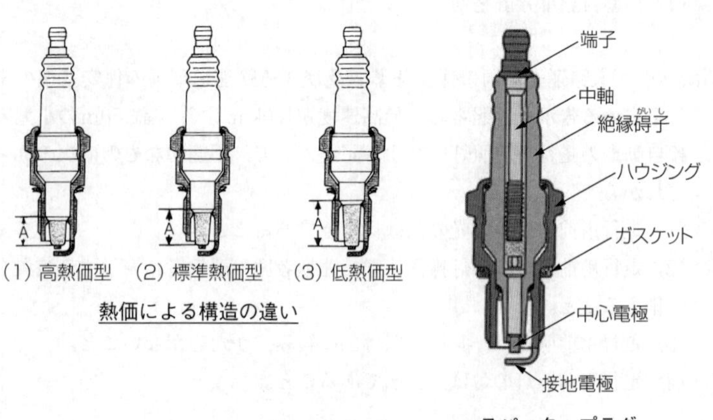


熱価による構造の違い

スパーク・プラグ

**【No.3】** 答え　(1)

(2) は，EGR（排気ガス再循環）装置である。

(3) は，燃料蒸発ガス排出抑止装置である。

(4) は，ブローバイ・ガス還元装置である。

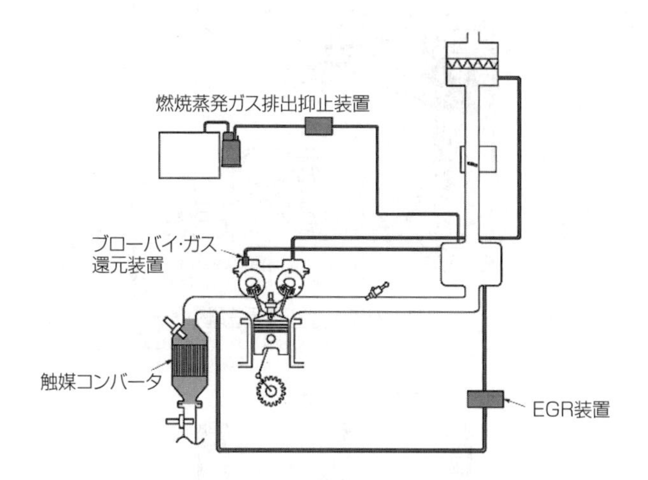


排出ガス浄化の対応策

**【No.4】** 答え　(4)

図に示すようにシリンダ・ゲージを使用する。

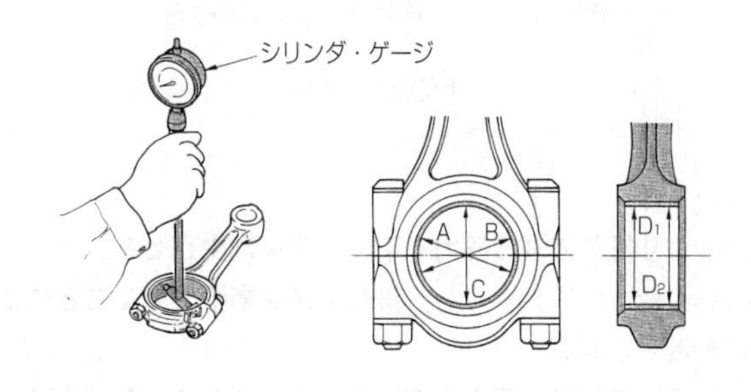


コンロッド・ベアリングの内径測定

【No.5】 答え (2)

エンジンが軽負荷時には，ブローバイ・ガスは(**PCVバルブ**)を通って(**インテーク・マニホールド**)へ吸入される。

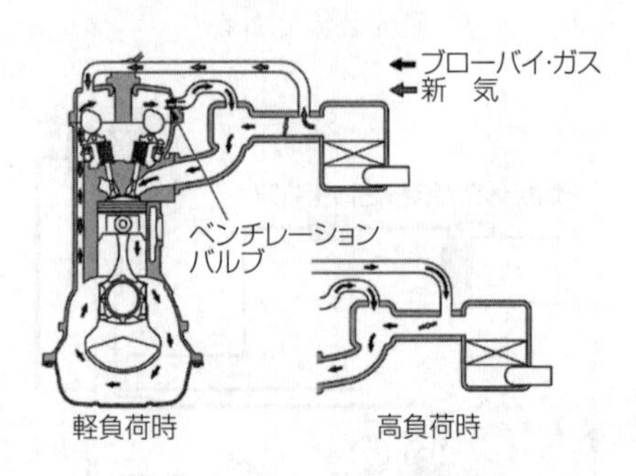


ブローバイ・ガス還元装置

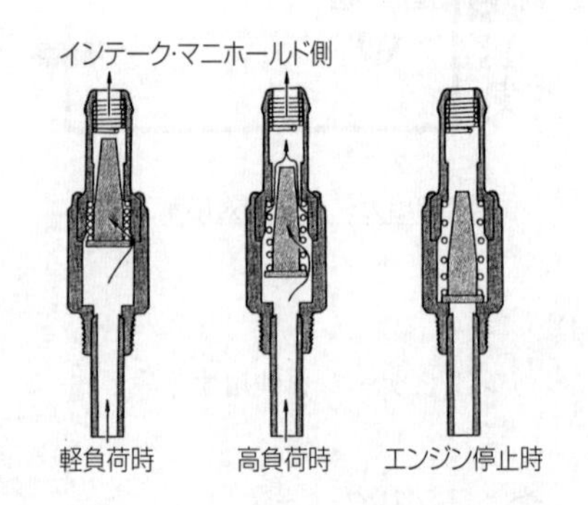


PCVバルブ

【No.6】 答え (3)

(1) 冷却により**排気ガスの圧力を下げて音を減少させる。**

(2) 管の断面積を急に大きくし，**排気ガスを膨張させることにより圧力を下げて音を減少させる。**

(4) 排気の**通路を絞り，圧力の変動を抑えることで音を減少させる。**

【No.7】 答え　(2)

サーモスタットは，**冷却水の循環経路**に設けられている。

【No.8】 答え　(3)

ジグル・バルブは，循環系統内に残留している空気を逃がし，**空気がないときは浮力と水圧により閉じて**，冷却水がエア抜き口からラジエータ側へ流れるのを防ぐ働きをしている。

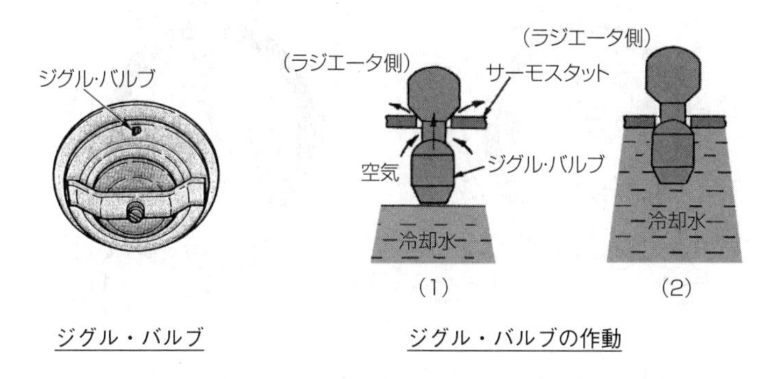


ジグル・バルブ　　ジグル・バルブの作動

【No.9】 答え　(2)

ドライブ・ギヤが右回転すると，ドリブン・ギヤは反対方向に回されるため左回転する。オイルは，ギヤとポンプ・ボデーに挟まれて吐出口に運ばれるので，イが吐出口となる。

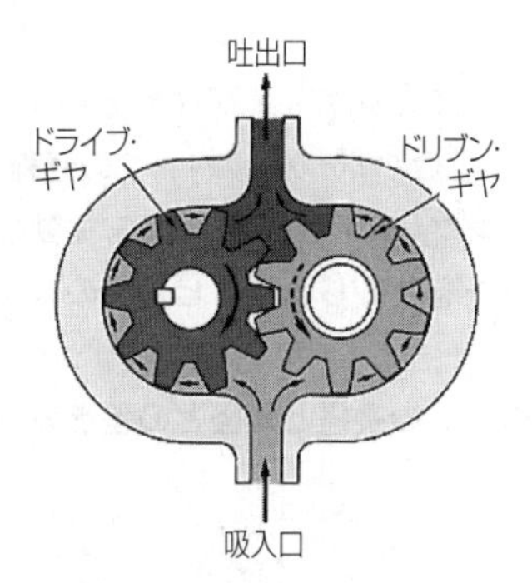


ギヤ式オイル・ポンプの作動

**【No.10】** 答え　(1)

図1は第2シリンダが吸入下死点のバルブ・タイミング・ダイヤグラムである。この状態からクランクシャフトを回転方向に360°回転させると，図2の状態となる。このとき圧縮上死点にあるのは**第1シリンダ**である。

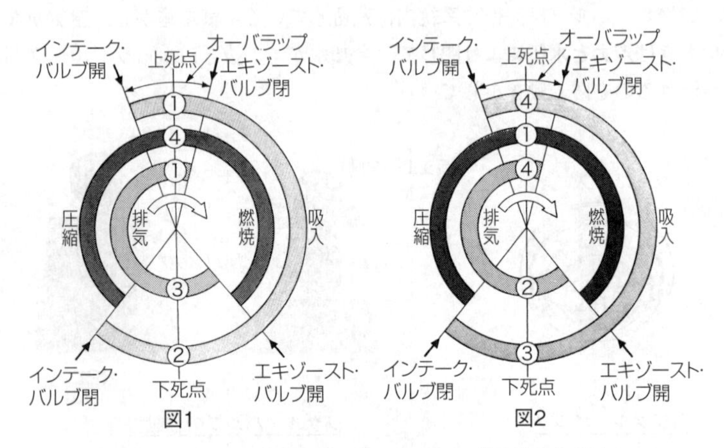


4サイクル・エンジンのバルブ・タイミング・ダイヤグラム

**【No.11】** 答え　(4)

フライホイールの材料には，**一般に鋳鉄**が用いられる。

**【No.12】** 答え　(3)

(1) カムシャフト・タイミング・スプロケットの回転速度は，クランクシャフト・タイミング・スプロケットの**1／2の回転速度である。**

(2) バルブ・スプリングには，高速時の異常振動などを防ぐため，**シリンダ・ヘッド側のピッチを狭くした不等ピッチのスプリング**が用いられている。

(4) カムシャフトの**カムの長径と短径との差をカム・リフト**という。

**【No.13】** 答え　(2)

(1) ジルコニア式$O_2$センサのジルコニア素子は，高温で内外面の酸素濃度の**差が大きい**ときに起電力を発生する。

(3) クランク角センサは，クランク角度と**ピストン上死点**を検出している。

(4) 吸気温センサのサーミスタ(負特性)の抵抗値は，吸入空気温度が低いときほど**高くなる**。

**【No.14】** 答え　(4)

ステータ・コイルに発生する誘導起電力の大きさは，磁束の変化が大きいほど，また，**コイルの巻き数が多いほど大きくなる**。

**【No.15】** 答え　(3)

スタータ・スイッチをＯＮにすると，バッテリからの電流は，プルイン・コイルを通り，同時にホールディング・コイルにも流れる。プランジャは，**プルイン・コイルとホールディング・コイルとの加算された磁力**によって，右方向に引き寄せられ，マグネット・スイッチのメーン接点を閉じる力となる。

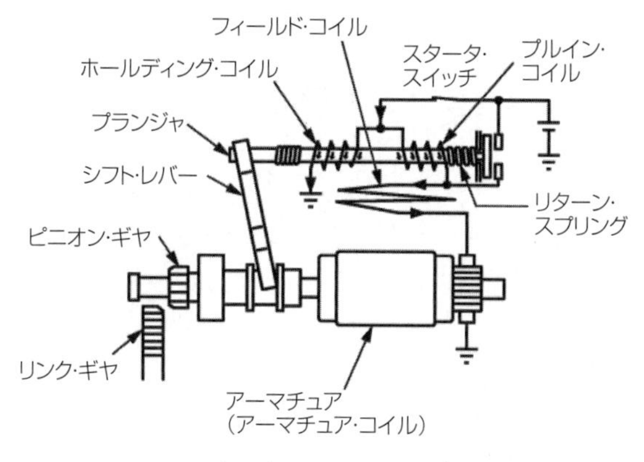


スタータ・スイッチON時

**【No.16】** 答え　(2)

オーバランニング・クラッチは，**アーマチュアがエンジンの回転によって逆に駆動され，オーバランすることによる破損を防止する**ためのものである。

**【No.17】** 答え　(4)

ロータは，**ロータ・コア**，ロータ・コイル，スリップ・リング，シャフトなどで構成されている。

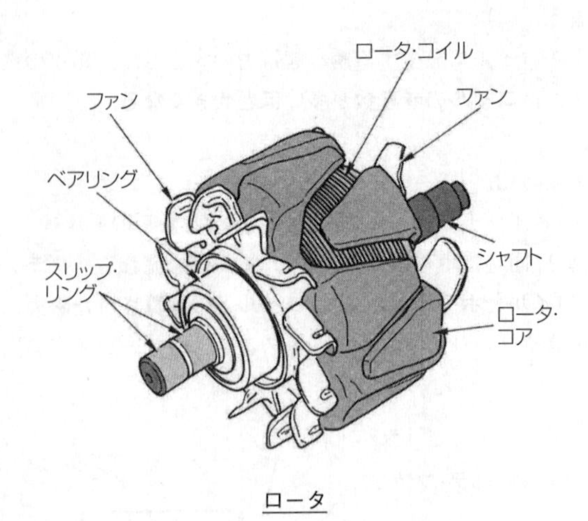


ロータ

【No.18】 答え　(3)

熱線式エア・フロー・メータは，**吸入空気量が多いほど出力電圧は高くなる。**

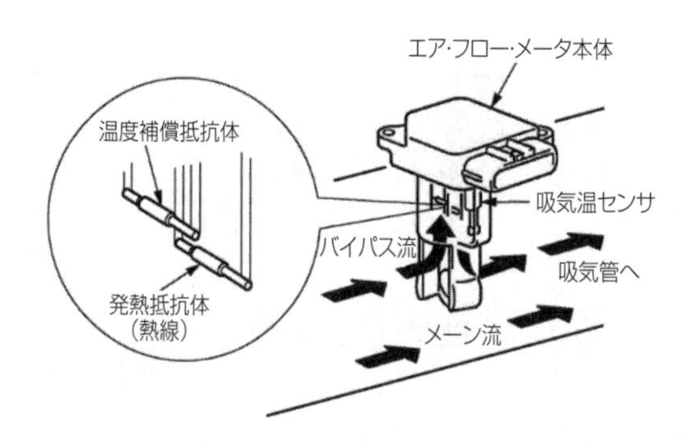


熱線式エア・フロー・メータ

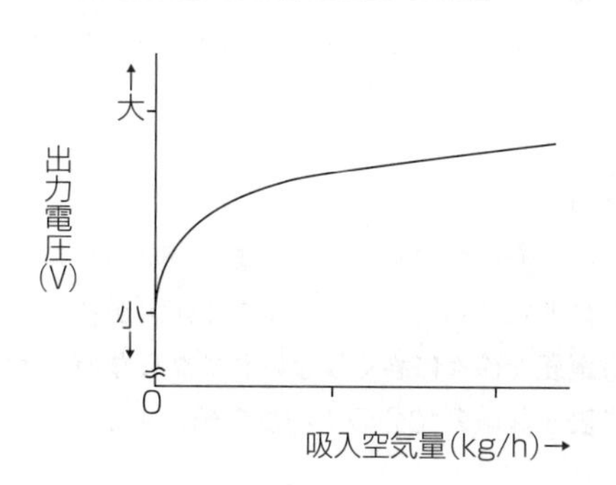


出力電圧特性

【No.19】 答え　(4)

PNP型トランジスタでは，**ベース電流は(Eエミッタから B ベース)に流れ，コレクタ電流は(Eエミッタから C コレクタ)に流れる。**

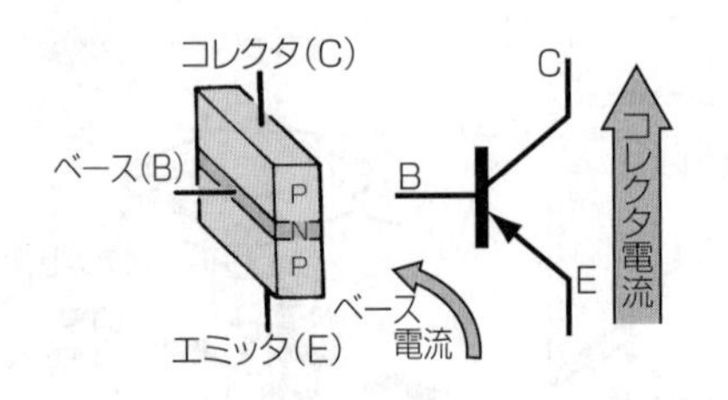


PNP型トランジスタ

【No.20】 答え　(2)

真性半導体には，シリコン(Si)やゲルマニウム(Ge)などがある。**不純物半導体**は，シリコンやゲルマニウムに他の原子をごく少量加えたものである。

【No.21】 答え　(4)

定電流充電法は，充電の開始から終了まで一定の電流で充電を行う方法で，充電が進むに連れてバッテリのセル電圧が上がり，電流が流れにくくなるので，**充電電圧を徐々に高くしなければならない。充電電流の大きさは，定格容量を表す数値の10分の 1 程度の値とする。**

【No.22】 答え　(1)

オイルの粘度が**高過ぎる**と粘性抵抗が大きくなり，動力損失が増大する。

【No.23】 答え　(4)

ロング・ノーズ・プライヤは，**口先が細くなっており，狭い場所の作業に便利である**。刃が斜めで刃先が鋭く，細い針金の切断や電線の被覆をむくのに用いられるプライヤは，**ニッパ**である。

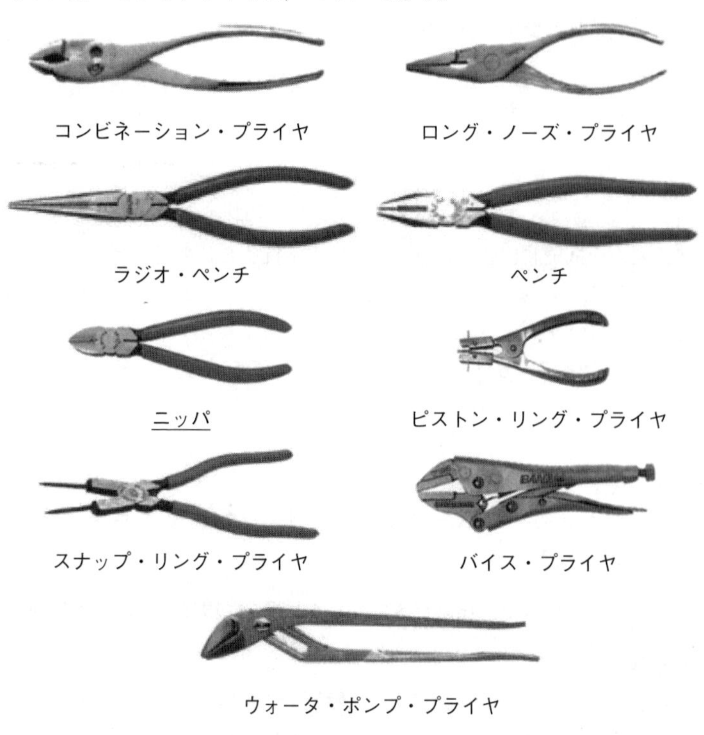


プライヤの種類

【No.24】 答え　(3)

電圧計Aは，バッテリ電圧を示すので**12V**を表示する。電圧計Bは，回路が開いているところまではバッテリ電圧が掛かっていることから**12V**を表示する。電圧計Cは，スイッチがOFF(開き)，等しく12Vの電圧が掛かっていて，電位差がないことから０Vを表示する。電圧計Dは，リレー接点がOFF(開)になっているので，電圧は掛からず**０V**を表示する。

【No.25】 答え (2)

回路内の全抵抗値はオームの法則を利用して計算すると，

$$Rt = \frac{V}{I} = \frac{12}{1} = 12\Omega$$ となる。

並列接続された抵抗 9 Ωと18Ωの合成抵抗値は，

$$\frac{1}{R} = \frac{1}{9} + \frac{1}{18} = \frac{2}{18} + \frac{1}{18}$$

$$\frac{1}{R} = \frac{3}{18} = \frac{1}{6}$$

$R = 6\,\Omega$ となる。

回路内の全抵抗値12Ωから並列接続分の抵抗値 6 Ωを引くと，

$Rt = R + 6$ から，$Rt = 12\Omega$ なので，

$12 = R + 6$ から

$R = 12 - 6 =$ **6 Ω**

求める抵抗Rの抵抗値は 6 Ωとなる。

【No.26】 答え (1)

(2) ケルメットは，**銅(Cu)に鉛(Pb)を加えたもの**で，軸受合金として使用されている。

(3) アルミニウムは，**比重が鉄の約 $\frac{1}{3}$ と軽く，線膨張係数は鉄の約 2 倍である。**

(4) 黄銅(真ちゅう)は，**銅(Cu)に亜鉛(Zn)を加えたもの**で，加工性に優れているので，ラジエータなどに使用されている。

**【No.27】** 答え　(3)

問題の意図するところは，圧縮比を用いて排気量を求め，総排気量を計算することである。

$$圧縮比(R) = \frac{排気量}{燃焼室容積} + 1 より$$

$$\begin{aligned} 排気量(V) &= 燃焼室容積 \times (圧縮比 - 1) \\ &= 65 \times (8 - 1) \\ &= 65 \times 7 = 455cm^3 \end{aligned}$$

シリンダ数は４シリンダなので，

総排気量(Vt) = 455 × 4 = **$1820cm^3$**となる。

**【No.28】** 答え　(3)

「道路運送車両の保安基準」第２条

自動車は，告示で定める方法により測定した場合において，**長さ12m，幅2.5m，高さ3.8mを超えてはならない**。

**【No.29】** 答え　(1)

「道路運送車両法」第77条

自動車分解整備事業の種類は，普通自動車分解整備事業，小型自動車分解整備事業，軽自動車分解整備事業の３種類である。

**【No.30】** 答え　(4)

「道路運送車両の保安基準」第32条

「道路運送車両の保安基準の細目を定める告示」第198条の３（1）

走行用前照灯の数は，**２個又は４個であること**。

## 01・10　試験問題（登録）

【No.1】 図に示すクランクシャフトのAからDのうち，バランス・ウェイトを表すものとして，**適切なもの**は次のうちどれか。

(1) A
(2) B
(3) C
(4) D

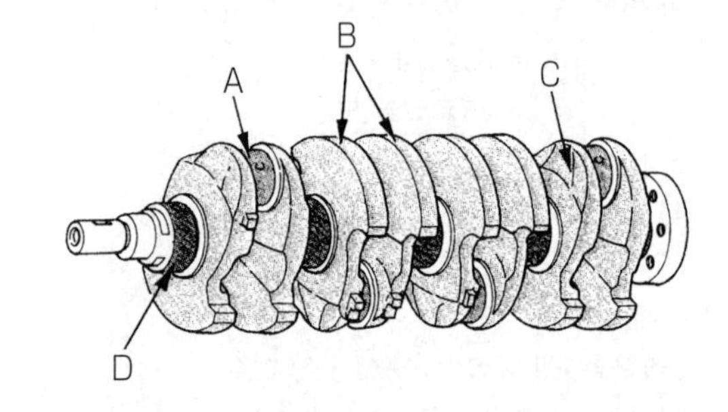


【No.2】 レシプロ・エンジンのバルブ機構に関する記述として，**適切なもの**は次のうちどれか。

(1) カムシャフト・タイミング・スプロケットは，クランクシャフト・タイミング・スプロケットの1／2の回転速度で回る。
(2) エキゾースト・バルブのバルブ・ヘッドの外径は，一般に排気効率を向上させるため，インテーク・バルブより大きい。
(3) バルブ・スプリングには，高速時の異常振動などを防ぐため，シリンダ・ヘッド側のピッチを広くした不等ピッチのスプリングが用いられている。
(4) カムシャフトのカムの形状は卵形状で，カムの長径をカム・リフトという。

**【No.3】** ガソリン・エンジンの燃焼に関する記述として，**適切なもの**は次のうちどれか。

(1) ガソリン・エンジンの熱効率は，一般に約50～60％である。

(2) 始動時，アイドリング時，高負荷時などには，一般に理論空燃比より薄い混合気が必要になる。

(3) 熱勘定とは，有効な仕事に変えられた熱量と，供給された燃料の発熱量との比をいう。

(4) 運転中にキンキンやカリカリという異音を発する現象を，ノッキングという。

**【No.4】** 点火順序が1－3－4－2の4サイクル直列4シリンダ・エンジンの第4シリンダが排気行程の上死点にあり，この位置からクランクシャフトを回転方向に540°回したときに，排気行程の上死点にあるシリンダとして，**適切なもの**は次のうちどれか。

(1) 第1シリンダ

(2) 第2シリンダ

(3) 第3シリンダ

(4) 第4シリンダ

【No.5】 図に示すシリンダ・ヘッド・ボルトの締め付け順序として，**適切なもの**は次のうちどれか。

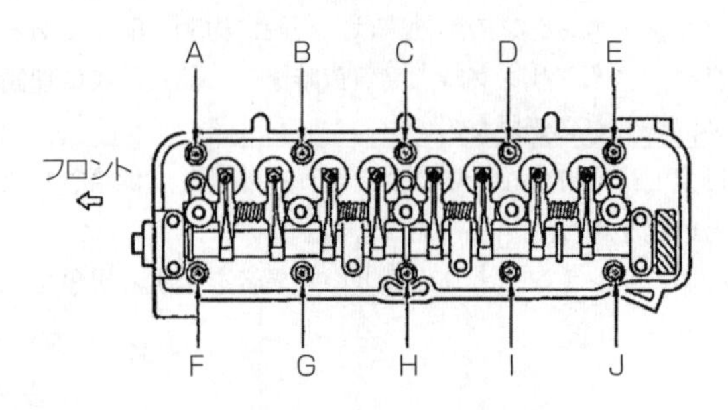


(1) B→I→D→G→J→A→F→E→H→C
(2) A→J→E→F→I→B→D→G→C→H
(3) A→B→C→D→E→F→G→H→I→J
(4) C→H→D→G→I→B→J→A→E→F

【No.6】 水冷・加圧式の冷却装置に関する記述として，**不適切なもの**は次のうちどれか。

(1) ワックス・ペレット型サーモスタットは，冷却水の温度が高くなると，液体のワックスが固体となって収縮し，圧縮されていた合成ゴムは元の状態に戻る。
(2) LLC(ロング・ライフ・クーラント)の成分は，エチレン・グリコールに数種類の添加剤を加えたものである。
(3) ラジエータ・コアは，冷却水が流れる多数のチューブと放熱用のフィンからなっている。
(4) 冷却水が熱膨張によって加圧(60～125kPa)されるので，水温が100℃になっても沸騰しない。

**【No.7】** プレッシャ型ラジエータ・キャップの構成部品で，冷却水温度が上昇し，ラジエータ内の圧力がバルブ・スプリングのばね力に打ち勝つと開く部品として，**適切なもの**は次のうちどれか。

(1) バキューム・バルブ

(2) リリーフ・バルブ

(3) バイパス・バルブ

(4) プレッシャ・バルブ

**【No.8】** トロコイド式オイル・ポンプに関する記述として，**適切なもの**は次のうちどれか。

(1) インナ・ロータが回転すると，アウタ・ロータはインナ・ロータとは逆方向に回転する。

(2) インナ・ロータ及びアウタ・ロータは，それぞれのマーク面を上側に向けてタイミング・チェーン・カバー(オイル・ポンプ・ボデー)に組み付ける。

(3) ボデー・クリアランスとは，ロータとオイル・ポンプ・カバー取り付け面との隙間をいう。

(4) チップ・クリアランスの測定は，マイクロメータを用いて行う。

**【No.9】** 全流ろ過圧送式潤滑装置に関する記述として，**適切なもの**は次のうちどれか。

(1) オイル・フィルタ内のバイパス・バルブは，エレメントが目詰まりし，オイル・フィルタ入口側の圧力が規定値を超えると開く。

(2) オイル・パン内部のバッフル・プレートは，オイル・パン底部にたまった鉄粉を吸着する働きがある。

(3) オイル・ポンプのリリーフ・バルブは，ポンプから圧送されるオイルの圧力が規定値以下になると余分なオイルをオイル・パンなどに戻す。

(4) オイル・プレッシャ・スイッチは油圧が規定値以上になると，コンビネーション・メータ内のオイル・プレッシャ・ランプを点灯させる。

**【No.10】** ガソリン・エンジンの排出ガスに関する記述として，**不適切なもの**は次のうちどれか。

(1) NOx（窒素酸化物）は，燃焼ガス温度が高いとき，$N_2$（窒素）と$O_2$（酸素）が反応して生成される。

(2) ブローバイ・ガスに含まれる有害物質は，主にＨＣ（炭化水素）である。

(3) 燃料蒸発ガスは，ピストンとシリンダ壁との隙間からクランクケース内に吹き抜けるガスである。

(4) 排出ガス中には，有害物質であるCO（一酸化炭素），HC，NOxなどが一部含まれている。

**【No.11】** 吸排気装置に関する記述として，**適切なもの**は次のうちどれか。

(1) 吸気経路の途中に設けられたレゾネータは，異物を取り除く役目をしている。

(2) インテーク・マニホールドは，各シリンダへの吸気抵抗を小さくするなどして，体積効率が高まるように設計されている。

(3) 乾式のエア・クリーナのエレメントには，特殊なオイル（半乾性油）を染み込ませている。

(4) メイン及びサブ・マフラは，冷却により排気ガスの圧力を上げて消音している。

【No.12】 電子制御装置に用いられるセンサに関する記述として，**適切なもの**は次のうちどれか。

(1) ジルコニア式$O_2$センサのジルコニア素子は，高温で内外面の酸素濃度の差がないときに起電力を発生する性質がある。

(2) シリコン・チップ(結晶)を用いたバキューム・センサは，シリコン・チップに圧力を加えると，その電気抵抗が変化する性質をもつ半導体を利用した圧力センサである。

(3) クランク角センサは，クランク角度及びスロットル・バルブの開度を検出している。

(4) 吸気温センサのサーミスタ(負特性)の抵抗値は，吸入空気温度が低いときほど小さくなる。

【No.13】 インジェクタの構成部品として，**不適切なもの**は次のうちどれか。

(1) ソレノイド・コイル

(2) ニードル・バルブ

(3) プランジャ

(4) プレッシャ・レギュレータ

【No.14】 電気装置の半導体に関する記述として，**適切なもの**は次のうちどれか。

(1) サーミスタは，抵抗値が温度変化に対して大きく変化する半導体の特性を利用した素子である。

(2) 発光ダイオードは，光信号から電気信号への変換などに使われている。

(3) P型半導体は，自由電子が多くあるようにつくられた不純物半導体である。

(4) ダイオードは，直流を交流に変換する整流回路などに使われている。

**【No.15】** スパーク・プラグに関する記述として，**不適切なもの**は次のうちどれか。

(1) 絶縁碍子（がいし）は，電極の支持と高電圧の漏電を防ぐ働きをしている。

(2) 高熱価型プラグは，標準熱価型プラグと比較して碍子脚部が長い。

(3) 標準熱価型プラグと比較して，放熱しやすく電極部の焼けにくいスパーク・プラグを高熱価型プラグと呼んでいる。

(4) スパーク・プラグは，ハウジング，絶縁碍子，電極などで構成されている。

**【No.16】** ブラシ型オルタネータ（IC式ボルテージ・レギュレータ内蔵）に関する記述として，**適切なもの**は次のうちどれか。

(1) オルタネータは，ロータ，ステータ，オーバランニング・クラッチなどで構成されている。

(2) ステータ・コアは薄い鉄板を重ねたもので，ロータ・コアとともに磁束の通路を形成している。

(3) 一般にステータには，一体化された冷却用ファンが取り付けられている。

(4) ステータ・コイルに発生する誘導起電力の大きさは，ステータ・コイルの巻き数が多いほど小さくなる。

**【No.17】** オルタネータに関する次の文章の（イ）と（ロ）に当てはまるものとして，下の組み合わせのうち，**適切なもの**はどれか。

充電装置に用いられるオルタネータは，ベルトを介してエンジンで駆動され　ステータ・コイルに発生した（イ）を（ロ）によって整流し，バッテリを充電するとともに，他の電気装置へ電気の供給を行っている。

| | （イ） | （ロ） |
|---|---|---|
| (1) | 直流電気 | トランジスタ |
| (2) | 交流電気 | トランジスタ |
| (3) | 直流電気 | ダイオード |
| (4) | 交流電気 | ダイオード |

【No.18】 スタータの作動に関する次の文章の（　）に当てはまるものとして，**適切なもの**はどれか。

スタータ・スイッチをONにし，プランジャが吸引されメーン接点が閉じた後，（　）の磁力による吸引力だけでプランジャは保持されている。

(1) フィールド・コイル
(2) アーマチュア・コイル
(3) ホールディング・コイル
(4) プルイン・コイル

【No.19】 点火装置に用いられるイグニション・コイルの二次コイルと比べたときの一次コイルの特徴に関する記述として，**適切なもの**は次のうちどれか。

(1) 銅線が太く巻き数が少ない。
(2) 銅線が太く巻き数が多い。
(3) 銅線が細く巻き数が多い。
(4) 銅線が細く巻き数が少ない。

【No.20】 リダクション式スタータに関する記述として，**適切なもの**は次のうちどれか。

(1) 減速ギヤ部によって，アーマチュアの回転を減速し，駆動トルクを増大させてピニオン・ギヤに伝えている。
(2) モータのフィールドは，ヨーク，ポール・コア(鉄心)，アーマチュア・コイルなどで構成されている。
(3) オーバランニング・クラッチは，アーマチュアの回転をロックさせる働きをしている。
(4) アーマチュアの回転をそのままピニオン・ギヤに伝えている。

**【No.21】** 潤滑剤に用いられるグリースに関する記述として，**適切なもの**は次のうちどれか。

(1) グリースは，常温では半固体状であるが，潤滑部が作動し始めると摩擦熱で徐々に固くなる。

(2) 石けん系のグリースには，ベントン・グリースやシリカゲル・グリースなどがある。

(3) カルシウム石けんグリースは，マルチパーパス・グリースとも呼ばれている。

(4) リチウム石けんグリースは，耐熱性と機械的安定性が高い。

**【No.22】** ボルトとナットに関する記述として，**不適切なもの**は次のうちどれか。

(1) 溝付き六角ナットは，締め付けたあと，ボルトの穴と溝に合う割りピンを差し込み，ナットが緩まないようにしている。

(2) ヘクサロビュラ・ボルトは，ボルトの頭部に星形の穴を開けたもので，使用する場合は，ヘクサロビュラ・レンチという特殊なレンチを用いる。

(3) 戻り止めナット(セルフロッキング・ナット)を緩めた場合は，原則として再使用は不可となっている。

(4) スタッド・ボルトは，棒の一端だけにねじが切ってあり，そのねじ部が機械本体に植え込まれている。

**【No.23】** Ｖリブド・ベルトに関する記述として，**不適切なもの**は次のうちどれか。

(1) Ｖベルトと比較してベルト断面が薄いため，耐屈曲性及び耐疲労性に優れている。

(2) Ｖベルトと比較して伝達効率が低い。

(3) Ｖベルトと同様に，オルタネータなどを駆動している。

(4) Ｖベルトと比較して張力の低下が少ない。

【No.24】 充電された状態から放電状態になったときの鉛バッテリに関する記述として，**適切なもの**は次のうちどれか。

(1) 正極板の活物質は，硫酸鉛から二酸化鉛に変化する。
(2) 正極板の活物質は，二酸化鉛から海綿状鉛に変化する。
(3) 負極板の活物質は，硫酸鉛から二酸化鉛に変化する。
(4) 負極板の活物質は，海綿状鉛から硫酸鉛に変化する。

【No.25】 自動車に用いられる非鉄金属に関する記述として，**不適切なもの**は次のうちどれか。

(1) ケルメットは，銀に鉛を加えたもので，軸受合金として使用されている。
(2) 青銅は，銅に錫（すず）を加えた合金で，耐摩耗性に優れ，潤滑油とのなじみもよい。
(3) 黄銅(真ちゅう)は，銅に亜鉛を加えた合金で，加工性に優れているので，タイヤ・バルブなどに使用されている。
(4) アルミニウムは，比重が鉄の約１／３と軽く，線膨張係数は鉄の約２倍である。

【No.26】 図に示す電気回路において，12V用のランプを12Vの電源に接続したときの内部抵抗が2.4Ωである場合，ランプの消費電力として，**適切なもの**は次のうちどれか。ただし，バッテリ，配線等の抵抗はないものとする。

(1) 5W
(2) 12W
(3) 24W
(4) 60W

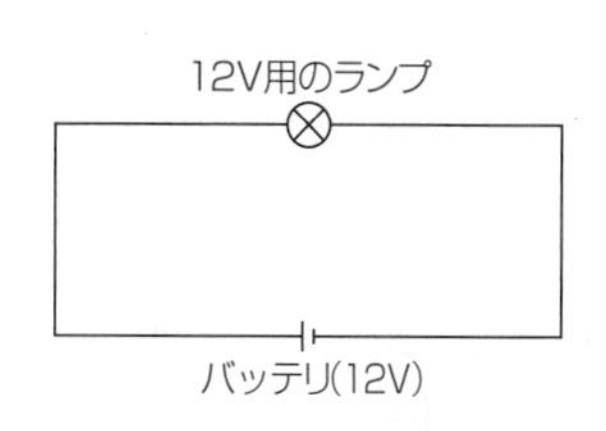

**【No.27】**「めねじ」のねじを立てるために用いられる工具として，**適切なもの**は次のうちどれか。

(1) ドリル　(2) リーマ　(3) タップ　(4) ダイス

**【No.28】**「道路運送車両の保安基準」及び「道路運送車両の保安基準の細目を定める告示」に照らし，車幅が1.69m，最高速度が100km/hの小型四輪自動車の制動灯の基準に関する次の文章の（　）に当てはまるものとして，**適切なもの**はどれか。

制動灯は，昼間にその後方（　）mの距離から点灯を確認できるものであり，かつ，その照射光線は，他の交通を妨げないものであること。

(1) 20　(2) 100　(3) 150　(4) 300

**【No.29】**「道路運送車両法」に照らし，次の文章の（　）に当てはまるものとして，**適切なもの**はどれか。

自動車の使用者は，自動車検査証の記載事項について変更があったときは，その事由があった日から（　）以内に，当該事項の変更について，国土交通大臣が行う自動車検査証の記入を受けなければならない。

(1) 20日　(2) 15日　(3) 10日　(4) 5日

**【No.30】**「道路運送車両の保安基準」及び「道路運送車両の保安基準の細目を定める告示」に照らし，車幅が1.69m，最高速度が100km/hの小型四輪自動車の方向指示器に関する次の文章の（イ）と（ロ）に当てはまるものとして，下の組み合わせのうち，**適切なもの**はどれか。

方向指示器は，毎分（イ）回以上（ロ）回以下の一定の周期で点滅するものであること。

| | （イ） | （ロ） |
|---|---|---|
| (1) | 50 | 120 |
| (2) | 60 | 100 |
| (3) | 60 | 120 |
| (4) | 50 | 100 |

# 01・10　試験問題解説（登録）

**【No.1】** 答え　(2)

(1) Aは，**クランク・ピン**

(3) Cは，**クランク・アーム**

(4) Dは，**クランク・ジャーナル**

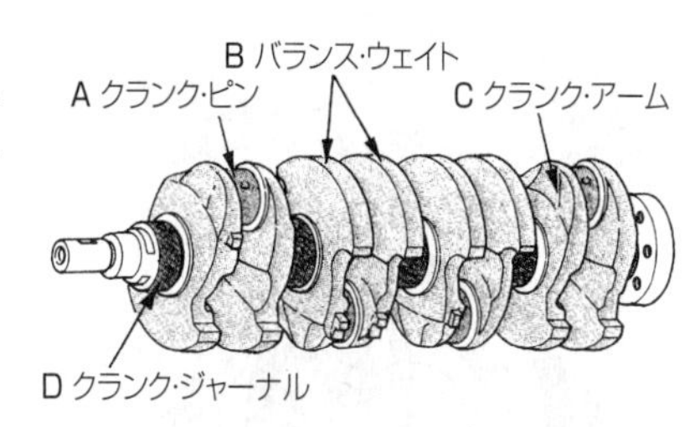


クランクシャフト

**【No.2】** 答え　(1)

(2) **インテーク・バルブ**のバルブ・ヘッドの外径は，一般に**吸入混合気量**を多くするため，**エキゾースト・バルブより大きく**なっている。

(3) バルブ・スプリングには，高速時の異常振動などを防ぐため，シリンダ・ヘッド側のピッチを**狭く**した不等ピッチのスプリングが用いられている。

(4) カムシャフトのカムの形状は卵形状で，**カムの長径と短径との差をカム・リフトという**。

**【No.3】** 答え　(4)

(1) ガソリン・エンジンの熱効率は，一般に約**30〜40%**である。

(2) 始動時，アイドリング時，高負荷時などには，一般に理論空燃比より**濃い混合気**が必要になる。

(3) 熱勘定とは，**冷却や排気に費やされた熱量の割合をいう**。

**熱効率**とは，有効な仕事に変えられた熱量と，供給された燃料の発熱量との比をいう。

【No.4】　答え　(3)

図1は第4シリンダが排気上死点のバルブ・タイミング・ダイヤグラムである。この状態からクランクシャフトを回転方向に540°回転させると，図2の状態となる。このとき排気行程の上死点にあるのは**第3シリンダ**である。

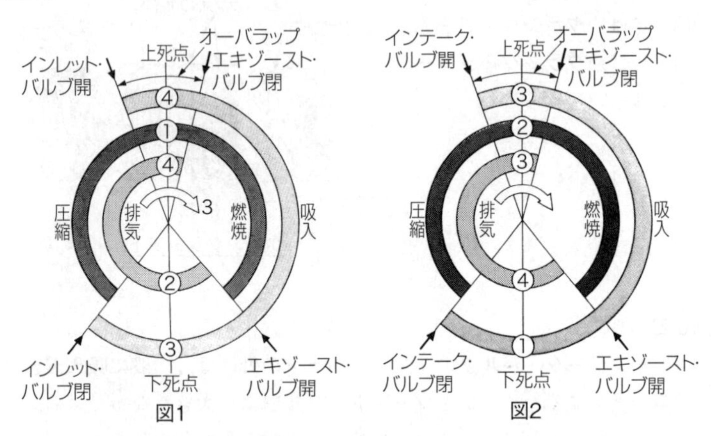


4サイクル・エンジンのバルブ・タイミング・ダイヤグラム

【No.5】　答え　(4)

締め付けは，**中央部のボルトから外側のボルトへ**と行う。

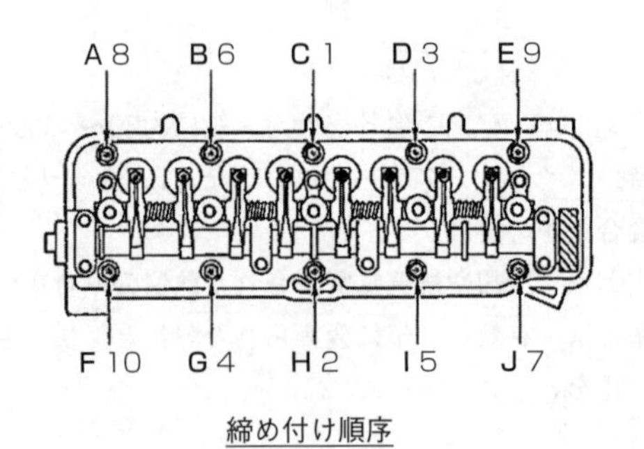


締め付け順序

**【No.6】** 答え (1)

ワックス・ペレット型サーモスタットは，冷却水の温度が高くなると，**固体のワックスが液体となって膨張し，合成ゴムを圧縮する。**

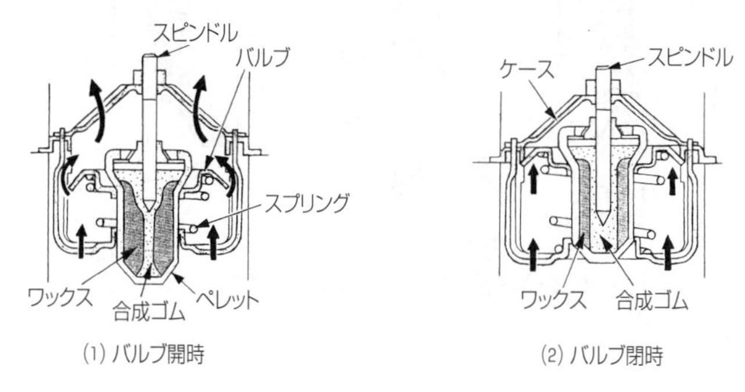


サーモスタットの作動

**【No.7】** 答え (4)

(1) バキューム・バルブは，冷却水温度が低下し，ラジエータ内の圧力が規定値以下になったときに開く。

(2) リリーフ・バルブは，プレッシャ型ラジエータ・キャップには付いていない。

(3) バイパス・バルブは，サーモスタットに設けられ，冷却水温が低いときは開いてラジエータへ冷却水を送らず，規定温度に達すると閉じてラジエータで冷やされた冷却水をシリンダ・ブロック，シリンダ・ヘッドに循環させる。

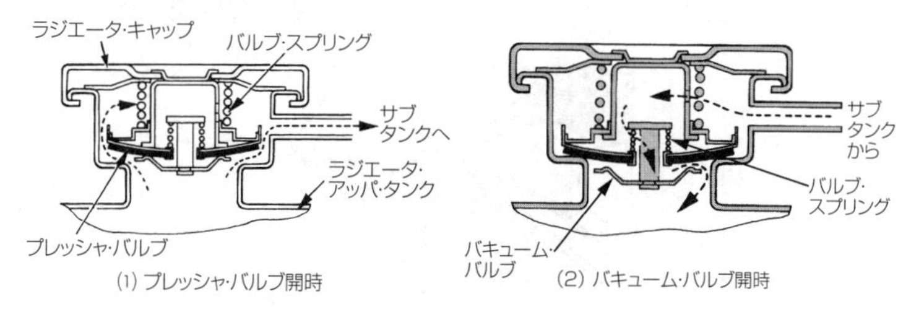


プレッシャ型ラジエータ・キャップ

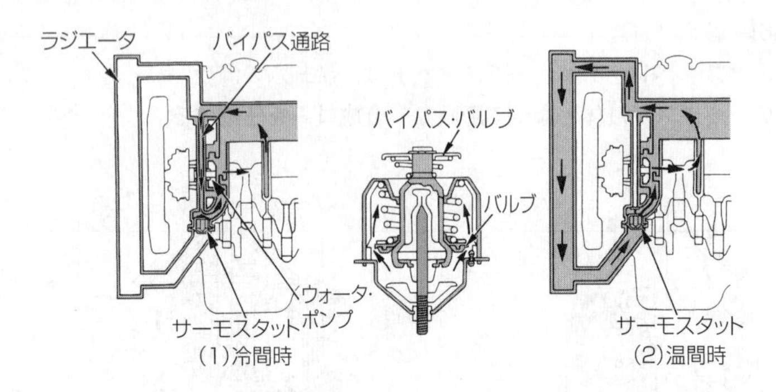


バイパス・バルブ付きサーモスタット

【No.8】 答え　(2)

(1) インナ・ロータが回転すると，アウタ・ロータはインナ・ロータと**同方向に回転**する。

(3) **サイド・クリアランス**とは，ロータとオイル・ポンプ・カバー取り付け面との隙間をいう。

(4) チップ・クリアランスの測定は，**シックネス・ゲージ**を用いて行う。

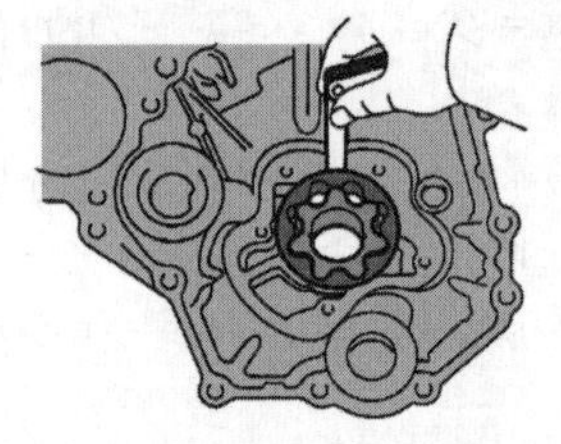

ボデー・クリアランス

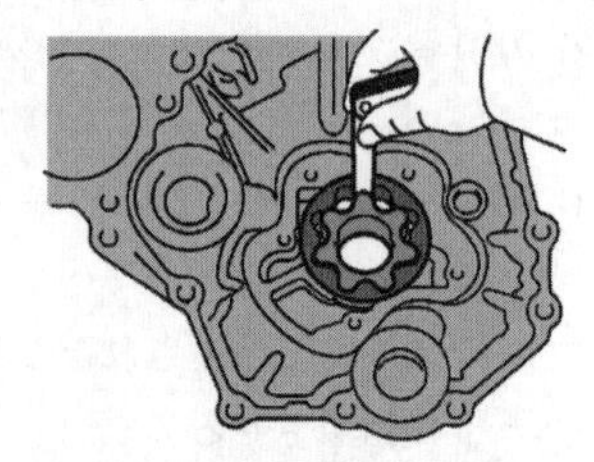

チップ・クリアランス

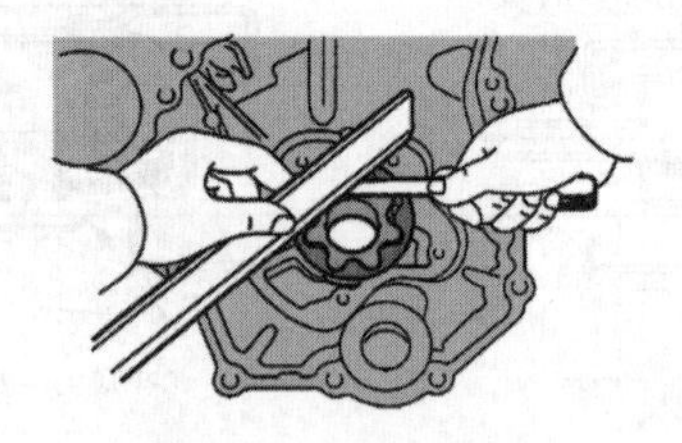

サイド・クリアランス

**【No.9】** 答え　(1)

(2) オイル・パン内部のバッフル・プレートは，**泡立ち防止，オイルが揺れ動くのを抑制及び車両傾斜時のオイル確保の働きをしている。**

**マグネットを使用したドレーン・プラグ**は，オイル・パン底部にたまった鉄粉を吸着する働きをしている。

(3) オイル・ポンプのリリーフ・バルブは，ポンプから圧送されるオイルの圧力が**規定値以上**になると余分なオイルをオイル・パンなどに戻す。

(4) オイル・プレッシャ・スイッチは，油圧が**規定値に達していない場合**，コンビネーション・メータ内のオイル・プレッシャ・ランプを点灯させる。

**【No.10】** 答え　(3)

燃料蒸発ガスは，**フューエル・タンクなどの燃料装置から燃料が蒸発し，大気中に放出されるガスをいう。**

ピストンとシリンダ壁との隙間からクランクケース内に吹き抜けるガスは，**ブローバイ・ガス**である。

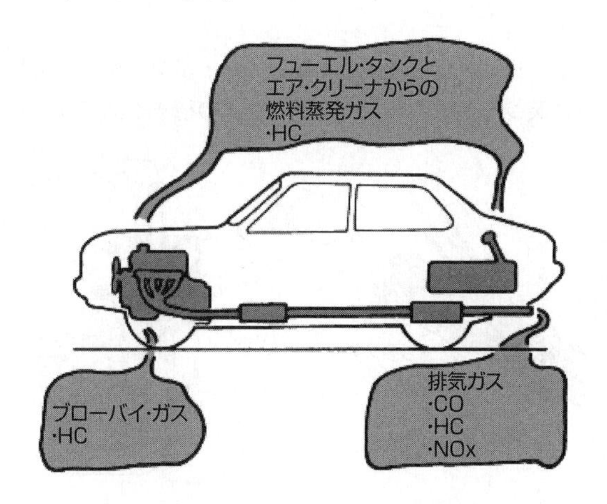


有害物質の排出箇所

**【No.11】** 答え (2)

(1) 吸気経路の途中に設けられたレゾネータは，**共鳴効果を利用して吸気騒音を小さくしたり，空気の脈動を増減させることで吸気効率を改善させている。**

(3) **湿式**のエア・クリーナのエレメントには，特殊なオイル(半乾性油)を染み込ませている。

(4) メイン及びサブ・マフラは，冷却により排気ガスの**圧力を下げて**消音している。

**【No.12】** 答え (2)

(1) ジルコニア式$O_2$センサのジルコニア素子は，高温で内外面の**酸素濃度の差が大きい**と起電力を発生する。

(3) クランク角センサは，クランク角度及び**エンジン回転速度**を検出している。

(4) 吸気温センサのサーミスタ(負特性)の抵抗値は，吸入空気温度が低いときほど**大きく**なる。

**【No.13】** 答え (4)

プレッシャ・レギュレータは，フューエル・ポンプから吐出した燃料の圧力を一定に保つものであり，インジェクタの構成部品ではない。

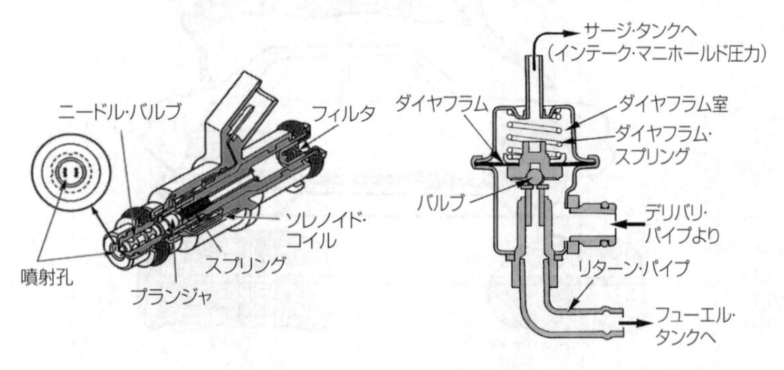


インジェクタ　　別体式プレッシャ・レギュレータ

**【No.14】** 答え　(1)

(2) 発光ダイオードは, **電気信号から光信号へ**の変換などに使われている。

(3) P型半導体は, **正孔**が多くあるようにつくられた不純物半導体である。

(4) ダイオードは, **交流を直流に変換する**整流回路などに使われている。

**【No.15】** 答え　(2)

高熱価型プラグは, 標準熱価型プラグと比較して碍子脚部(図中：A)が**短い**。

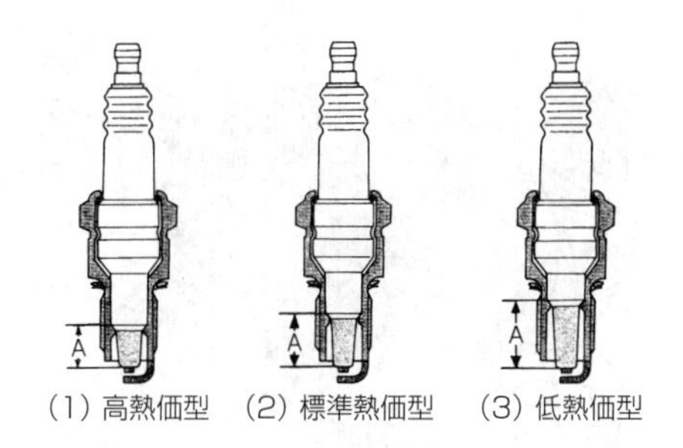


熱価による構造の違い

【No.16】 答え (2)

(1) オルタネータは，ロータ，ステータ，**ダイオード**（レクチファイヤ）などで構成されている。

(3) **ロータの前後には**，一体化された冷却用ファンが取り付けられている。

(4) ステータ・コイルに発生する誘導起電力の大きさは，ステータ・コイルの**巻き数が多いほど大きくなる**。

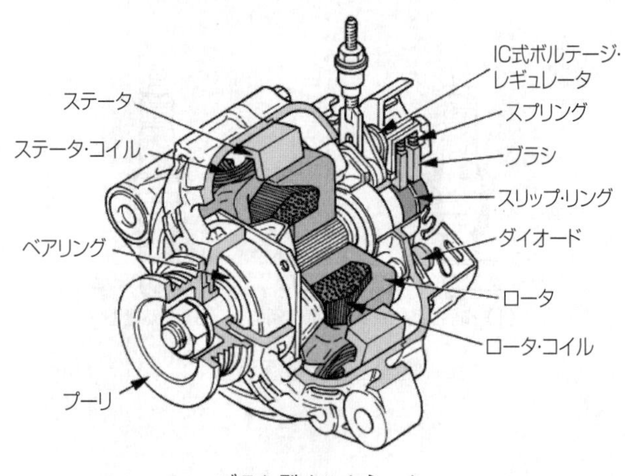


ブラシ型オルタネータ

【No.17】 答え (4)

充電装置に用いられているオルタネータは，ベルトを介してエンジンで駆動され，ステータ・コイルに発生した（**交流電流**）を（**ダイオード**）によって整流し，バッテリを充電すると共に，他の電気装置へ電気の供給を行っている。

**【No.18】** 答え（3）

スタータ・スイッチをONにし，プランジャが吸引されメーン接点が閉じた後，プルイン・コイルの両端が短絡されるので，プルイン・コイルの磁力はなくなり，**ホールディング・コイルの磁力**による吸引力だけでプランジャは保持されている。

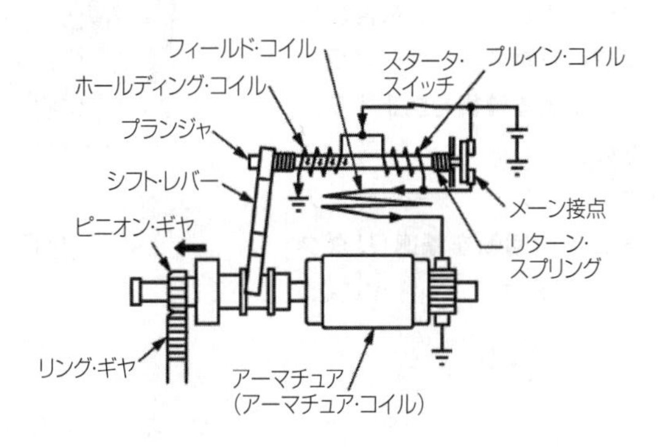


スタータのエンジン・クランキング時

**【No.19】** 答え　（1）

一次コイルは二次コイルに対して**銅線が太く**，二次コイルは一次コイルより銅線が多く巻かれている（一次コイルの**巻き数が少ない**）。

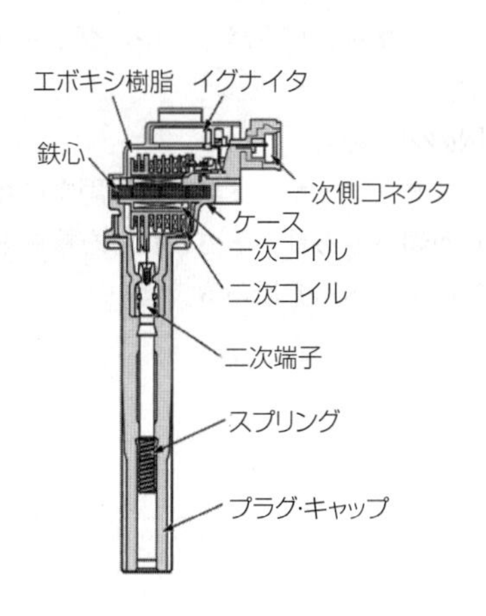


イグニション・コイル

【No.20】 答え (1)

(2) モータのフィールドは，ヨーク，ポール・コア（鉄心），**フィールド・コイル**などで構成されている。

(3) オーバランニング・クラッチは，**アーマチュアがエンジンの回転によって逆に駆動され，オーバランすることによる破損を防止する**ためのもの。

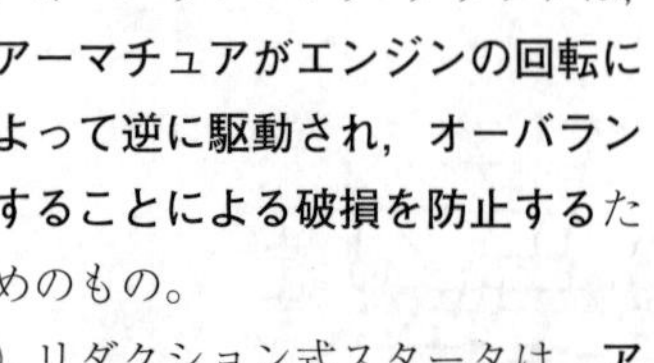

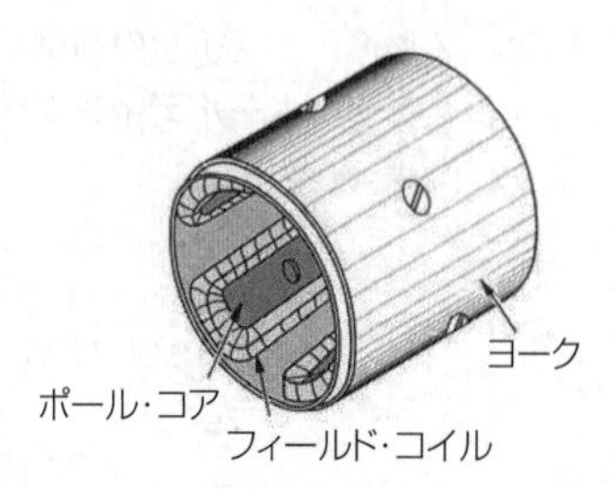

フィールド

(4) リダクション式スタータは，**アーマチュアの回転を減速（リダクション）して**ピニオン・ギヤに伝えている。

【No.21】 答え (4)

(1) グリースは，常温では半固体状であるが，潤滑部が作動し始めると摩擦熱で徐々に**柔らかくなる。**

(2) ベントン・グリースやシリカゲル・グリースは，**非石けん系のグリース**である。

(3) **マルチパーパス（MP）・グリース**は，**リチウム石けんグリース**である。

【No.22】 答え (4)

スタッド・ボルトは，**棒の両端にねじが切ってあり**，一方のねじを機械本体に植え込んで用いる。

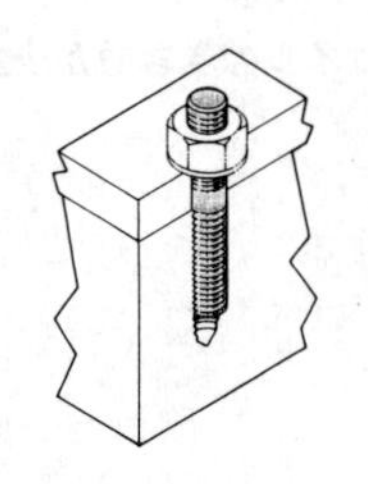
スタッド・ボルト

**【No.23】** 答え　(2)

Vリブド・ベルトはVベルトと比較して**伝達効率が高い**。

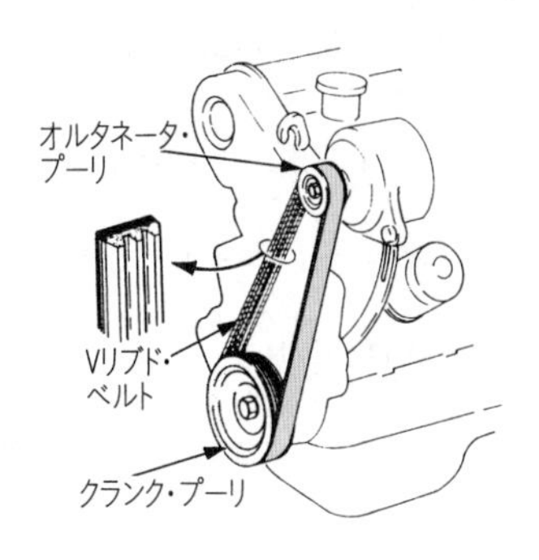


Vリブド・ベルトによる伝動

**【No.24】** 答え　(4)

正極板の活物質は，二酸化鉛から硫酸鉛に変化する。**負極板の活物質は，海綿状鉛から硫酸鉛に変化する**。

| (充電状態) | | | | | | (放電状態) | | | | |
|---|---|---|---|---|---|---|---|---|---|---|
| 負極板 | | 電解液 | | 正極板 | **放電** | 負極板 | | 電解液 | | 正極板 |
| Pb | + | $2H_2SO_4$ | + | $PbO_2$ | ⇄ | $PbSO_4$ | + | $2H_2O$ | + | $PbSO_4$ |
| (海綿状鉛) | | (希硫酸) | | (二酸化鉛) | **充電** | (硫酸鉛) | | (水) | | (硫酸鉛) |

バッテリの充放電式

**【No.25】** 答え　(1)

ケルメットは**銅(Cu)に鉛(Pb)を加えたもので**，軸受合金として使用されている。

【No.26】 答え　(4)

電力：Pは電圧：Eと電流：Iの積で表わされ，単位にはW(ワット)が用いられる。

式で表わすと次のようになる。

$$P(W) = E(V) \times I(A) = E(V) \times \frac{E(V)}{R(\Omega)} = \frac{E^2}{R(\Omega)}$$ より

電球の消費電力は

$$P(W) = \frac{12^2}{2.4} = \frac{144}{2.4} = \underline{60W}$$ となる。

【No.27】 答え　(3)

(1) ドリルは，金属材料の穴あけに使用する。

(2) リーマは，金属材料の穴の内面仕上げに使用する。

(4) ダイスは，おねじのねじ立てに使用する。

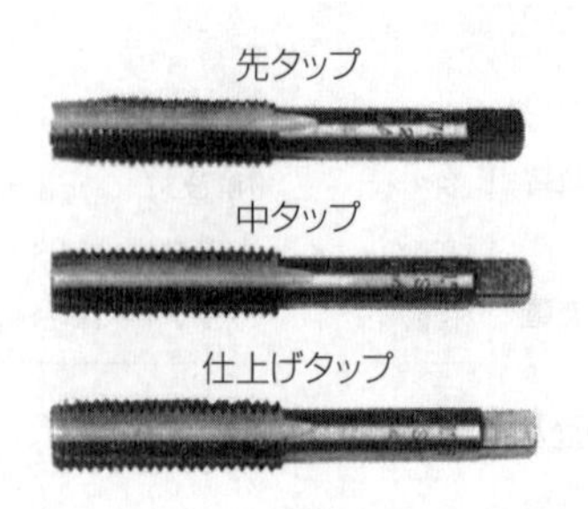


タップの種類

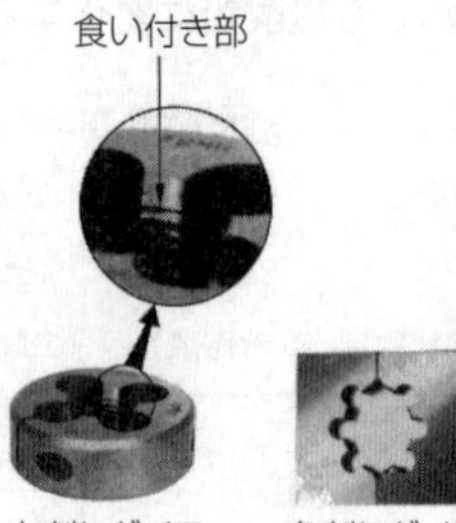


ダイスの種類

【No.28】 答え　(2)

「道路運送車両の保安基準」第39条

「道路運送車両の保安基準の細目を定める告示」第212条の(１)

制動灯は，昼間にその後方**100m**の距離から点灯を確認できるものであり，かつ，その照射光線は，他の交通を妨げないものであること。

**【No.29】** 答え (2)

「道路運送車両法」第67条

自動車の使用者は，自動車検査証の記載事項について変更があったときは，その事由があった日から**15日以内**に，当該事項の変更について，国土交通大臣が行う自動車検査証の記入を受けなければならない。

**【No.30】** 答え (3)

「道路運送車両の保安基準」第41条

「道路運送車両の保安基準の細目を定める告示」第215条の4 (1)

方向指示器は，**毎分60回以上120回以下**の一定の周期で点滅するものであること。

## 02・3　試験問題（登録）

【No.1】 図に示すバルブのバルブ・ステム・エンドを表すものとして，**適切なもの**は次のうちどれか。

(1) A
(2) B
(3) C
(4) D

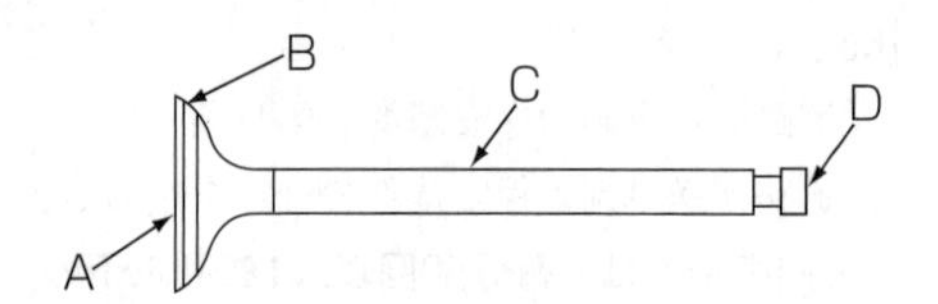


【No.2】 スパーク・プラグに関する記述として，**適切なもの**は次のうちどれか。

(1) 高熱価型プラグは，標準熱価型プラグと比較して碍子(がいし)脚部が長い。
(2) 絶縁碍子は，純度の高いアルミナ磁器で作られている。
(3) 放熱しやすく電極部の焼けにくいスパーク・プラグを低熱価型プラグという。
(4) スパーク・プラグは，ハウジング，イグナイタ，電極などで構成されている。

【No.3】 クランクシャフトの曲がりを測定するときに用いられるものとして，**適切なもの**は次のうちどれか。

(1) シックネス・ゲージ
(2) プラスチ・ゲージ
(3) ダイヤル・ゲージ
(4) コンプレッション・ゲージ

【No.4】 ガソリン・エンジンの燃焼に関する記述として，**不適切なもの**は次のうちどれか。

(1) ノッキングの弊害の一つに，エンジンの出力の低下がある。

(2) 燃料蒸発ガスに含まれる有害物質は，主にHC(炭化水素)である。

(3) 一般に始動時，高負荷時には，理論空燃比より濃い混合気が必要となる。

(4) ブローバイ・ガスとは，フューエル・タンクなどの燃料装置から燃料が蒸発し，大気中に放出されるガスをいう。

【No.5】 フライホイール及びリング・ギヤに関する記述として，**適切なもの**は次のうちどれか。

(1) リング・ギヤの歯先は，スタータのピニオンのかみ合いを容易にするため，片側を面取りしている。

(2) リング・ギヤは，フライホイールの外周にボルトで固定されている。

(3) フライホイールの振れの点検は，シックネス・ゲージを用いて測定する。

(4) 一般にリング・ギヤは，炭素鋼製のスパイラル・ベベル・ギヤが用いられる。

【No.6】 電子制御装置に用いられるセンサ及びアクチュエータに関する記述として，**不適切なもの**は次のうちどれか。

(1) スロットル・ポジション・センサは，スロットル・バルブの開度を検出するセンサである。

(2) 熱線式エア・フロー・メータは，吸入空気量が多いほど出力電圧は高くなる。

(3) ISCV(アイドル・スピード・コントロール・バルブ)の種類には，ロータリ・バルブ式，ステップ・モータ式，ソレノイド・バルブ式がある。

(4) ジルコニア式$O_2$センサのアルミナは，高温で内外面の酸素濃度の差が大きいと，起電力を発生する性質がある。

**【No.7】** トロコイド式オイル・ポンプに関する記述として，**不適切なもの**は次のうちどれか。

(1) クランクシャフトによりアウタ・ロータが駆動されると，インナ・ロータも同方向に回転する。

(2) チップ・クリアランスは，シックネス・ゲージを用いて測定する。

(3) タイミング・チェーン・カバー(オイル・ポンプ・ボデー)内には，歯数の異なるインナ・ロータとアウタ・ロータが偏心して組み付けられている。

(4) サイド・クリアランスとは，ロータとオイル・ポンプ・カバー取り付け面との隙間をいう。

**【No.8】** 水冷・加圧式の冷却装置に関する記述として，**適切なもの**は次のうちどれか。

(1) ジグル・バルブは，冷却水の循環系統内に残留している空気がない場合，浮力と水圧により開いている。

(2) 冷却水が熱膨張によって加圧(60～125kPa)されるので，水温が100℃になっても沸騰しない。

(3) プレッシャ型ラジエータ・キャップは，ラジエータに流れる冷却水の流量を制御している。

(4) ラジエータ・コアは軽量な樹脂で，アッパ・タンク，ロアー・タンクはアルミニウム合金で作られている。

【No.9】 ワックス・ペレット型サーモスタットに関する記述として，**不適切なもの**は次のうちどれか。

(1) 冷却水温度が低いときは，スプリングのばね力によってバルブは開いている。

(2) サーモスタットの取り付け位置による水温制御の方法には，出口制御式と入口制御式とがある。

(3) 冷却水温度が高くなると，ペレット内の固体のワックスが液体となって膨張する。

(4) スピンドルは，サーモスタットのケースに固定されている。

【No.10】 排気装置のマフラに関する記述として，**不適切なもの**は次のうちどれか。

(1) 排気の通路を絞り，圧力の変動を抑えて音を減少させる。

(2) 高温・高圧の排気ガスは，マフラ内の圧力を上げて排気騒音を低下させる。

(3) 管の断面積を急に大きくし，排気ガスを膨張させることにより，圧力を下げて消音する。

(4) 吸音材料により音波を吸収する。

【No.11】 ピストン・リングに関する記述として，**適切なもの**は次のうちどれか。

(1) オイル・リングは，シリンダ壁を潤滑した余分なオイルをかき落としながら燃焼室の気密を保持する役目をしている。

(2) テーパ・フェース型のコンプレッション・リングは，しゅう動面が円弧状になっている。

(3) コンプレッション・リングの摩耗・衰損やシリンダの摩耗があると，吸入行程時にオイル下がりの原因となる。

(4) コンプレッション・リングやシリンダが摩耗していると，圧縮及び燃焼(膨張)行程時における燃焼室の気密が保持できなくなる。

【No.12】 エア・クリーナに関する記述として，**適切なもの**は次のうちどれか。

(1) 乾式エレメントは，一般に特殊なオイル(半乾性油)を染み込ませたものが用いられている。

(2) エンジンに吸入される空気は，レゾネータを通過することによってごみなどが取り除かれる。

(3) エレメントが汚れて目詰まりを起こすと吸入空気量が減少し，有害排気ガスが発生する原因になる。

(4) ビスカス式エレメントの清掃は，エレメントの内側(空気の流れの下流側)から圧縮空気を吹き付けて行う。

【No.13】 電子制御式燃料噴射装置のインジェクタの構成部品として，**不適切なもの**は次のうちどれか。

(1) プランジャ

(2) ソレノイド・コイル

(3) ニードル・バルブ

(4) プレッシャ・レギュレータ

【No.14】 図に示すスパーク・プラグの中心電極を表すものとして，**適切なもの**は次のうちどれか。

(1) A

(2) B

(3) C

(4) D

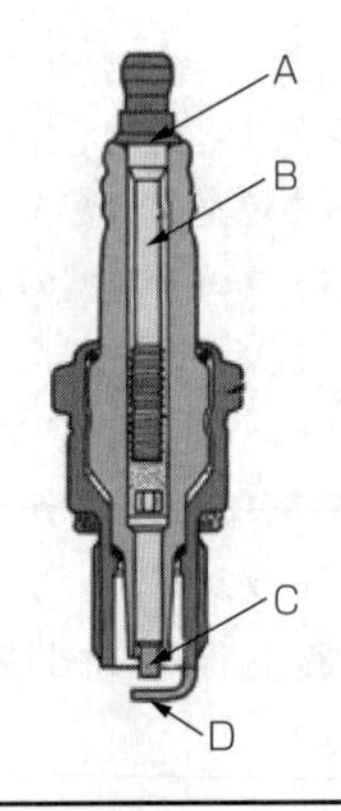

【No.15】 点火順序が１－３－４－２の４サイクル直列４シリンダ・エンジンの第２シリンダが圧縮行程の上死点にあり，この状態からクランクシャフトを回転方向に360°回したときに圧縮行程の上死点にあるシリンダとして，**適切なもの**は次のうちどれか。

(1) 第１シリンダ
(2) 第２シリンダ
(3) 第３シリンダ
(4) 第４シリンダ

【No.16】 電子制御装置のセンサに関する記述として，**適切なもの**は次のうちどれか。

(1) バキューム・センサには，磁気抵抗素子が用いられている。
(2) 吸気温センサには，サーミスタが用いられている。
(3) 空燃比センサには，半導体が用いられている。
(4) 水温センサには，ジルコニア素子が用いられている。

【No.17】 ブラシ型オルタネータ(IC式ボルテージ・レギュレータ内蔵)に関する記述として，**不適切なもの**は次のうちどれか。

(1) 発生電圧を規定値に調整するため，ボルテージ・レギュレータを備えている。
(2) ロータの前後には，一般に一体化された冷却用ファンが取り付けられている。
(3) ステータ・コアは薄い鉄板を重ねたもので，ロータ・コアとともに磁束の通路を形成している。
(4) オルタネータは，ロータ，ステータ，マグネット・スイッチなどで構成されている。

【No.18】 半導体に関する記述として，**適切なもの**は次のうちどれか。

(1) フォト・ダイオードは，光信号から電気信号への変換などに用いられている。

(2) シリコンやゲルマニウムなどに他の原子をごく少量加えたものは，真性半導体である。

(3) 一般にサーミスタは，温度の降下とともに抵抗値が減少する負特性サーミスタが用いられている。

(4) ツェナ・ダイオードは，電気信号から光信号への変換などに使われている。

【No.19】 点火装置に用いられるイグニション・コイルに関する記述として，**適切なもの**は次のうちどれか。

(1) 一次コイルは，二次コイルより銅線が多く巻かれている。

(2) 一次コイルに電流を流すことで，二次コイル部に高電圧を発生させる。

(3) 鉄心に一次コイルと二次コイルが巻かれておりケースに収められている。

(4) 二次コイルは，一次コイルに対して銅線が太い。

【No.20】 スタータに関する記述として，**適切なもの**は次のうちどれか。

(1) 直結式スタータは，リダクション式スタータと比べて小型軽量化ができる利点がある。

(2) モータのアーマチュアは，２個の軸受で支えられて回転する部分である。

(3) リダクション式スタータは，モータの回転をそのままピニオンに伝えている。

(4) オーバランニング・クラッチは，アーマチュアの回転を増速させる働きをしている。

【No.21】 たがねの用途に関する記述として，**適切なもの**は次のうちどれか。

(1) 金属材料のはつり及び切断に使用する。

(2) 工作物の研磨に使用する。

(3) 金属材料の穴の内面仕上げに使用する。

(4) ベアリングの抜き取りに使用する。

【No.22】 排気量400cm$^3$，燃焼室容積40cm$^3$のガソリン・エンジンの圧縮比として，**適切なもの**は次のうちどれか。

(1) 8

(2) 9

(3) 10

(4) 11

【No.23】 図に示すバッテリ上がり車のバッテリと救援車のバッテリをブースタ・ケーブルで接続する順番として，**適切なもの**は次のうちどれか。

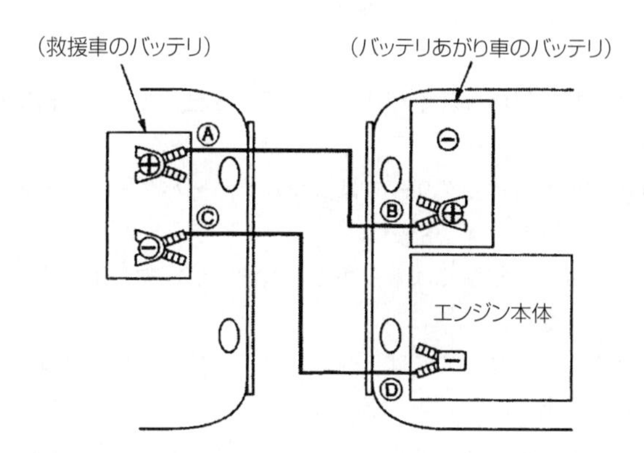


(1) Ⓑ→Ⓐ→Ⓓ→Ⓒ

(2) Ⓑ→Ⓐ→Ⓒ→Ⓓ

(3) Ⓐ→Ⓑ→Ⓓ→Ⓒ

(4) Ⓐ→Ⓑ→Ⓒ→Ⓓ

【No.24】 図に示す電気回路において，電流計Aが0.5Aを表示したときの抵抗Rの抵抗値として，**適切なもの**は次のうちどれか。ただし，バッテリ，配線等の抵抗はないものとする。

(1) 2Ω
(2) 9Ω
(3) 15Ω
(4) 24Ω

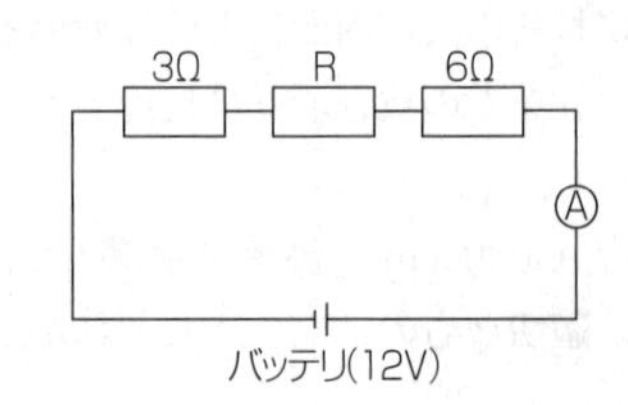


【No.25】 自動車に用いられるアルミニウムに関する記述として，**適切なもの**は次のうちどれか。

(1) 比重は，鉄の約3分の1である。
(2) 熱の伝導率は，鉄の約20倍である。
(3) 電気の伝導率は，銅の約20%である。
(4) 線膨張係数は，鉄の約10倍である。

【No.26】 潤滑剤に用いられるグリースに関する記述として，**適切なもの**は次のうちどれか。

(1) カルシウム石けんグリースは，マルチパーパス・グリースともいわれている。
(2) グリースは，常温では柔らかく，潤滑部が作動し始めると摩擦熱で徐々に固くなる。
(3) 石けん系のグリースには，ベントン・グリースやシリカゲル・グリースなどがある。
(4) リチウム石けんグリースは，耐熱性や機械的安定性が高い。

【No.27】 鉛バッテリの充電に関する記述として，**不適切なもの**は次のうちどれか。

(1) 充電中は，電解液の温度が45℃(急速充電の場合は55℃)を超えないように注意する。

(2) 定電流充電法では，一般に定格容量の1／10程度の電流で充電を行う。

(3) 同じバッテリを2個同時に充電する場合は，直列接続で見合った電圧にて行う。

(4) 普通充電方法とは，放電状態にあるバッテリを，短時間でその放電量の幾らかを補うために，大電流(定電流充電の数倍から十倍程度)で充電を行う方法である。

【No.28】 「道路運送車両法」及び「自動車点検基準」に照らし，自家用貨物自動車の定期点検の点検時期として，**適切なもの**は次のうちどれか。

(1) 1か月ごと及び3か月ごと

(2) 3か月ごと及び12か月ごと

(3) 6か月ごと及び12か月ごと

(4) 1年ごと及び2年ごと

【No.29】 「道路運送車両の保安基準」及び「道路運送車両の保安基準の細目を定める告示」に照らし，後部反射器による反射光の色に関する基準として，**適切なもの**は次のうちどれか。

(1) 赤色であること。

(2) 白色であること。

(3) 橙色であること。

(4) 淡黄色であること。

【No.30】「道路運送車両の保安基準」及び「道路運送車両の保安基準の細目を定める告示」に照らし，普通自動車に備える警音器の基準に関する次の文章の（　）に当てはまるものとして，**適切なもの**はどれか。

警音器の音の大きさ(2以上の警音器が連動して音を発する場合は，その和)は，自動車の前方7mの位置において（　）であること。

(1) 115dB以下90dB以上

(2) 112dB以下87dB以上

(3) 111dB以下86dB以上

(4) 100dB以下85dB以上

# 02・3　試験問題解説（登録）

**【No.1】** 答え　(4)

バルブの各部名称は図に示す通りである。

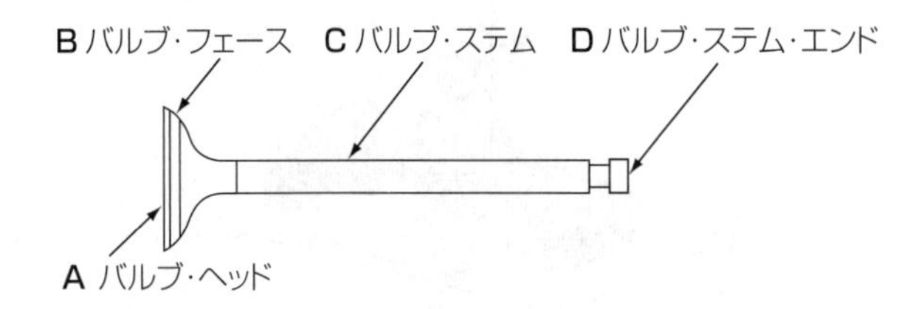


**【No.2】** 答え　(2)

(1) 高熱価型プラグは，標準熱価型プラグと比較して碍子脚部が**短い**。

(3) 放熱しやすく電極部の焼けにくいスパーク・プラグを**高熱価型**プラグという。

(4) スパーク・プラグは，ハウジング，**絶縁碍子**，電極などで構成されている。

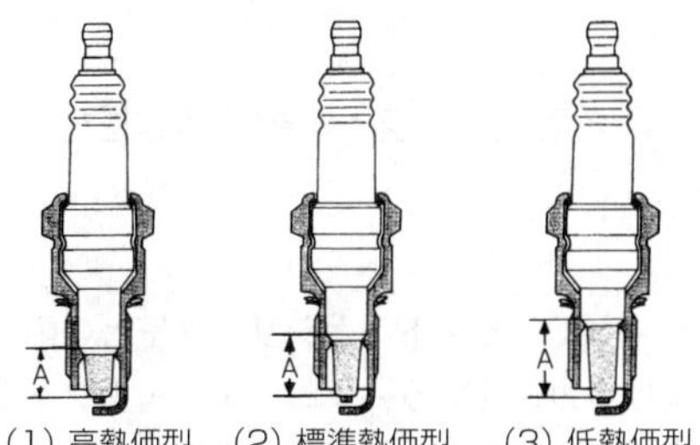


(図中A：碍子脚部の寸法)

熱価による構造の違い

**【No.3】** 答え (3)

クランクシャフトの曲がりの点検は，定盤上のＶブロックに載せて，クランクシャフト中央のクランク・ジャーナル部に**ダイヤル・ゲージ**を当て，クランクシャフトを静かに手で一方向に回して振れを測定する。

※曲がりは振れの１／２である。

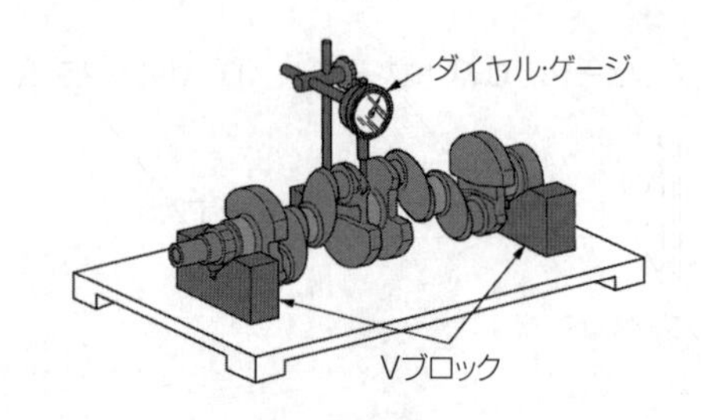


クランクシャフトの振れの点検

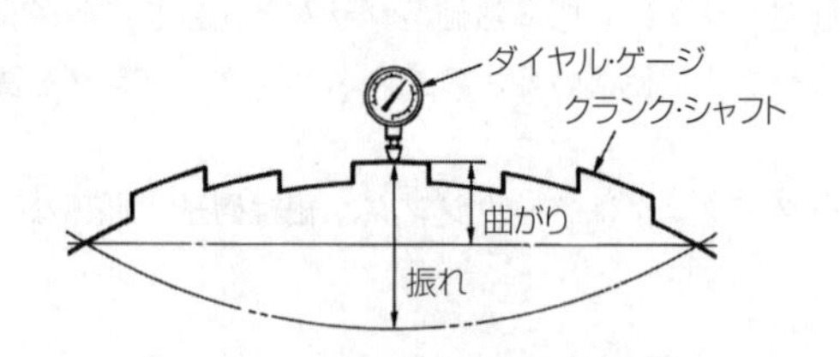


クランクシャフトの曲がり及び振れ

**【No.4】** 答え (4)

ブローバイ・ガスとは，**ピストンとシリンダ壁との隙間から，クランクケース内に吹き抜けるガスをいう**。フューエル・タンクなどの燃料装置から燃料が蒸発し，大気中に放出されるガスを**燃料蒸発ガス**という。

【No.5】 答え　(1)

(2) リング・ギヤは，フライホイールの外周に**焼きばめ**されている。

(3) フライホイールの振れの点検は，**ダイヤル・ゲージ**を用いて測定する。

(4) 一般にリング・ギヤは，炭素鋼製の**スパー・ギヤ**が用いられる。

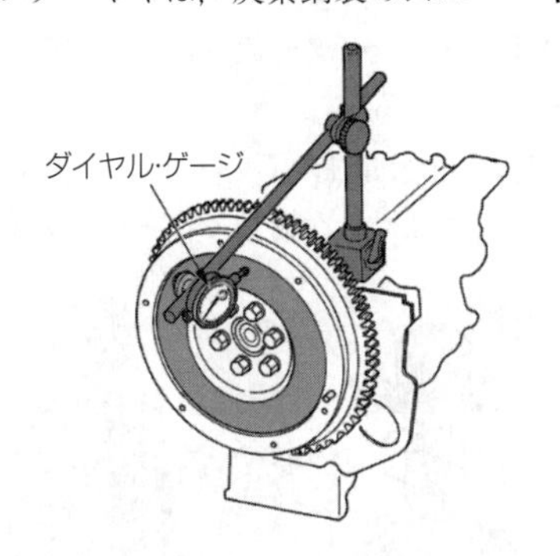


フライホイールの振れの点検

【No.6】 答え　(4)

ジルコニア式$O_2$センサの**ジルコニア素子**は，高温で内外面の酸素濃度の差が大きいと，起電力を発生する性質がある。アルミナは，**空燃比センサ**に用いられている。

【No.7】 答え　(1)

クランクシャフトにより**インナ・ロータ**が駆動されると，**アウタ・ロータ**も同方向に回転する。

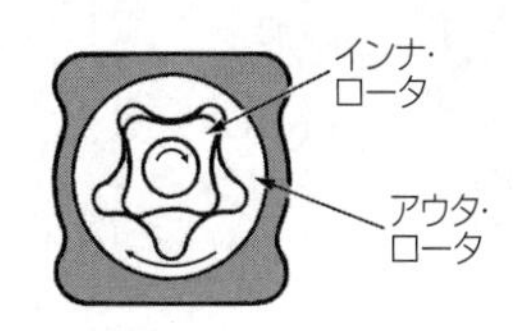


トロコイド式

【No.8】　答え　(2)

(1) ジグル・バルブは，冷却水の循環系統内に残留している空気がない場合，浮力と水圧によって**閉じている**。

(3) プレッシャ型ラジエータ・キャップは，**冷却系統を密閉して，水温が100℃以上になっても沸騰しないようにして，気泡の発生を抑え冷却効果を高めている**。ラジエータへ流れる冷却水の流量を制御しているのはサーモスタットである。

(4) ラジエータ・コアは，熱伝導性の高いアルミニウム合金で，アッパ・タンク，ロアー・タンクは軽量な樹脂で作られている。

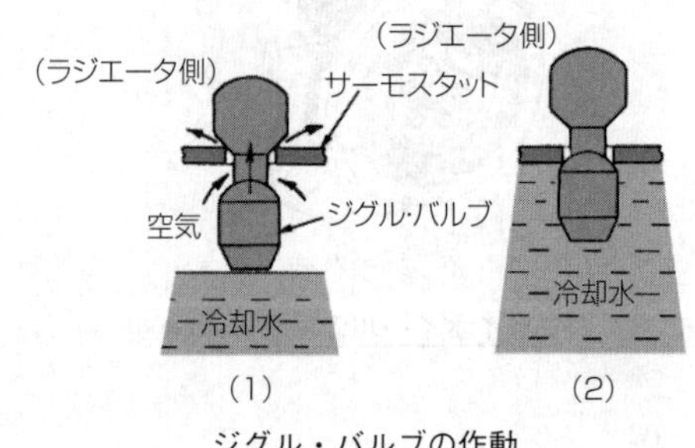


ジグル・バルブの作動

【No.9】　答え　(1)

冷却水温度が低いときは，スプリングのばね力によってバルブは**閉じている**。

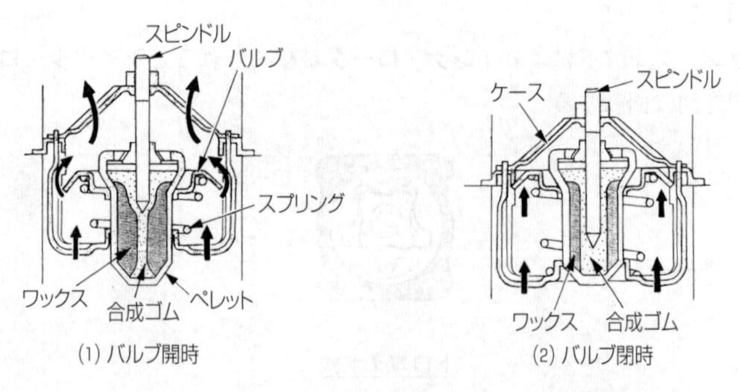


ワックス・ペレット型サーモスタットの作動

【No.10】 答え　(2)

高温・高圧の排気ガスは，マフラ内で**温度と圧力を下げて**消音される。

【No.11】 答え　(4)

(1) オイル・リングは，**シリンダ壁を潤滑した余分なオイルをかき落とす**役目をしている。燃焼室の気密を保持し，圧縮漏れやガス漏れを防止するのは，**コンプレッション・リング**である。

(2) テーパ・フェース型のコンプレッション・リングはしゅう動面が**テーパ状**になっている。

バレル・フェース型は，しゅう動面が**円弧状**になっている。

(3) コンプレッション・リングの摩耗・衰損，シリンダの摩耗などがあると，吸入行程時に**オイル上がり**の原因となる。

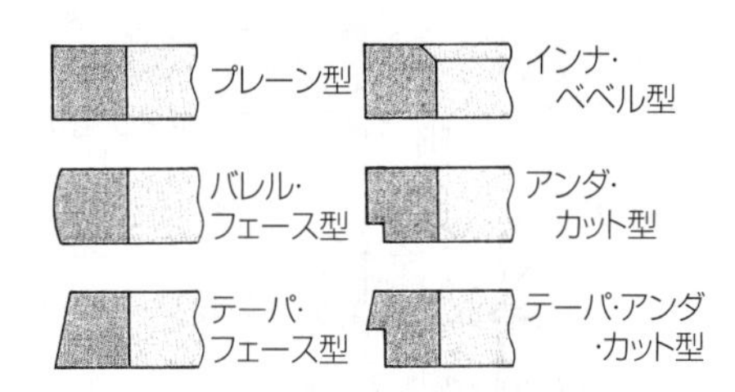


コンプレッション・リングの種類

【No.12】 答え　(3)

(1) 乾式エレメントは，**一般にろ紙や合成繊維の不織布が用いられている**。一般に特殊なオイル(半乾性油)を染み込ませたものが用いられているのは**ビスカス式エレメント**である。

(2) エンジンに吸入される空気は，**エア・クリーナ**を通過することによってごみなどが取り除かれる。レゾネータは，**吸気騒音を小さくしたり，吸気効率を改善するものである**。

(4) ビスカス式エレメントの清掃は，**圧縮空気による清掃を行ってはならない**。エレメントの内側(空気の流れの下流側)から圧縮空気を吹き付けて行うのは乾式エレメントである

【No.13】 答え (4)

プレッシャ・レギュレータは，フューエル・ポンプから吐出した燃料の圧力を一定に保つものであり，インジェクタの構成部品ではない。

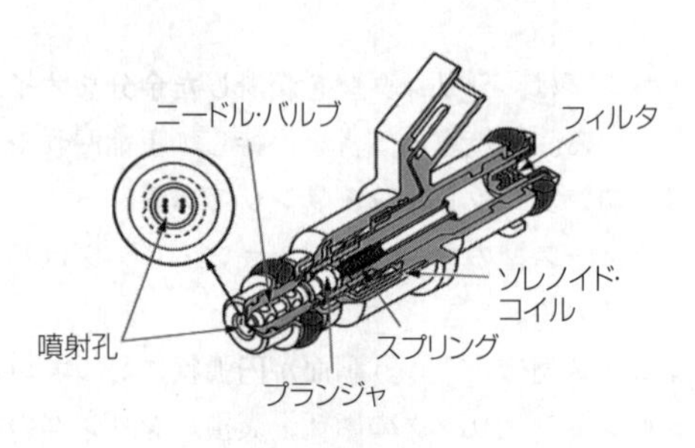


インジェクタ

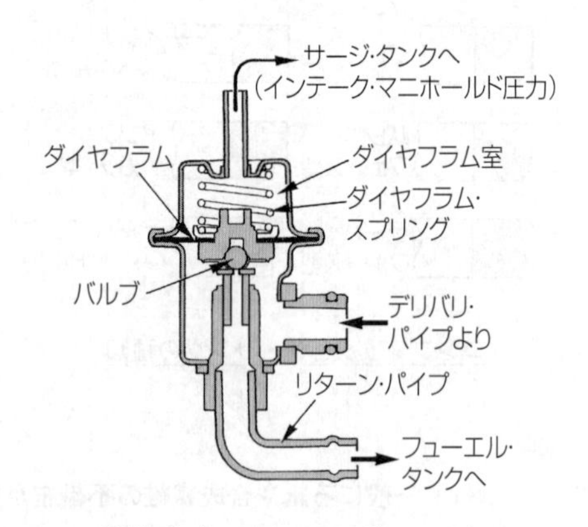


別体式プレッシャ・レギュレータ

【No.14】 答え　(3)

スパーク・プラグの各部名称は図に示す通りである。

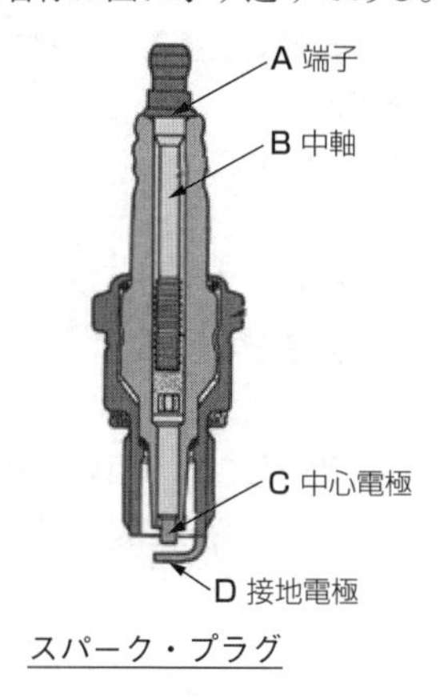


スパーク・プラグ

【No.15】 答え　(3)

図1は第2シリンダが圧縮上死点のバルブ・タイミング・ダイヤグラムである。この状態からクランクシャフトを回転方向に360°回転させると，図2の状態となる。このとき圧縮行程の上死点にあるのは**第3シリンダ**である。

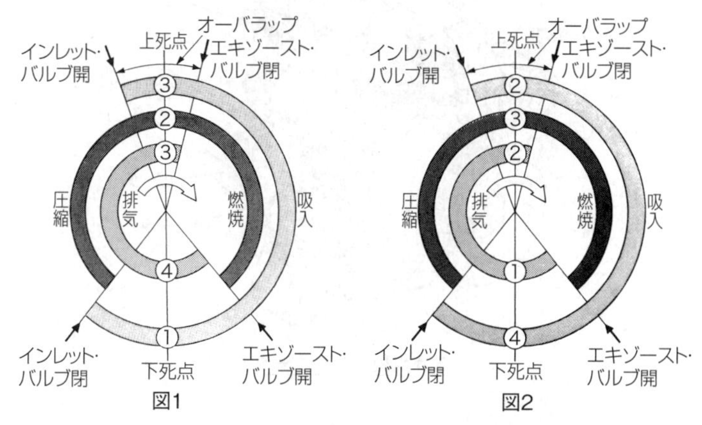


4サイクルエンジンのバルブ・タイミング・ダイヤグラム

【No.16】　答え　(2)

(1) バキューム・センサには，**半導体**が用いられている。磁気抵抗素子は，回転センサ(クランク角センサやカム角センサ)に用いられている。

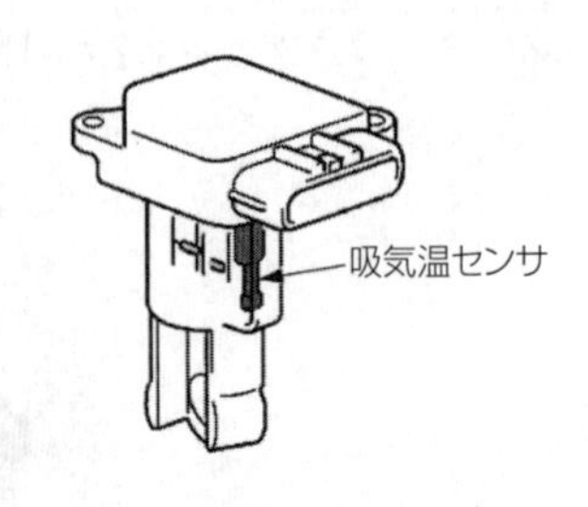


吸気温センサ

(3) 空燃比センサには$O_2$センサと同様に，**ジルコニア素子**が用いられている。

(4) 水温センサには，**サーミスタ**が用いられている。

図は，熱線式エア・フロー・メータに附属する吸気温センサを示す。

【No.17】　答え　(4)

オルタネータは，ロータ，ステータ，**ダイオード**(レクチファイヤ)などで構成されている。

マグネット・スイッチは，スタータの構成部品である。

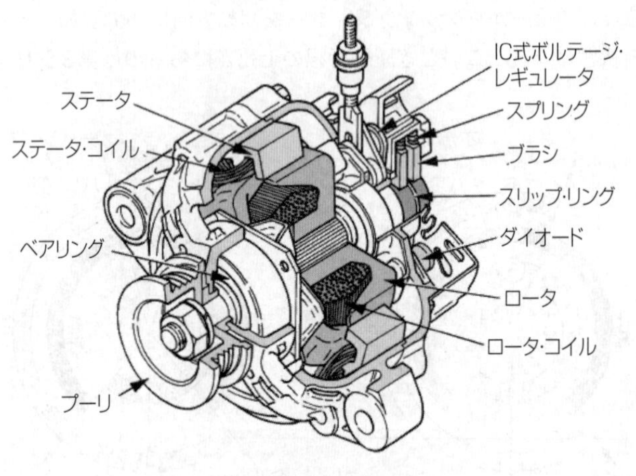


ブラシ型オルタネータ

**【No.18】** 答え　(1)

(2) シリコンやゲルマニウムなどに他の原子をごく少量加えたものは，**不純物半導体**である。

(3) 一般にサーミスタは，**温度の降下とともに抵抗値が増加する**(温度の上昇とともに抵抗値が減少する)負特性サーミスタが用いられている。

(4) ツェナ・ダイオードは，**定電圧回路や電圧検出回路**に使われている。電気信号から光信号への変換などに使われるのは，発光ダイオード(LED)である。

以下に各種ダイオードの電気用図記号を示す。

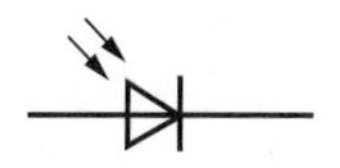

フォト・ダイオード

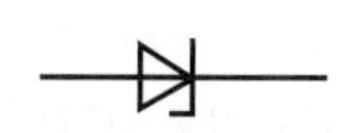

ツェナ・ダイオード

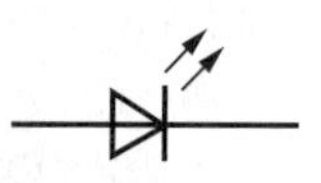

発光ダイオード

**【No.19】** 答え　(3)

(1) 一次コイルは，二次コイルより銅線が**少なく**巻かれている。

(2) 一次コイルの電流を**遮断する**ことで，二次コイル部に高電圧を発生させる。

(4) 二次コイルは，一次コイルに対して銅線が**細く**，多く巻かれている。

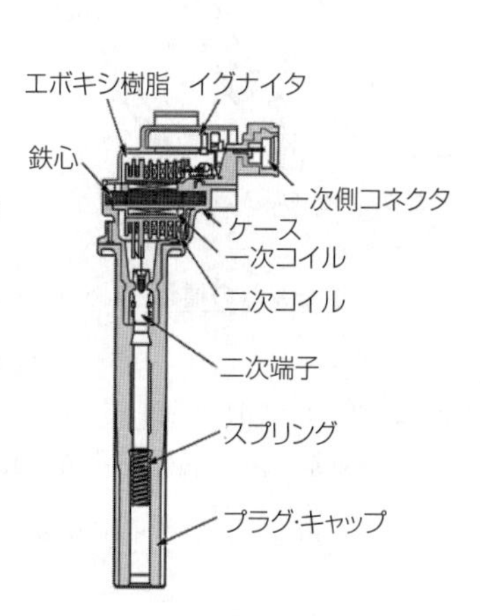


イグニション・コイル

【No.20】　答え　(2)

(1) **リダクション式スタータ**は，直結式スタータと比べて**小型軽量化ができる**利点がある。

(3) リダクション式スタータは，**アーマチュアの回転を減速(リダクション)して**ピニオン・ギヤに伝えている。

(4) オーバランニング・クラッチは，**アーマチュアがエンジンの回転によって逆に駆動され，オーバランすることによる破損を防止する**ためのもの。

【No.21】　答え　(1)

(2) 工作物の研磨に使用するのは，やすりである。

(3) 金属材料の穴の内面仕上げに使用するのは，リーマである。

(4) ベアリングの抜き取りに使用するのは，ベアリング・プーラである。

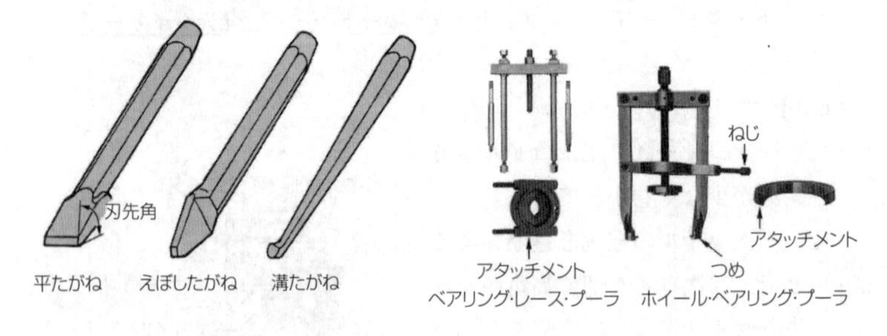


たがねの種類　　ベアリング・プーラの種類

【No.22】　答え　(4)

V：排気量，v：燃焼室容積，R：圧縮比として，

圧縮比(R) = $\dfrac{V}{v} + 1$ より排気量400cm$^3$と燃焼室容積40cm$^3$を代入すると，

$$R = \frac{400}{40} + 1 = 10 + 1 = \underline{11}$$ となる。

**【No.23】** 答え　(2)

ブースタ・ケーブルの接続手順は，①救援車，バッテリ上がり車共にイグニション・スイッチはOFFの位置にし，全ての電気負荷をOFFにする。②ブースタ・ケーブルを**Ⓑ→Ⓐ→Ⓒ→Ⓓの順で接続**する。

③接続後，救援車のエンジンを始動させ，エンジン回転を少し高めにしてからバッテリ上がり車のエンジンを始動する。④ブースタ・ケーブルの取り外しは接続のときと逆の順序（Ⓓ→Ⓒ→Ⓐ→Ⓑ）で行う。

**【No.24】** 答え　(3)

回路内の抵抗値はオームの法則を利用して計算すると，

$$R = \frac{V}{I} = \frac{12}{0.5} = 24\Omega$$ となる。

直列接続された抵抗３ΩとRΩと６Ωの合成抵抗値は，

$Rt = 3 + R + 6$ から $Rt = 24\Omega$ なので，

$24 = 3 + R + 6$ から

$R = 24 - 9 =$ **15Ω**

求める抵抗Rの抵抗値は15Ωとなる。

**【No.25】** 答え　(1)

アルミニウム（Al）は，比重が鉄の約３分の１と軽く，熱の伝導率は**鉄の約3倍**と高く，電気の伝導率は**銅の約60%**，線膨張係数は**鉄の約2倍**である。

**【No.26】** 答え　(4)

(1) **マルチパーパス（MP）・グリース**は，**リチウム石けんグリース**である。

(2) グリースは，**常温では半固体状**であるが，潤滑部が作動し始めると摩擦熱で徐々に**柔らかくなる**。

(3) 石けん系のグリースには，**カルシウム石けんグリース，リチウム石けんグリース，ナトリウム石けんグリース**などがある。ベントン・グリースやシリカゲル・グリースは，**非石けん系のグリース**である。

**【No.27】** 答え　(4)

放電状態にあるバッテリを，短時間でその放電量の幾らかを補うために，大電流で充電を行う方法は，**急速充電方法**である。普通充電方法には，定電圧充電法・準定電圧充電法・定電流充電法がある。

**【No.28】** 答え　(3)

「道路運送車両法」第48条第１項第２号　別表第５

「自動車点検基準」第２条の (3)

**自家用貨物自動車**の定期点検の点検時期は，**６か月ごと及び12か月ごと**である。事業用自動車は，３か月ごと及び12か月ごとである。自家用乗用自動車は，１年ごと及び２年ごとである。

**【No.29】** 答え　(1)

「道路運送車両の保安基準」第38条

「道路運送車両の保安基準の細目を定める告示」第210条の (4)

後部反射器による反射光の色は，**赤色であること**。

**【No.30】** 答え　(2)

「道路運送車両の保安基準」第43条

「道路運送車両の保安基準の細目を定める告示」第219条の２ (1)

警音器の音の大きさは，自動車の前方７mの位置において**112dB以下87dB以上**であること。

## 02・10　試験問題（登録）

**【No.1】** コンロッド・ベアリングの内径を測定するときに用いられるものとして，**適切なもの**は次のうちどれか。

(1) プラスチ・ゲージ
(2) シリンダ・ゲージ
(3) シックネス・ゲージ
(4) ストレート・エッジ

**【No.2】** 中心電極の碍子（がいし）脚部が標準熱価型と比較して短いスパーク・プラグに関する記述として，**適切なもの**は次のうちどれか。

(1) ホット・タイプと呼ばれる。
(2) 低熱価型と呼ばれる。
(3) 冷え型と呼ばれる。
(4) 放熱しにくく電極部が焼けやすい。

**【No.3】** 図に示す排気ガスの三元触媒の浄化率において，（イ）と（ロ）に当てはまるものとして，下の組み合わせのうち，**適切なもの**はどれか。

| | （イ） | （ロ） |
|---|---|---|
| (1) | NOx | CO |
| (2) | $CO_2$ | NOx |
| (3) | CO | NOx |
| (4) | $H_2O$ | CO |

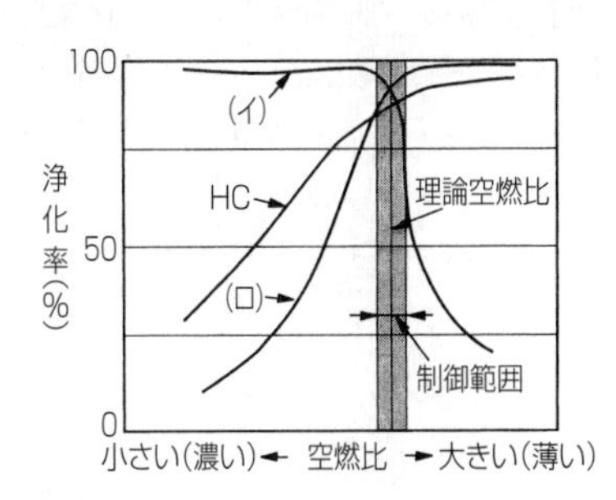

**【No.4】** 排気装置のマフラに関する記述として，**不適切なもの**は次のうちどれか。

(1) 排気の通路を絞り，圧力の変動を増幅させて排気騒音を減少させる。

(2) 吸音材料により音波を吸収する。

(3) 管の断面積を急に大きくし，排気ガスを膨張させることにより圧力を下げて排気騒音を消音する。

(4) 冷却により排気ガスの圧力を下げて排気騒音を消音する。

**【No.5】** クローズド・タイプのブローバイ・ガス還元装置に関する次の文章の（イ）と（ロ）に当てはまるものとして，下の組み合わせのうち，**適切なもの**はどれか。

エンジンが軽負荷のときには，ブローバイ・ガスは，(イ) を通って (ロ) へ吸入される。

| | （イ） | （ロ） |
|---|---|---|
| (1) | パージ・コントロール・バルブ | インテーク・マニホールド |
| (2) | PCVバルブ | エキゾースト・マニホールド |
| (3) | パージ・コントロール・バルブ | エキゾースト・マニホールド |
| (4) | PCVバルブ | インテーク・マニホールド |

**【No.6】** 図に示す断面Aのコンプレッション・リングとして，**適切なもの**は次のうちどれか。

(1) バレル・フェース型

(2) インナ・ベベル型

(3) テーパ・フェース型

(4) プレーン型

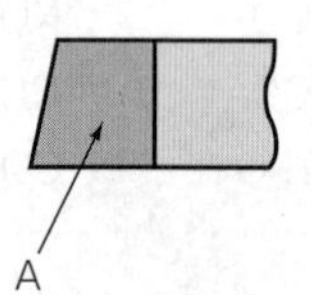

【No.7】 水冷・加圧式の冷却装置に関する記述として，**不適切なもの**は次のうちどれか。

(1) ラジエータ・コアは，多数のチューブと放熱用のフィンからなっている。

(2) 標準型のサーモスタットのバルブは，冷却水温度が上昇し規定温度に達すると閉じ,冷却水がラジエータを循環して冷却水温度が下がる。

(3) 電動式ウォータ・ポンプは，補機駆動用ベルトやタイミング・ベルトによって駆動されるものと比べて,燃費を低減させることができる。

(4) LLC(ロング・ライフ・クーラント)の成分は，エチレン・グリコールに数種類の添加剤を加えたものである。

【No.8】 ワックス・ペレット型サーモスタットに関する記述として，**不適切なもの**は次のうちどれか。

(1) サーモスタットの取り付け位置による水温制御の方法には，出口制御式と入口制御式とがある。

(2) 冷却水の循環系統内に残留している空気がないときのジグル・バルブは，浮力と水圧により開いている。

(3) スピンドルは，サーモスタットのケースに固定されている。

(4) サーモスタットのケースには，小さなエア抜き口が設けられているものもある。

**【No.9】** 図に示すギヤ式オイル・ポンプに関する記述として，**適切なもの**は次のうちどれか。

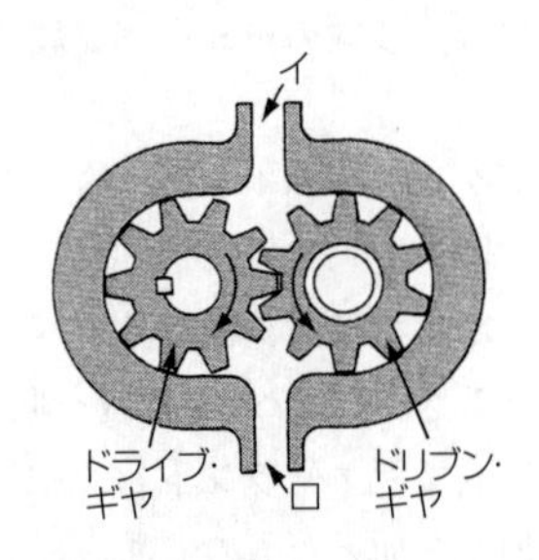


(1) ドライブ・ギヤが右回転(矢印方向)の場合，吸入口は図のイになる。
(2) ドリブン・ギヤが左回転(矢印方向)の場合，吐出口は図のロになる。
(3) ドライブ・ギヤが右回転(矢印方向)の場合，吐出口は図のロになる。
(4) ドリブン・ギヤが左回転(矢印方向)の場合，吸入口は図のロになる。

**【No.10】** 点火順序が1－3－4－2の4サイクル直列4シリンダ・エンジンの第4シリンダが吸入行程の下死点にあり，この状態からクランクシャフトを回転方向に540°回したとき，圧縮行程の上死点にあるシリンダとして，**適切なもの**は次のうちどれか。
(1) 第1シリンダ
(2) 第2シリンダ
(3) 第3シリンダ
(4) 第4シリンダ

【No.11】 レシプロ・エンジンのバルブ機構に関する記述として，**適切なもの**は次のうちどれか。

(1) カムシャフトのカムの長径と短径との差をクラッシュ・ハイトという。

(2) 一般に，インテーク・バルブのバルブ・ヘッドの外径は，吸入混合気量を多くするため，エキゾースト・バルブより大きくなっている。

(3) バルブ・スプリングには，高速時の異常振動などを防ぐため，シリンダ・ヘッド側のピッチを広くした不等ピッチのスプリングが用いられている。

(4) カムシャフト・タイミング・スプロケットの回転速度は，クランクシャフト・タイミング・スプロケットの2倍である。

【No.12】 フライホイール及びリング・ギヤに関する記述として，**不適切なもの**は次のうちどれか。

(1) フライホイールは，一般にアルミニウム合金製である。

(2) リング・ギヤには，一般に炭素鋼製のスパー・ギヤが用いられる。

(3) フライホイールは，クランクシャフトからクラッチへ動力を伝達する。

(4) リング・ギヤは，スタータの回転をフライホイールに伝える。

【No.13】 電子制御装置に用いられるセンサに関する記述として，**適切なもの**は次のうちどれか。

(1) バキューム・センサの圧力信号の電圧特性は，圧力が真空から大気圧に近付くほど出力電圧が小さくなる。

(2) ジルコニア式$O_2$センサは，ジルコニア素子の外面に大気を導入し，内面は排気ガス中にさらされている。

(3) 水温センサのサーミスタ(負特性)の抵抗値は，冷却水温度が低いときほど高く(大きく)なる。

(4) 吸気温センサは，エンジンに吸入される空気の温度と空燃比の状態を検出している。

【No.14】 オルタネータの構成部品のうち，三相交流を整流する部品として，**適切なもの**は次のうちどれか。

(1) ブラシ
(2) ステータ・コア
(3) トランジスタ
(4) ダイオード(レクチファイヤ)

【No.15】 リダクション式スタータのアーマチュアの構成部品として，**適切なもの**は次のうちどれか。

(1) ポール・コア
(2) コンミュテータ
(3) クラッチ・ローラ
(4) プランジャ・シャフト

【No.16】 スタータ・スイッチをONにしたときに，マグネット・スイッチのメーン接点を閉じる力(プランジャを動かすための力)として，**適切なもの**は次のうちどれか。

(1) フィールド・コイルの磁力
(2) ホールディング・コイルのみの磁力
(3) アーマチュア・コイルの磁力
(4) プルイン・コイルとホールディング・コイルの磁力

【No.17】 図に示すブラシ型オルタネータに用いられているAの名称として，**適切なもの**は次のうちどれか。

(1) アーマチュア・コイル
(2) ステータ・コイル
(3) ロータ・コイル
(4) フィールド・コイル

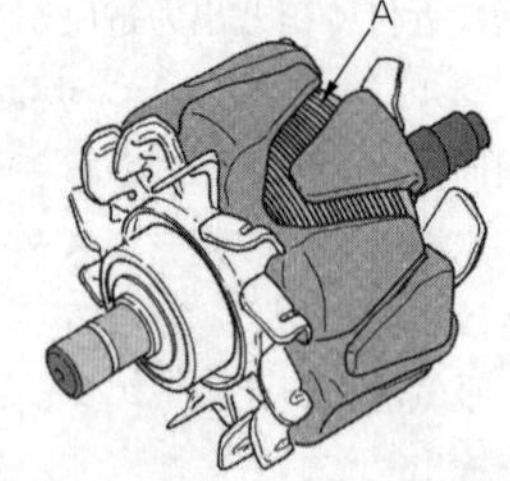

**【No.18】** 半導体に関する記述として，**適切なもの**は次のうちどれか。

(1) IC(集積回路)は，「はんだ付けによる故障が少ない」，「超小型化が可能になる」などの利点の反面，「消費電力が多い」などの欠点がある。

(2) P型半導体は，自由電子が多くあるようにつくられた不純物半導体である。

(3) 真性半導体は，シリコンやゲルマニウムに他の原子をごく少量加えたものである。

(4) 発光ダイオードは，P型半導体とN型半導体を接合したもので，順方向の電圧を加えて電流を流すと発光するものである。

**【No.19】** 電子制御式燃料噴射装置に関する記述として，**不適切なもの**は次のうちどれか。

(1) インジェクタのソレノイド・コイルに電流が流れると，ニードル・バルブが全閉位置に移動し，燃料が噴射される。

(2) チャコール・キャニスタは，燃料蒸発ガスが大気中に放出されるのを防止している。

(3) くら型のフューエル・タンクでは，ジェット・ポンプによりサブ室からメーン室に燃料を移送している。

(4) 燃料噴射量の制御は，インジェクタの噴射時間を制御することによって行われている。

**【No.20】** 図に示すPNP型トランジスタに関する次の文章の（イ）と（ロ）に当てはまるものとして，下の組み合わせのうち，**適切なもの**はどれか。

ベース電流は（イ）に流れ，コレクタ電流は（ロ）に流れる。

| | （イ） | （ロ） |
|---|---|---|
| (1) | BからE | BからC |
| (2) | EからB | EからC |
| (3) | EからB | BからC |
| (4) | BからC | EからC |

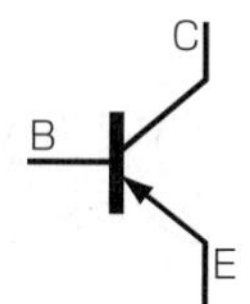

**【No.21】** エンジン・オイルに関する記述として，**不適切なもの**は次のうちどれか。

(1) オイルの粘度が低過ぎると粘性抵抗が大きくなり，動力損失が増大する。

(2) SAE10Wのエンジン・オイルは，シングル・グレード・オイルである。

(3) 粘度番号に付いているWは,冬季用または寒冷地用を意味している。

(4) 粘度指数の大きいオイルほど温度による粘度変化の度合が少ない。

**【No.22】** シリンダ内径70mm，ピストンのストロークが85mmの4サイクル4シリンダ・エンジンの1シリンダ当たりの排気量として，**適切なもの**は次のうちどれか。ただし，円周率は3.14として計算し，小数点以下を切り捨てなさい。

(1) 38$cm^3$

(2) 153$cm^3$

(3) 326$cm^3$

(4) 486$cm^3$

**【No.23】** ドライバの種類と構造・機能に関する記述として，**不適切なもの**は次のうちどれか。

(1) 普通形は，軸が柄の途中まで入っており，柄は一般に木やプラスチックなどで作られている。

(2) 角軸形の外観は普通形と同じであるが，軸が柄の中を貫通しているため頑丈である。

(3) スタッビ形は，短いドライバで，柄が太く強い力を与えることができる。

(4) ショック・ドライバは，ねじなどを，衝撃を与えながら緩めるときに用いるものである。

【No.24】 図に示す電気回路の電圧測定において，接続されている電圧計AからDが表示する電圧値として，**適切なもの**は次のうちどれか。

ただし，回路中のスイッチはOFF(開)で，バッテリ，配線等の抵抗はないものとする。

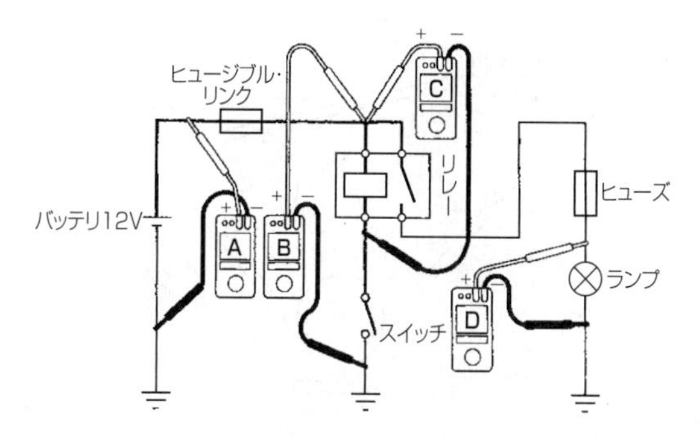


(1) 電圧計Dは12Vを表示する。

(2) 電圧計Cは12Vを表示する。

(3) 電圧計Bは12Vを表示する。

(4) 電圧計Aは0Vを表示する。

【No.25】 自動車に用いられる非鉄金属に関する記述として，**適切なもの**は次のうちどれか。

(1) 黄銅(真ちゅう)は，銅にアルミニウムを加えた合金で，加工性に優れている。

(2) アルミニウムは，比重が鉄の約3倍，線膨張係数は鉄の約2倍である。

(3) ケルメットは，銀に鉛を加えたもので，軸受合金として使用されている。

(4) 青銅は，銅に錫(すず)を加えた合金で，耐摩耗性に優れ，潤滑油とのなじみもよい。

**【No.26】** 図に示すベルト伝達機構において，Aのプーリが1,200$min^{-1}$で回転しているとき，Bのプーリの回転速度として，**適切なもの**は次のうちどれか。ただし，滑り及び機械損失はないものとして計算しなさい。なお，図中の（　）内の数値はプーリの有効半径を示します。

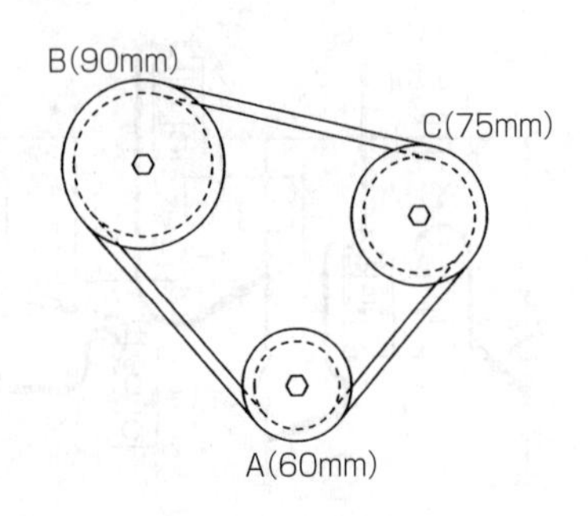


(1) 225$min^{-1}$
(2) 600$min^{-1}$
(3) 800$min^{-1}$
(4) 1,800$min^{-1}$

**【No.27】** 鉛バッテリの定電流充電法に関する記述として，**適切なもの**は次のうちどれか。

(1) 充電が進むにつれて充電電圧を徐々に高くする必要がある。
(2) 充電初期には充電電圧を高くする必要がある。
(3) 充電電流の大きさは，定格容量を表す数値の２分の１程度の値とする。
(4) 充電電流の大きさは，定格容量を表す数値の３分の１程度の値とする。

**【No.28】**「道路運送車両の保安基準」及び「道路運送車両の保安基準の細目を定める告示」に照らし，最高速度が100km/hで，幅1.69mの小型四輪自動車の走行用前照灯に関する記述として，**不適切なもの**は次のうちどれか。

(1) 走行用前照灯は，レンズ取付部に緩み，がた等がないこと。

(2) 走行用前照灯の数は，２個であること。

(3) 走行用前照灯の灯光の色は，白色であること。

(4) 走行用前照灯の点灯操作状態を運転者席の運転者に表示する装置を備えること。

**【No.29】**「道路運送車両の保安基準」に照らし，自動車(セミトレーラを除く。)の長さの基準として，**適切なもの**は次のうちどれか。

(1) ９ｍを超えてはならない。

(2) 10ｍを超えてはならない。

(3) 11ｍを超えてはならない。

(4) 12ｍを超えてはならない。

**【No.30】**「道路運送車両法」に照らし，次の文章の（　）に当てはまるものとして，**適切なもの**はどれか。

「道路運送車両」とは，（　）をいう。

(1) 原動機付自転車及び軽車両

(2) 自動車及び原動機付自転車

(3) 自動車，原動機付自転車及び軽車両

(4) 自動車及び軽車両

# 02・10 試験問題解説(登録)

【No.1】 答え (2)

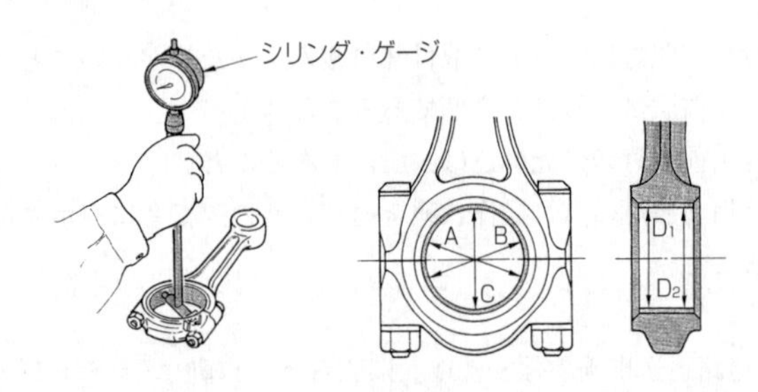


コンロッド・ベアリングの内径の測定

コンロッド・ベアリングの内径の測定は，**シリンダ・ゲージ**で測定する。

【No.2】 答え (3)

(1) **コールド・タイプ**という。

(2) **高熱価型**と呼ばれる。

(4) 放熱**しやすく**電極部が焼け**にくい**。

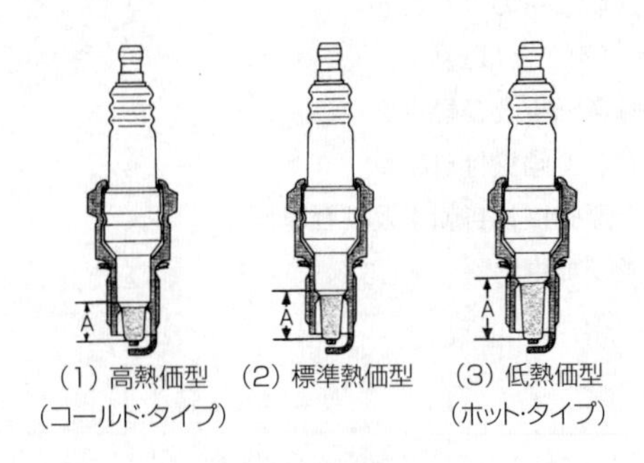


熱価による構造の違い

**【No.3】** 答え (1)

図のように(イ)は**NOx**,(ロ)は**CO**となる。

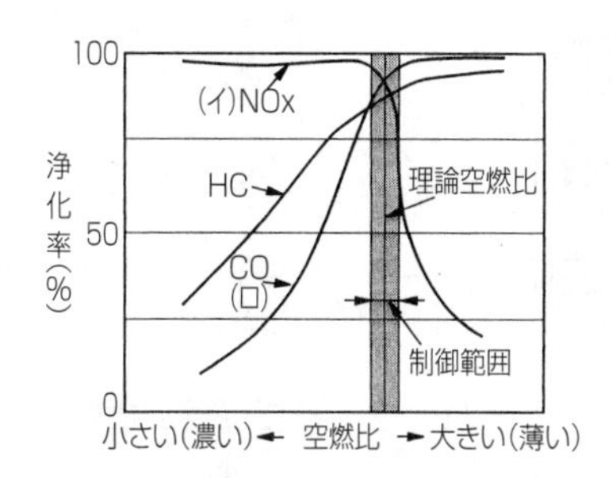


三元触媒の浄化特性

**【No.4】** 答え (1)

排気管の通路を絞り,圧力の変動を**抑えて**排気騒音を減少させる。

**【No.5】** 答え (4)

エンジンが軽負荷のときには,ブローバイ・ガスは,(**PCVバルブ**)を通って(**インテーク・マニホールド**)へ吸入される。

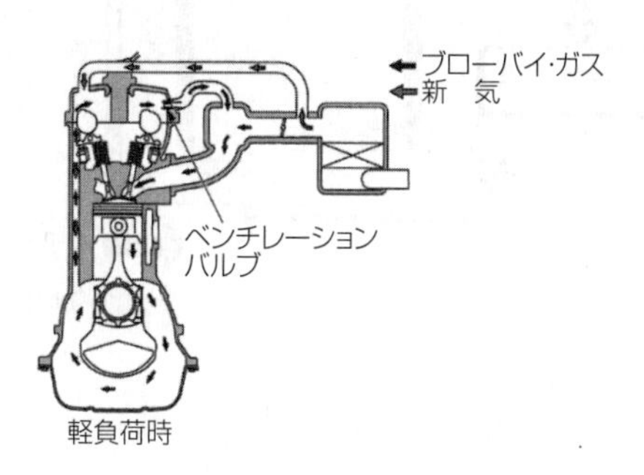


ブローバイ・ガス還元装置

【No.6】 答え　(3)

図に示すように，**テーパ・フェース型**である。

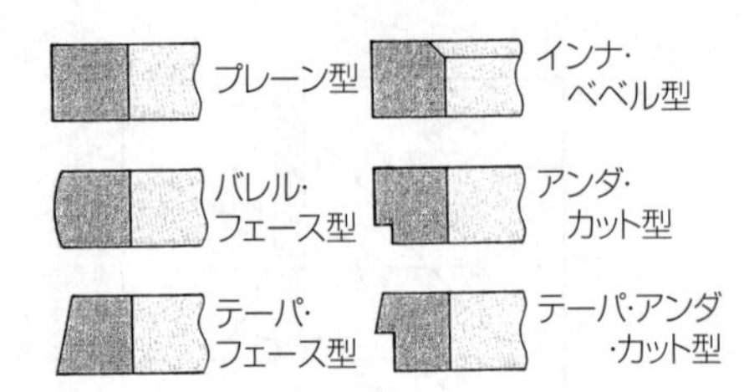


コンプレッション・リングの種類

【No.7】 答え　(2)

標準型のサーモスタットのバルブは，冷却水温が上昇し規定温度に達すると**開き**，冷却水がラジエータを循環して冷却水温度が下がる。

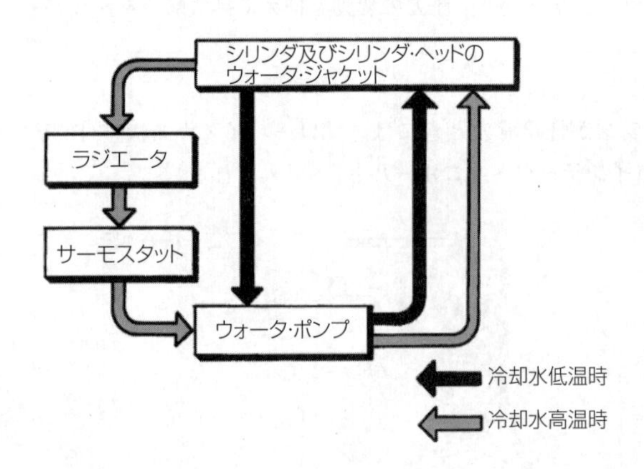


冷却水の循環

【No.8】 答え　(2)

冷却水の循環系統内に残留している空気がないときのジグル・バルブは，図(2)のように浮力と水圧により**閉じて**いる。

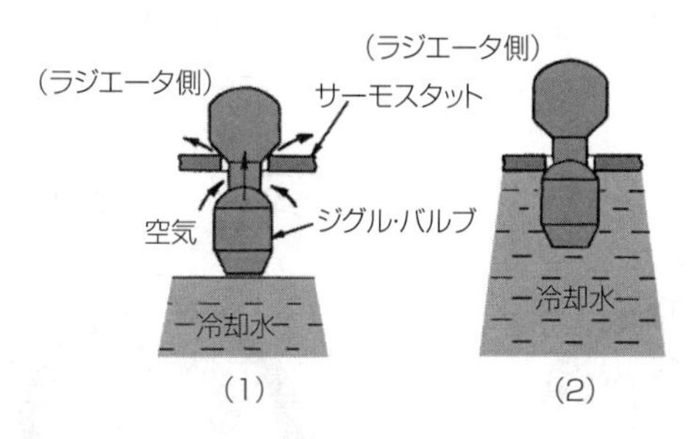


ジグル・バルブの作動

【No.9】 答え　(4)

オイルはオイル・パンから吸入され，ギヤとポンプ・ボデーに挟まれて吐出口に運ばれ，加圧されて送り出される。ドライブ・ギヤが右回転し，ドリブン・ギヤが左回転する場合，吸入口は図の下方になり，吐出口は図の上方になる。

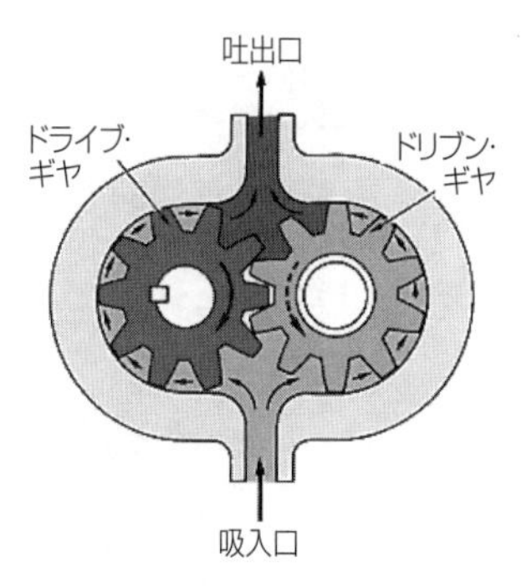


ギヤ式オイル・ポンプの作用

【No.10】 答え (1)

図1は第4シリンダが吸入行程の下死点にあるバルブ・タイミング・ダイアグラムである。この状態からクランクシャフトを回転方向に540°回転させると，図2の状態となる。このときの圧縮行程の上死点にあるのは第1シリンダである。

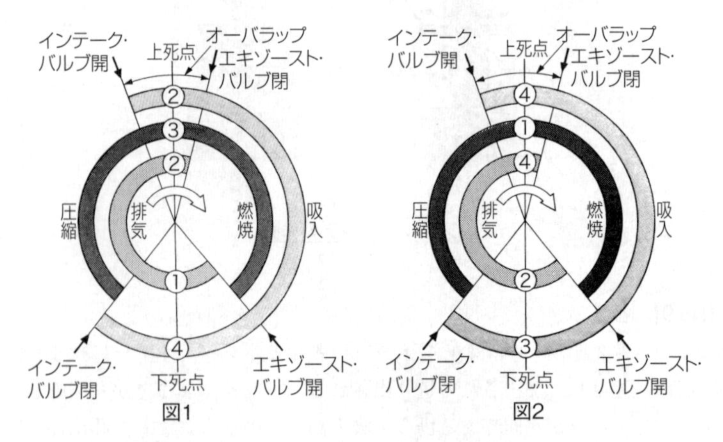


4サイクルエンジンのバルブ・タイミング・ダイヤグラム

**【No.11】** 答え　(2)

(1) カムシャフトのカムの長径と短径との差を，**カム・リフト**という。

ベアリングの外周の寸法とベアリング・ハウジング内周の寸法との差をクラッシュ・ハイトという。

(3) バルブ・スプリングには，高速時の異常振動などを防ぐため，シリンダ・ヘッド側のピッチを**狭く**した不等ピッチのスプリングが用いられている。

(4) カムシャフト・タイミング・スプロケットの回転速度は，クランクシャフト・タイミング・スプロケットの**1／2**である。

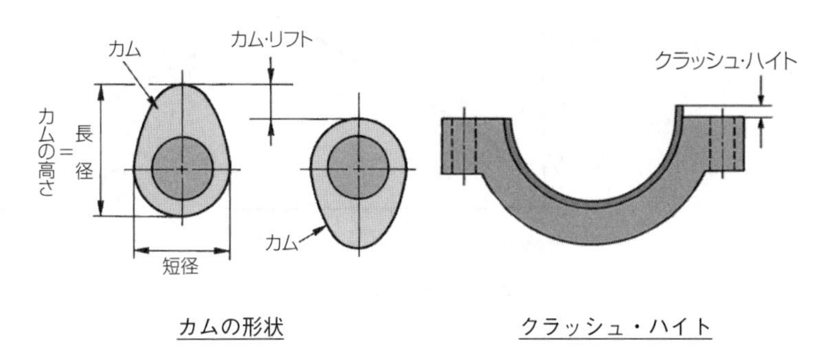


カムの形状　　　クラッシュ・ハイト

**【No.12】** 答え　(1)

フライホイールは，**鋳鉄製**である。

**【No.13】**　答え　(3)

(1) バキューム・センサの圧力信号の電圧特性は，圧力が真空から大気圧に近付くほど出力電圧が大きくなる。

(2) ジルコニア式$O_2$センサは，ジルコニア素子の**内面**に大気を導入し，**外面**は排気ガス中にさらされている。

(4) 吸気温センサは，エンジンに吸入される空気の温度を検出し，**空燃比の状態は検出していない**。

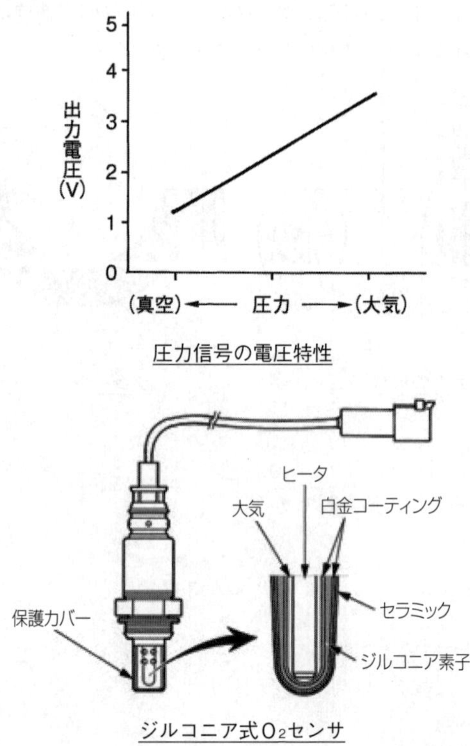


圧力信号の電圧特性

ジルコニア式$O_2$センサ

【No.14】 答え (4)

(1) ブラシは,**ロータ・コイルに電気を供給する接点となる部品**である。

(2) ステータ・コアは,**ロータ・コアと共に磁束の通路を形成する部品**である。

(3) トランジスタは,**増幅回路,発振回路やスイッチング回路などに使用される部品**である。

【No.15】 答え (2)

(1) ポール・コアは,**フィールドで鉄心として使われる部品**である。

(3) クラッチ・ローラは,**オーバランニング・クラッチでアウタ・レースの回転をインナ・レースに伝える部品**である。

(4) プランジャ・シャフトは,**マグネット・スイッチでシフト・レバーを介してピニオン・ギヤを動かす部品**である。

【No.16】 答え (4)

スタータ・スイッチをONにすると,バッテリからの電流は,プルイン・コイルを通って,フィールド・コイル及びアーマチュア・コイルに流れ,同時にホールディング・コイルにも流れる。プランジャは,**プルイン・コイルとホールディング・コイルとの加算された磁力**によってメーン接点方向(図の右方向)に動かすことで接点を閉じる。

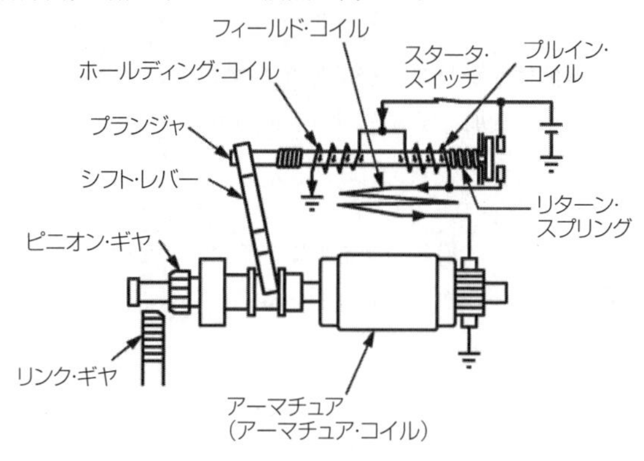


スタータ・スイッチON時

【No.17】 答え (3)

ロータは，ロータ・コア，**ロータ・コイル**，スリップ・リング，シャフトなどで構成されている。

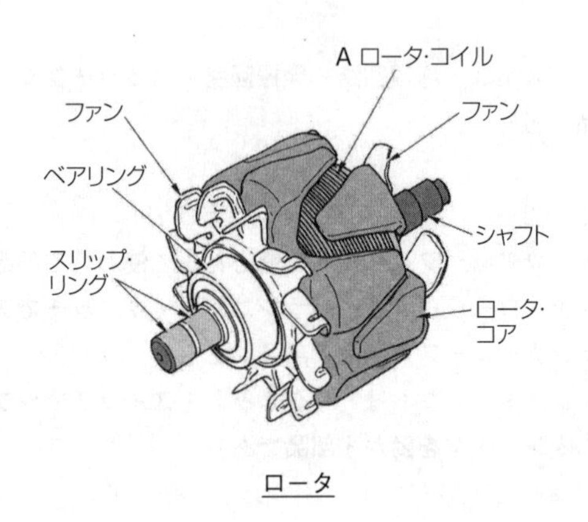


ロータ

【No.18】 答え (4)

(1) IC(集積回路)は，「はんだ付けによる故障が少ない」，「超小型化が可能になる」「**消費電力が少ない**」などの特長を持っている。

(2) **P型半導体は正孔が多くあるようにつくられた不純物半導体**である。自由電子が多くあるようにつくられた不純物半導体はN型半導体である。

(3) **真性半導体は，シリコン(Si)やゲルマニウム(Ge)**であり，これらに他の原子をごく少量加えてものが，不純物半導体である。

【No.19】 答え (1)

インジェクタのソレノイド・コイルに電流が流れると，ニードル・バルブが**全開位置**に移動し，燃料が噴射される。

**【No.20】** 答え　(2)

PNP型トランジスタでは，**ベース電流は(E：エミッタからB：ベース)に流れ，コレクタ電流は(E：エミッタからC：コレクタ)に流れる。**

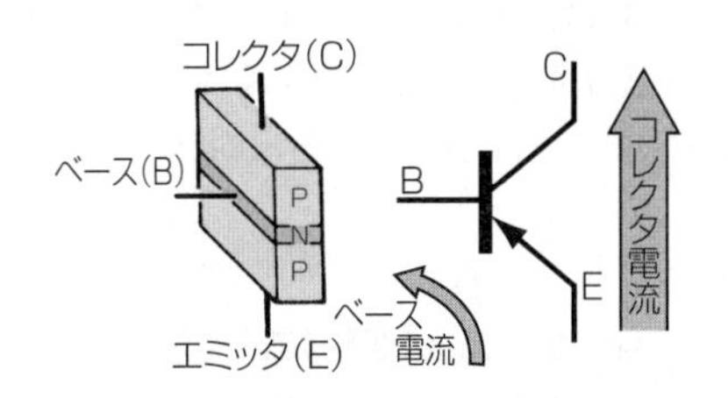


PNP型トランジスタ

**【No.21】** 答え　(1)

オイルの粘度が**高過ぎる**と粘性抵抗が大きくなり，動力損失が増大する。

**【No.22】** 答え　(3)

V：排気量，D：シリンダ内径，π：円周率(3.14)，L：ピストンのストロークとして，

1シリンダ当たりの排気量は，$V = \frac{D^2}{4} \pi L$ で求められる。

(長さの単位をmmからcmに換算して数値を代入する。)

$$V = \frac{D^2}{4} \pi L = \frac{7.0^2}{4} \times 3.14 \times 8.5 = 326.95 = \underline{326\text{cm}^3}$$ となる。

**【No.23】** 答え　(2)

**角軸形は，軸が四角形で大きな力に耐えられるようになっており**，軸にスパナなどを掛けて使用することもできる。外観が普通形と同じであるが，軸が柄の中を貫通している頑丈なドライバは貫通形である。

**【No.24】** 答え (3)

電圧計Aは，バッテリ電圧を示すので**12V**を表示する。**電圧計Bは，回路が開いているところまではバッテリ電圧が掛かっていることから12Vを表示する。**電圧計Cは，スイッチがOFF(開き)，等しく12Vの電圧が掛かっていて，電位差がないことから0Vを表示する。電圧計Dは，リレー接点がOFF(開)になっているので，電圧は掛からず**0V**を表示する。

**【No.25】** 答え (4)

(1) 黄銅(真ちゅう)は，**銅(Cu)に亜鉛(Zn)を加えたもの**で，加工性に優れているので，ラジエータなどに使用されている。

(2) アルミニウム(Al)は，**比重が鉄の約1／3と軽く，線膨張係数は鉄の約2倍である。**

(3) ケルメットは，**銅(Cu)に鉛(Pb)を加えたもの**で，軸受合金として使用されている。

**【No.26】** 答え (3)

Aプーリが1200min$^{-1}$で回転しているとき，Bプーリの回転速度は，両プーリの円周比(＝半径比) に反比例するから，次の式により求められる。

$$\frac{\text{Bプーリの回転速度}}{\text{Aプーリの回転速度}} = \frac{\text{Aプーリの半径}}{\text{Bプーリの半径}}$$ より，

$$\text{Bプーリの回転速度} = \text{Aプーリの回転速度} \times \frac{\text{Aプーリの半径}}{\text{Bプーリの半径}}$$

$$= 1200 \times \frac{60}{90} = \underline{800\text{min}^{-1}}$$ となる。

**【No.27】** 答え (1)

定電流充電法は，充電の開始から終了まで一定の電流で充電を行う方法で，充電が進むに連れてバッテリのセル電圧が上がり，電流が流れにくくなるので，**充電電圧を徐々に高くしなければならない。**

**充電電流の大きさは，定格容量を表す数値の10分の1程度の値とする。**

**【No.28】** 答え　(2)

「道路運送車両の保安基準」第32条

「道路運送車両の保安基準の細目を定める告示」第198条の3（1）

走行用前照灯の数は，**2個又は4個であること**。

**【No.29】** 答え　(4)

「道路運送車両の保安基準」第２条

自動車は，告示で定める方法により測定した場合において，**長さ12m，幅2.5m，高さ3.8mを超えてはならない**。

**【No.30】** 答え　(3)

「道路運送車両法」第２条

「道路運送車両」とは，**自動車，原動機付自転車及び軽車両**をいう。

## 03・3　試験問題（登録）

**【No.1】** レシプロ・エンジンのバルブ機構に関する記述として，**適切なもの**は次のうちどれか。

(1) エキゾースト・バルブのバルブ・ヘッドの外径は，一般に排気効率を向上させるため，インテーク・バルブより大きい。

(2) カムシャフト・タイミング・スプロケットは，クランクシャフト・タイミング・スプロケットの１／２の回転速度で回る。

(3) カムシャフトのカムの形状は卵形状で，カムの長径をカム・リフトという。

(4) バルブ・スプリングには，高速時の異常振動などを防ぐため，シリンダ・ヘッド側のピッチを広くした不等ピッチのスプリングが用いられている。

**【No.2】** ガソリン・エンジンの燃焼に関する記述として，**不適切なもの**は次のうちどれか。

(1) 運転中にキンキンやカリカリという異音を発することがあり，この現象をノッキングという。

(2) 自動車から排出される有害なガスには，排気ガス，ブローバイ・ガス，燃料蒸発ガスがある。

(3) 排気ガス中の有害物質の発生には，一般に空燃比と燃焼ガス温度などが影響する。

(4) 始動時，アイドリング時，高負荷時などには，一般に薄い混合気が必要である。

【No.3】 図に示すクランクシャフトのAからDのうち，クランク・アーム を表すものとして，**適切なもの**は次のうちどれか。

(1) A

(2) B

(3) C

(4) D

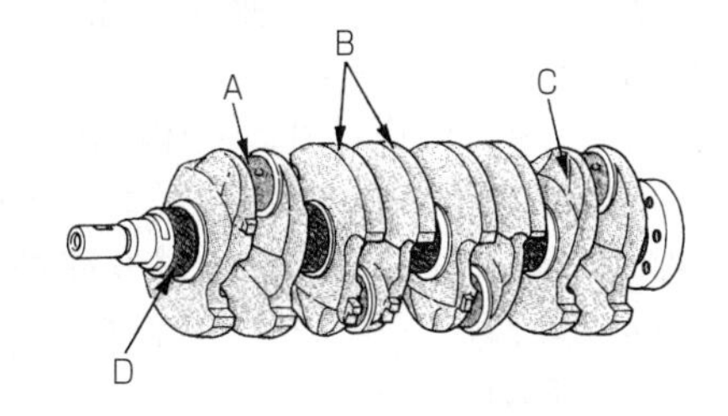


【No.4】 プレッシャ型ラジエータ・キャップの構成部品で，冷却水温度が上昇し，ラジエータ内の圧力がバルブ・スプリングのばね力に打ち勝つと開く部品として，**適切なもの**は次のうちどれか。

(1) バキューム・バルブ

(2) リリーフ・バルブ

(3) バイパス・バルブ

(4) プレッシャ・バルブ

【No.5】 点火順序が1－3－4－2の4サイクル直列4シリンダ・エンジンの第3シリンダが圧縮行程の上死点にあり，この状態からクランクシャフトを回転方向に540°回したときに，燃焼行程の下死点にあるシリンダとして，**適切なもの**は次のうちどれか。

(1) 第1シリンダ

(2) 第2シリンダ

(3) 第3シリンダ

(4) 第4シリンダ

【No.6】 水冷・加圧式の冷却装置に関する記述として，**適切なもの**は次のうちどれか。

(1) 冷却水が熱膨張によって加圧(60〜125kPa)されるので，水温が100℃になっても沸騰しない。

(2) サーモスタットは，ラジエータ内に設けられている。

(3) 冷却水としては,水あかが発生しにくい水(軟水)などが適当であり,不凍液には添加剤を含まないものを使用する。

(4) プレッシャ型ラジエータ・キャップは，ラジエータに流れる冷却水の流量を制御している。

【No.7】 図に示すレシプロ・エンジンのシリンダ・ブロックにピストンを挿入するときに用いられる工具Aの名称として，**適切なもの**は次のうちどれか。

(1) ピストン・リング・リプレーサ

(2) コンビネーション・プライヤ

(3) ピストン・リング・コンプレッサ

(4) シリンダ・ゲージ

【No.8】 カートリッジ式(非分解式)オイル・フィルタのバイパス・バルブが開くときの記述として，**適切なもの**は次のうちどれか。

(1) オイル・ポンプから圧送されるオイルの圧力が規定値以下になったとき。

(2) オイル・フィルタの出口側の圧力が入口側の圧力以上になったとき。

(3) オイル・ストレーナが目詰まりしたとき。

(4) オイル・フィルタのエレメントが目詰まりし，その入口側の圧力が規定値を超えたとき。

【No.9】 トロコイド式オイル・ポンプに関する記述として，**適切なもの**は次のうちどれか。

(1) ボデー・クリアランスとは，ロータとオイル・ポンプ・カバー取り付け面との隙間をいう。

(2) チップ・クリアランスの測定は，マイクロメータを用いて行う。

(3) インナ・ロータが回転すると，アウタ・ロータはインナ・ロータとは逆方向に回転する。

(4) インナ・ロータ及びアウタ・ロータは，それぞれのマーク面を上側に向けてタイミング・チェーン・カバー(オイル・ポンプ・ボデー)に組み付ける。

【No.10】 インテーク・マニホールド及びエキゾースト・マニホールドに関する記述として，**適切なもの**は次のうちどれか。

(1) インテーク・マニホールドは，吸入空気を各シリンダに均等に分配する。

(2) エキゾースト・マニホールドは，一般にシリンダ・ブロックに取り付けられている。

(3) インテーク・マニホールドの材料には，一般に鋳鉄製のものが用いられる。

(4) エキゾースト・マニホールドは，サージ・タンクと一体になっているものもある。

【No.11】　電子制御装置に用いられるセンサに関する記述として，**適切なもの**は次のうちどれか。

(1)　一般に空燃比センサは，インテーク・マニホールドに取り付けられている。

(2)　ジルコニア式$O_2$センサのジルコニア素子は，高温で内外面の酸素濃度の差が大きいと，起電力を発生する性質がある。

(3)　吸気温センサのサーミスタ(負特性)の抵抗値は，吸入空気温度が低いときほど小さくなる。

(4)　アクセル・ポジション・センサは，スロットル・ボデーに取り付けられている。

【No.12】　ガソリン・エンジンの排出ガスに関する記述として，**不適切なもの**は次のうちどれか。

(1)　排出ガス中には，有害物質であるCO(一酸化炭素)，HC(炭化水素)，NOx(窒素酸化物)などが一部含まれている。

(2)　燃料蒸発ガスは，ピストンとシリンダ壁との隙間からクランクケース内に吹き抜けるガスである。

(3)　ブローバイ・ガスに含まれる有害物質は，主にHCである。

(4)　NOxは，燃焼ガス温度が高いとき，$N_2$(窒素)と$O_2$(酸素)が反応して生成される。

【No.13】　半導体に関する記述として，**不適切なもの**は次のうちどれか。

(1)　ダイオードは，交流を直流に変換する整流回路などに用いられている。

(2)　トランジスタは，スイッチング回路などに用いられている。

(3)　ツェナ・ダイオードは，電気信号を光信号に変換する場合などに用いられている。

(4)　フォト・ダイオードは，光信号から電気信号への変換などに用いられている。

【No.14】 電子制御装置において，インジェクタのソレノイド・コイルへの通電時間を変えることにより制御しているものとして，**適切なもの**は次のうちどれか。

(1) 燃料噴射開始時期
(2) 燃料噴射回数
(3) 燃料噴射圧力
(4) 燃料噴射量

【No.15】 点火装置に用いられるイグニション・コイルの二次コイルと比べたときの一次コイルの特徴に関する記述として，**適切なもの**は次のうちどれか。

(1) 銅線が太く，巻き数が多い。
(2) 銅線が太く，巻き数が少ない。
(3) 銅線が細く，巻き数が少ない。
(4) 銅線が細く，巻き数が多い。

【No.16】 スパーク・プラグに関する記述として，**不適切なもの**は次のうちどれか。

(1) 低熱価型プラグは，標準熱価型プラグと比較して，放熱しやすく電極部は焼けにくい。
(2) 絶縁碍子(がいし)は，電極の支持と高電圧の漏電を防ぐ働きをしている。
(3) 接地電極と中心電極との間には，スパーク・ギャップ(火花隙間)を形成している。
(4) 高熱価型プラグは，標準熱価型プラグと比較して碍子脚部が短い。

**【No.17】** オルタネータ(IC式ボルテージ・レギュレータ内蔵)に関する記述として，**適切なもの**は次のうちどれか。

(1) ステータは，ステータ・コア，ステータ・コイル，スリップ・リングなどで構成されている。

(2) ステータ・コイルに発生する誘導起電力の大きさは，ステータ・コイルの巻き数が多いほど小さくなる。

(3) ステータには，一体化された冷却用ファンが取り付けられている。

(4) ステータ・コアは薄い鉄板を重ねたもので，ロータ・コアとともに磁束の通路を形成している。

**【No.18】** リダクション式スタータに関する記述として，**適切なもの**は次のうちどれか。

(1) オーバランニング・クラッチは，アーマチュアの回転をロックさせる働きをしている。

(2) アーマチュアの回転をそのままピニオン・ギヤに伝えている。

(3) 減速ギヤ部によって，アーマチュアの回転を減速し，駆動トルクを増大させてピニオン・ギヤに伝えている。

(4) モータのフィールドは，ヨーク，ポール・コア(鉄心)，アーマチュア・コイルなどで構成されている。

**【No.19】** スター結線のオルタネータに関する次の文章の（イ）と（ロ）に当てはまるものとして，下の組み合わせのうち，**適切なもの**はどれか。

オルタネータは，ステータ・コイルを（イ）用いており，それぞれ（ロ）ずつずらして配置している。

| | (イ) | (ロ) |
|---|---|---|
| (1) | 6個 | 60° |
| (2) | 4個 | 90° |
| (3) | 3個 | 120° |
| (4) | 2個 | 180° |

【No.20】 スタータ・スイッチをONにしたときに，マグネット・スイッチのメーン接点を閉じる力(プランジャを動かすための力)として，**適切なもの**は次のうちどれか。

(1) プルイン・コイルとホールディング・コイルの磁力
(2) アーマチュア・コイルの磁力
(3) ホールディング・コイルのみの磁力
(4) フィールド・コイルの磁力

【No.21】 ボルトとナットに関する記述として，**不適切なもの**は次のうちどれか。

(1) ヘクサロビュラ・ボルトは，ボルトの頭部に星形の穴を開けたもので，使用する場合は，ヘクサロビュラ・レンチという特殊なレンチを用いる。
(2) 溝付き六角ナットは，締め付けたあと，ボルトの穴と溝に合う割りピンを差し込むことで，ナットが緩まないようにしている。
(3) スタッド・ボルトは，棒の一端だけにねじが切ってあり，そのねじ部が機械本体に植え込まれている。
(4) 戻り止めナット(セルフロッキング・ナット)を緩めた場合は，原則として再使用は不可となっている。

【No.22】 自動車に用いられるアルミニウムに関する記述として，**適切なもの**は次のうちどれか。

(1) 線膨張係数は，鉄の約10倍である。
(2) 熱の伝導率は，鉄の約20倍である。
(3) 電気の伝導率は，銅の約20%である。
(4) 比重は，鉄の約３分の１である。

**【No.23】** ローリング・ベアリングのうち，ラジアル・ベアリングの種類として，**不適切なもの**は次のうちどれか。

(1) シリンドリカル・ローラ型

(2) テーパ・ローラ型

(3) ニードル・ローラ型

(4) ボール型

**【No.24】** エンジン・オイルに関する記述として，**不適切なもの**は次のうちどれか。

(1) SAE10Wのエンジン・オイルは，シングル・グレード・オイルである。

(2) 粘度番号に付いているWは，冬季用又は寒冷地用を意味している。

(3) 粘度指数の小さいオイルは，温度による粘度変化の度合が少ない。

(4) オイルの粘度が高過ぎると粘性抵抗が大きくなり，動力損失が増大する。

**【No.25】** 充電された状態から放電状態になったときの鉛バッテリに関する記述として，**適切なもの**は次のうちどれか。

(1) 負極板の活物質は，海綿状鉛から硫酸鉛に変化する。

(2) 負極板の活物質は，硫酸鉛から二酸化鉛に変化する。

(3) 正極板の活物質は，硫酸鉛から二酸化鉛に変化する。

(4) 正極板の活物質は，二酸化鉛から海綿状鉛に変化する。

**【No.26】** リーマの用途に関する記述として，**適切なもの**は次のうちどれか。

(1) 金属材料の穴の内面仕上げに使用する。

(2) ベアリングやブッシュなどの脱着に使用する。

(3) 金属材料のはつり及び切断に使用する。

(4) おねじのねじ立てに使用する。

【No.27】 図に示す電気回路において，12V用のランプを12Vの電源に接続したときの内部抵抗が3Ωである場合，ランプの消費電力として，**適切なもの**は次のうちどれか。ただし，バッテリ，配線等の抵抗はないものとする。

(1) 4W
(2) 15W
(3) 36W
(4) 48W

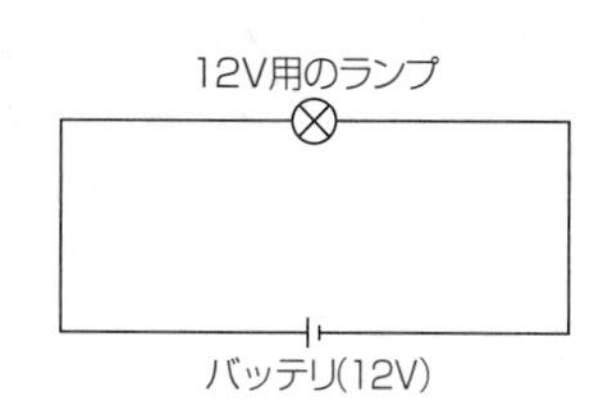


【No.28】「道路運送車両の保安基準」及び「道路運送車両の保安基準の細目を定める告示」に照らし，番号灯の灯光の色の基準として，**適切なもの**は次のうちどれか。

(1) 白色であること。
(2) 淡黄色であること。
(3) 赤色であること。
(4) 黄色又は白色であること。

【No.29】「道路運送車両の保安基準」に照らし，自動車の高さに関する基準として，**適切なもの**は次のうちどれか。

(1) 3.6mを超えてはならない。
(2) 3.8mを超えてはならない。
(3) 4.0mを超えてはならない。
(4) 4.2mを超えてはならない。

【No.30】「道路運送車両の保安基準」及び「道路運送車両の保安基準の細目を定める告示」に照らし，車幅が1.69m，最高速度が100km/hの小型四輪自動車の制動灯の基準に関する次の文章の（　）に当てはまるものとして，**適切なもの**はどれか。

制動灯は，昼間にその後方（　）mの距離から点灯を確認できるものであり，かつ，その照射光線は，他の交通を妨げないものであること。

(1) 300

(2) 150

(3) 100

(4) 20

# 03・3　試験問題解説（登録）

【No.1】 答え　(2)

(1) **インテーク・バルブ**のバルブ・ヘッドの外径は，一般に**吸入混合気量**を多くするため，**エキゾースト・バルブより大きく**なっている。

(3) カムシャフトのカムの形状は卵形状で，**カムの長径と短径との差をカム・リフトという**。

(4) バルブ・スプリングには，高速時の異常振動などを防ぐため，シリンダ・ヘッド側のピッチを**狭く**した不等ピッチのスプリングが用いられている。

【No.2】 答え　(4)

始動時，アイドリング時，高負荷時などには，一般に理論空燃比より**濃い混合気**が必要となる。

【No.3】 答え　(3)

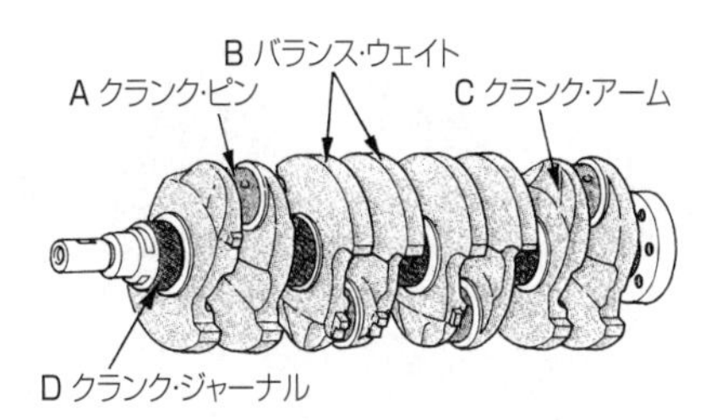


クランクシャフト

(1) Aは，**クランク・ピン**

(2) Bは，**バランス・ウェイト**

(4) Dは，**クランク・ジャーナル**

**【No.4】** 答え　(4)

(1) バキューム・バルブは，冷却水温度が低下し，ラジエータ内の圧力が規定値以下になったときに開く。

(2) リリーフ・バルブは，プレッシャ型ラジエータ・キャップには付いていない。

(3) バイパス・バルブは，サーモスタットに設けられ，冷却水温が低いときは開いてラジエータへ冷却水を送らず，規定温度に達すると閉じてラジエータで冷やされた冷却水をシリンダ・ブロック，シリンダ・ヘッドに循環させる。

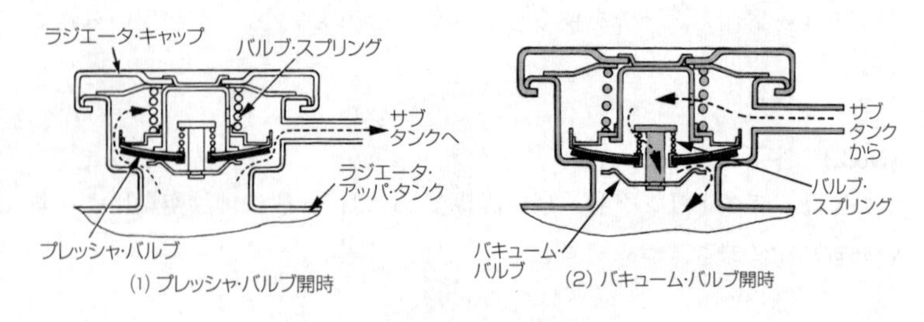


(1) プレッシャ·バルブ開時　(2) バキューム·バルブ開時

プレッシャ型ラジエータ・キャップ

**【No.5】** 答え　(2)

図1は第3シリンダが圧縮上死点のバルブ・タイミング・ダイヤグラムである。この状態からクランクシャフトを回転方向に540°回転させると，図2の状態となる。このとき燃焼行程の下死点にあるのは**第2シリンダ**である。

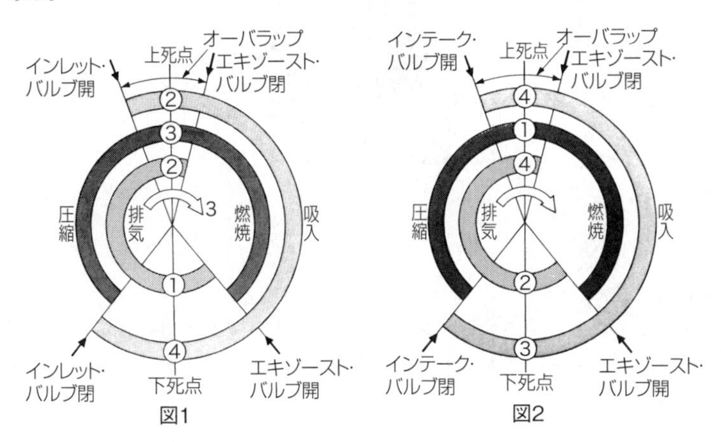


4サイクル・エンジンのバルブ・タイミング・ダイヤグラム

**【No.6】** 答え　(1)

(2) サーモスタットは，**冷却水の循環経路**に設けられている。

(3)不凍液には，**冷却系統の腐食を防ぐための添加剤が混入されている。**

(4) プレッシャ型ラジエータ・キャップは，**冷却水の熱膨張によって圧力を掛け，水温が100℃になっても沸騰しないようにして，気泡の発生を抑え冷却効果を高めている。**

【No.7】 答え　(3)

ピストンの挿入

【No.8】 答え　(4)

オイル・フィルタのエレメントが目詰まりし，その入り口側の圧力が規定値を超えたときに開き，オイルは直接各潤滑部に送られ，各部の焼付きなどを防いでいる。

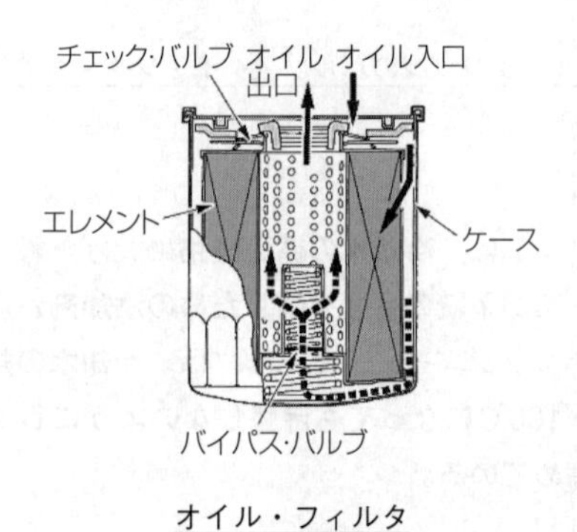


オイル・フィルタ

**【No.9】** 答え　(4)

(1) **サイド・クリアランス**とは，ロータとオイル・ポンプ・カバー取り付け面との隙間をいう。

(2) チップ・クリアランスの測定は，**シックネス・ゲージ**を用いて行う。

(3) インナ・ロータが回転すると，アウタ・ロータはインナ・ロータと**同方向に回転する。**

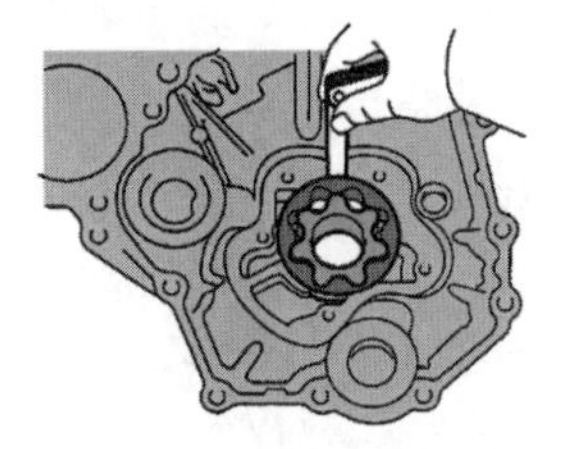

ボデー・クリアランス

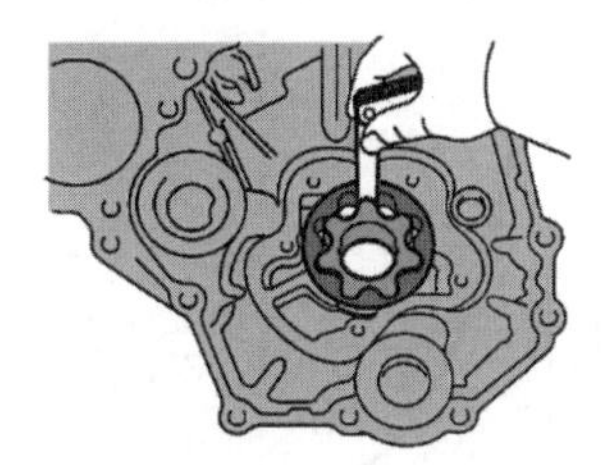

チップ・クリアランス

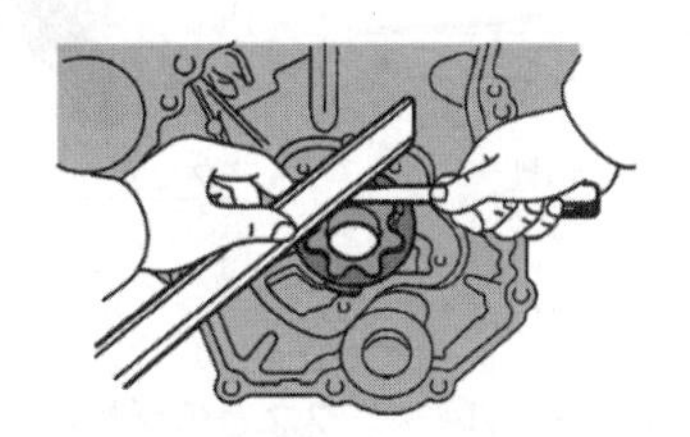

サイド・クリアランス

**【No.10】** 答え　(1)

(2) エキゾースト・マニホールドは，一般に**シリンダ・ヘッド**に取り付けられている。

(3) インテーク・マニホールドの材料には，**近年では軽量化などにより樹脂製のものが一般的**となっている

(4) **インテーク・マニホールド**は，サージ・タンクと一体になっているものもある。

【No.11】 答え　(2)

(1) 一般に空燃比センサは，**エキゾースト・マニホールド**に取り付けられている。

(3) 吸気温センサのサーミスタ(負特性)の抵抗値は，吸入空気温度が低いときほど**大きく**なる。

(4) アクセル・ポジション・センサは，**アクセル・ペダル部**に取り付けられている。

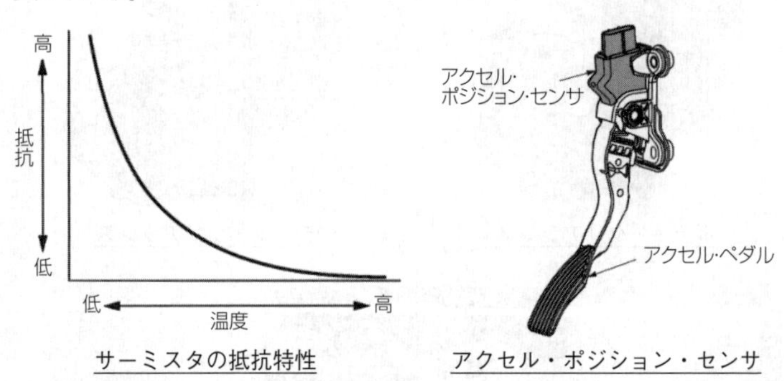


サーミスタの抵抗特性　　アクセル・ポジション・センサ

【No.12】 答え　(2)

燃料蒸発ガスは，**フューエル・タンクなどの燃料装置から燃料が蒸発し，大気中に放出されるガスをいう。**

ピストンとシリンダ壁との隙間からクランクケース内に吹き抜けるガスは，**ブローバイ・ガス**である。

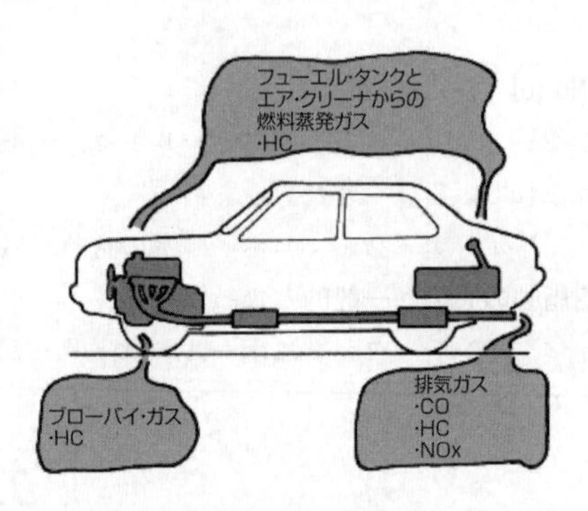


有害物質の排出箇所

【No.13】 答え　(3)

ツェナ・ダイオードは，**定電圧回路や電圧検出回路**に用いられている。

電気信号を光信号に変換する場合に用いられるのは，**発光ダイオード(LED)**である。

【No.14】 答え　(4)

インジェクタは，ニードル・バルブのストローク，噴射孔の面積及び燃圧などが決まっているため，燃料の**噴射量はソレノイド・コイルへの通電時間によって決定**される。

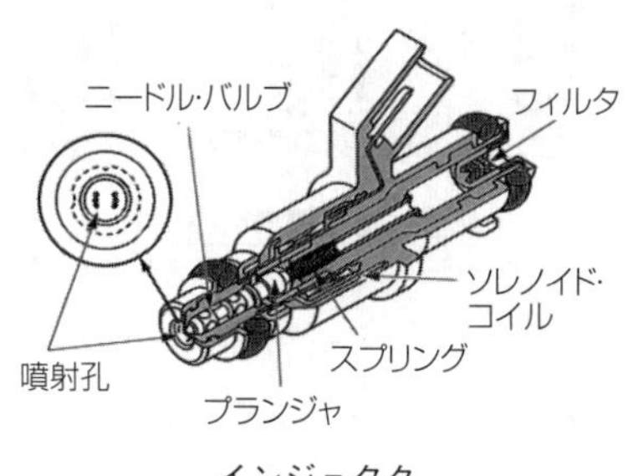


インジェクタ

【No.15】 答え　(2)

一次コイルは二次コイルに対して**銅線が太く**，二次コイルは一次コイルより銅線が多く巻かれている（一次コイルの**巻き数が少ない**）。

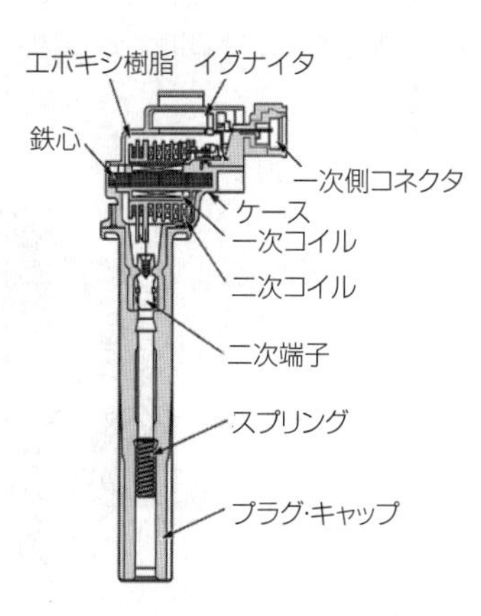


イグニション・コイル

【No.16】 答え　(1)

**低熱価型プラグは**，標準熱価型プラグと比較して，脚部(図中A：碍子脚部の寸法)が長く，受熱面積も大きく放熱経路も長いので，**放熱しにくく電極部は焼けやすい**。

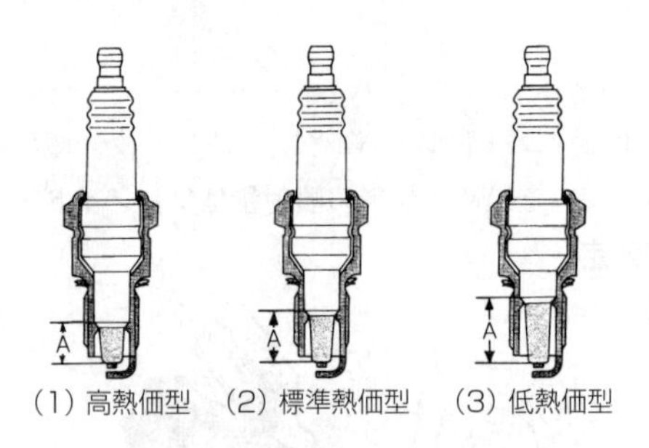


熱価による構造の違い

【No.17】 答え　(4)

(1) **ステータは，ステータ・コア，ステータ・コイル**などで構成されている。スリップ・リングは，ロータの構成部品である。

(2) ステータ・コイルに発生する誘導起電力の大きさは，ステータ・コイルの**巻き数が多いほど大きくなる**。

(3) 一体化された冷却用ファンが取り付けられているのは，ロータである。

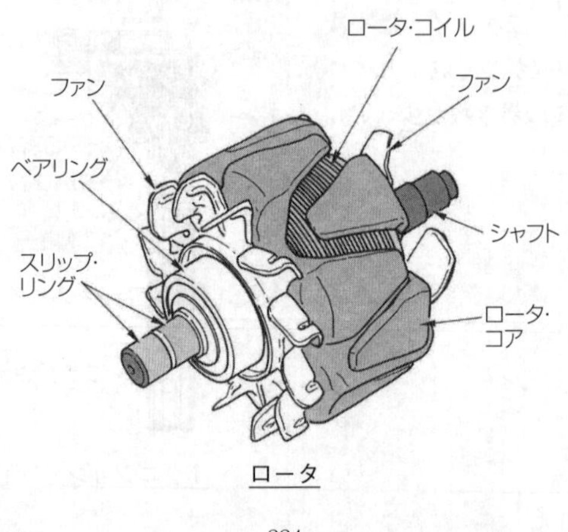


ロータ

**【No.18】** 答え　(3)

(1) オーバランニング・クラッチは，**アーマチュアがエンジンの回転によって逆に駆動され，オーバランすることによる破損を防止する**ためのものである。

(2) リダクション式スタータは，**アーマチュアの回転を減速(リダクション)して**ピニオン・ギヤに伝えている。

(4) モータのフィールドは，ヨーク，ポール・コア(鉄心)，**フィールド・コイル**などで構成されている。

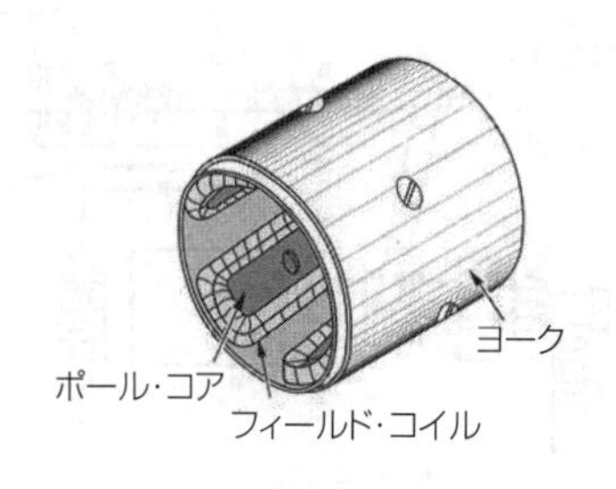


フィールド

**【No.19】** 答え　(3)

オルタネータは，**ステータ・コイルを(3個)用いて**おり，**それぞれ(120°)ずつずらして配置**している。

【No.20】　答え　(1)

スタータ・スイッチをONにすると，バッテリからの電流は，プルイン・コイルを通り，同時にホールディング・コイルにも流れる。プランジャは，**プルイン・コイルとホールディング・コイルとの加算された磁力**によって，右方向に引き寄せられ，マグネット・スイッチのメーン接点を閉じる力となる。

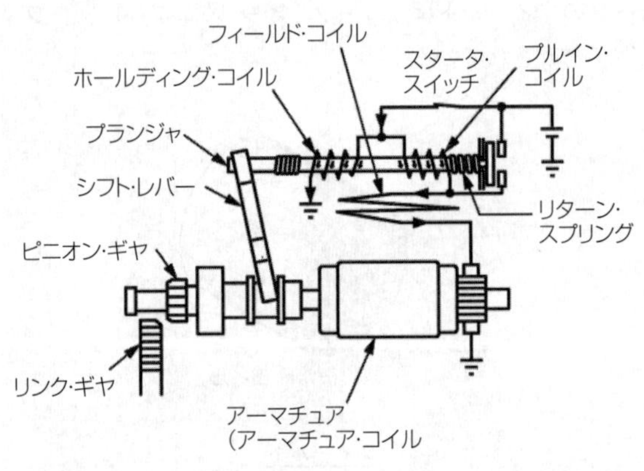


スタータ・スイッチON時

【No.21】　答え　(3)

スタッド・ボルトは，**棒の両端にねじが切ってあり**，一方のねじを機械本体に植え込んで用いる。

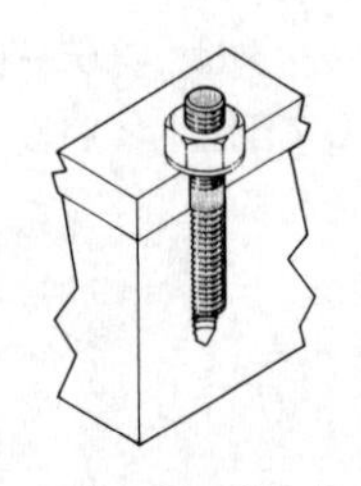

スタッド・ボルト

【No.22】　答え　(4)

アルミニウム(Al)は，**線膨張係数は鉄の約2倍**，**熱の伝導率は鉄の約3倍**と高く，**電気の伝導率は銅の約60%**，比重が鉄の約3分の1と軽い。

**【No.23】** 答え　(2)

ローリング・ベアリングには，ラジアル方向(軸と直角方向)の荷重を受けるラジアル・ベアリング，スラスト方向(軸と同じ方向)の荷重を受けるスラスト・ベアリング，ラジアル方向とスラスト方向の両方の荷重を受けるアンギュラ・ベアリングに分けられる。**ラジアル・ベアリングには，ボール型，ニードル(針状)・ローラ型，シリンドリカル(円筒状)・ローラ型などがある。**テーパ(円すい状)・ローラ型のベアリングは，アンギュラ・ベアリングである。

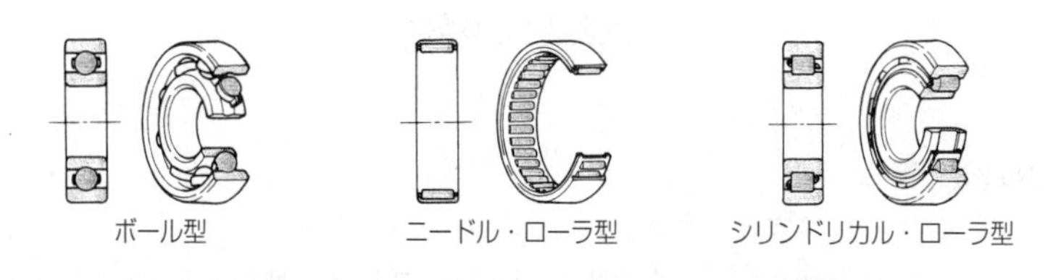


ラジアル・ベアリング

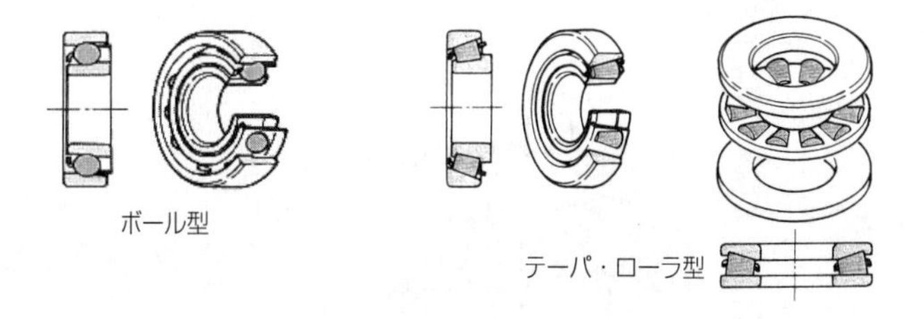


アンギュラ・ベアリング

**【No.24】** 答え　(3)

**粘度指数の大きい**オイルほど温度による**粘度変化の度合いが少ない。**

【No.25】　答え　(1)

**負極板の活物質は，海綿状鉛から硫酸鉛に変化する**。正極板の活物質は，二酸化鉛から硫酸鉛に変化する。

| (充電状態) | | | | | | (放電状態) | | | | |
|---|---|---|---|---|---|---|---|---|---|---|
| 負極板 | | 電解液 | | 正極板 | **放電** | 負極板 | | 電解液 | | 正極板 |
| Pb | + | $2H_2SO_4$ | + | $PbO_2$ | $\rightleftarrows$ | $PbSO_4$ | + | $2H_2O$ | + | $PbSO_4$ |
| (海綿状鉛) | | (希硫酸) | | (二酸化鉛) | **充電** | (硫酸鉛) | | (水) | | (硫酸鉛) |

バッテリの充放電式

【No.26】　答え　(1)

(1) 金属材料の穴の内面仕上げには，リーマを使用する。

(2) ベアリングやブシュなどの脱着には，**プレス**を使用する。

(3) 金属材料のはつり及び切断には，**たがね**を使用する。

(4) おねじのねじ立てには，**ダイス**を使用する。

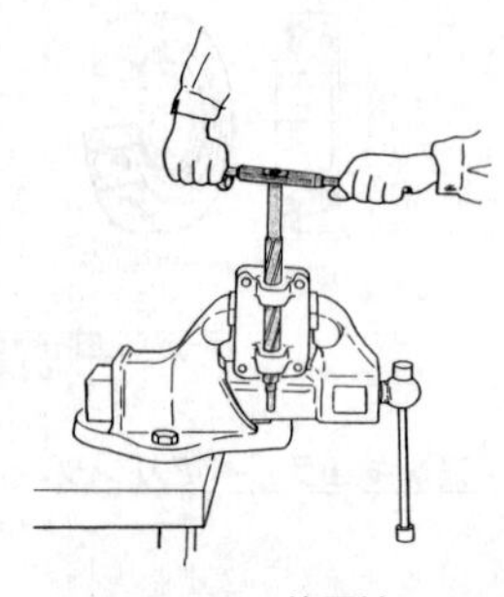

リーマの使用法

**【No.27】** 答え　(4)

電力：Pは電圧：Eと電流：Iの積で表わされ，単位にはW(ワット)が用いられる。

式で表わすと次のようになる。

$$P(W)=E(V)\times I(A)=E(V)\times \frac{E(V)}{R(\Omega)}=\frac{E^2}{R(\Omega)}$$ より

電球の消費電力は

$$P(W)=\frac{12^2}{3}=\frac{144}{3}=\underline{\mathbf{48W}}$$ となる。

**【No.28】** 答え　(1)

「道路運送車両の保安基準」第36条

「道路運送車両の保安基準の細目を定める告示」第205条の（2）

番号灯の灯光の色は，**白色**であること。

**【No.29】** 答え　(2)

「道路運送車両の保安基準」第２条

自動車は，告示で定める方法により測定した場合において，長さ12m，幅2.5m，**高さ3.8mを超えてはならない**。

**【No.30】** 答え　(3)

「道路運送車両の保安基準」第39条

「道路運送車両の保安基準の細目を定める告示」第212条の（1）

制動灯は，昼間にその後方**100m**の距離から点灯を確認できるものであり，かつ，その照射光線は，他の交通を妨げないものであること。

## 03・10　試験問題（登録）

**【No.1】**　ガソリン・エンジンの燃焼に関する記述として，**不適切なもの**は次のうちどれか。

(1) ブローバイ・ガスとは，フューエル・タンクなどの燃料装置から燃料が蒸発し，大気中に放出されるガスをいう。
(2) ノッキングの弊害の一つに，エンジンの出力の低下がある。
(3) 一般に始動時，高負荷時などには，理論空燃比より濃い混合気が必要となる。
(4) 燃料蒸発ガスに含まれる有害物質は，主にHC(炭化水素)である。

**【No.2】**　ピストン・リングに関する記述として，**不適切なもの**は次のうちどれか。

(1) テーパ・フェース型は，オイルをかき落とす性能がよく，気密性にも優れている。
(2) バレル・フェース型は，しゅう動面が円弧状になっているため，初期なじみの際の異常摩耗を防止できる。
(3) 組み合わせ型オイル・リングは，サイド・レールとスペーサ・エキスパンダを組み合わせている。
(4) インナ・ベベル型は，しゅう動面がテーパ状になっているため，気密性，熱伝導性が優れている。

**【No.3】**　クランクシャフトの曲がりの点検に関する次の文章の（　）に当てはまるものとして，**適切なもの**はどれか。

クランクシャフトの曲がりの値は，クランクシャフトの振れの値の（　）であり，限度を超えたものは交換する。

(1) 4倍　　(2) 2倍　　(3) 1／2　　(4) 1／4

【No.4】 フライホイール及びリング・ギヤに関する記述として，**不適切なもの**は次のうちどれか。

(1) リング・ギヤには，一般に炭素鋼製のスパー・ギヤが用いられる。

(2) フライホイールの振れの点検は，シックネス・ゲージを用いて測定する。

(3) フライホイールは，燃焼(膨張)によって変化するクランクシャフトの回転力を平均化する働きをする。

(4) フライホイールの材料には，一般に鋳鉄が用いられる。

【No.5】 点火装置に用いられるイグニション・コイルに関する記述として，**適切なもの**は次のうちどれか。

(1) 一次コイルに電流が流れたときに，二次コイル部に高電圧が発生する。

(2) 一次コイルは，二次コイルより銅線が多く巻かれている。

(3) 二次コイルは，一次コイルに対して銅線が太い。

(4) 鉄心に一次コイルと二次コイルが巻かれておりケースに収められている。

【No.6】 トロコイド式オイル・ポンプに関する記述として，**適切なもの**は次のうちどれか。

(1) インナ・ロータの回転によりアウタ・ロータが回される。

(2) インナ・ロータが固定されアウタ・ロータだけが回転する。

(3) アウタ・ロータの回転によりインナ・ロータが回される。

(4) アウタ・ロータが固定されインナ・ロータだけが回転する。

**【No.7】** 図に示すバルブのバルブ・フェースを表すものとして，**適切なもの**は次のうちどれか。

(1)　A
(2)　B
(3)　C
(4)　D

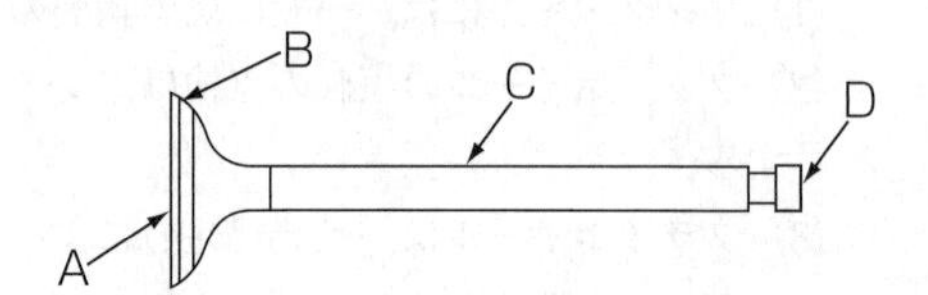


**【No.8】** エア・クリーナに関する記述として，**適切なもの**は次のうちどれか。

(1)　エンジンに吸入される空気は，レゾネータを通過することによってごみなどが取り除かれる。
(2)　乾式エレメントは，一般に特殊なオイル(半乾性油)を染み込ませたものが用いられている。
(3)　ビスカス式エレメントの清掃は，エレメントの内側(空気の流れの下流側)から圧縮空気を吹き付けて行う。
(4)　エレメントが汚れて目詰まりを起こすと吸入空気量が減少し，有害排気ガスが発生する原因になる。

**【No.9】** 点火順序が１－３－４－２の４サイクル直列４シリンダ・エンジンの第４シリンダが圧縮行程の上死点にあり，この状態からクランクシャフトを回転方向に540°回したときに燃焼行程の下死点にあるシリンダとして，**適切なもの**は次のうちどれか。

(1)　第１シリンダ
(2)　第２シリンダ
(3)　第３シリンダ
(4)　第４シリンダ

【No.10】 水冷・加圧式の冷却装置に関する記述として，**不適切なもの**は次のうちどれか。

(1) サーモスタットの取り付け位置による水温制御の方法には，出口制御式と入口制御式がある。

(2) 冷却水は，不凍液混合率が60％のとき，冷却水の凍結温度が一番低い。

(3) ウォータ・ポンプのシール・ユニットは，ベアリング側に冷却水が漏れるのを防止している。

(4) プレッシャ型ラジエータ・キャップは，ラジエータに流れる冷却水の流量を制御している。

【No.11】 電子制御式燃料噴射装置に関する記述として，**不適切なもの**は次のうちどれか。

(1) プレッシャ・レギュレータは，インジェクタのソレノイド・コイルへの通電時間を制御している。

(2) くら型のフューエル・タンクでは，ジェット・ポンプによりサブ室からメーン室に燃料を移送している。

(3) チャコール・キャニスタは，燃料蒸発ガスが大気中に放出されるのを防止している。

(4) インジェクタのソレノイド・コイルに電流が流れると，ニードル・バルブが全開位置に移動し，燃料が噴射される。

【No.12】 排気装置のマフラに関する記述として，**適切なもの**は次のうちどれか。

(1) 排気の通路を広げ,圧力の変動を拡大させることで音を減少させる。

(2) 吸音材料により音波を吸収する。

(3) 管の断面積を急に大きくし，排気ガスを膨張させることにより圧力を上げて音を減少させる。

(4) 冷却により排気ガスの圧力を上げて音を減少させる。

**【No.13】** 放熱しやすい熱特性をもったスパーク・プラグに関する記述として，**適切なもの**は次のうちどれか。

(1) ホット・タイプと呼ばれる。

(2) 低熱価型と呼ばれる。

(3) 冷え型と呼ばれる。

(4) 碍子(がいし)脚部が標準熱価型より長い。

**【No.14】** 図に示すスパーク・プラグの中心電極を表すものとして，**適切なもの**は次のうちどれか。

(1) A

(2) B

(3) C

(4) D

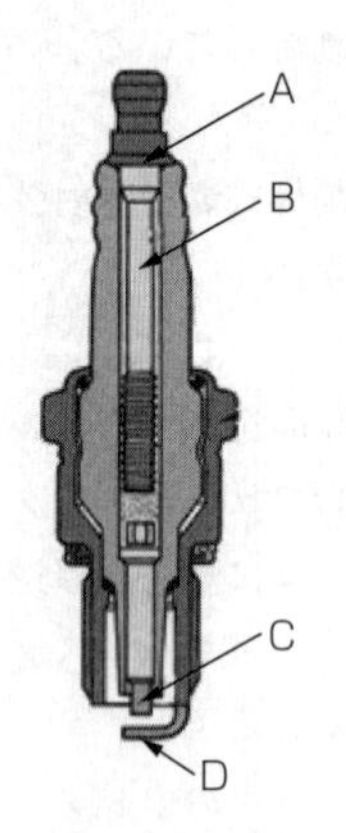


**【No.15】** ワックス・ペレット型サーモスタットに関する記述として，**不適切なもの**は次のうちどれか。

(1) 冷却水温度が低くなると，ワックスが固体となって収縮し，スプリングのばね力によってペレットが押されてバルブが閉じる。

(2) サーモスタットのケースには，小さなエア抜き口が設けられているものもある。

(3) スピンドルは，サーモスタットのケースに固定されている。

(4) 冷却水の循環系統内に残留している空気がないときのジグル・バルブは，浮力と水圧により開いている。

【No.16】 電子制御装置に用いられるセンサに関する記述として，**適切なもの**は次のうちどれか。

(1) バキューム・センサは，シリコン・チップ(結晶)に圧力を加えると，その電気抵抗が変化する性質を利用している。

(2) ジルコニア式$O_2$センサのジルコニア素子は，高温で内外面の酸素濃度の差がないときに起電力が発生する性質がある。

(3) 吸気温センサのサーミスタ(負特性)の抵抗値は，吸入空気温度が低いときほど小さくなる。

(4) クランク角センサは，クランク角度及びスロットル・バルブの開度を検出している。

【No.17】 リダクション式スタータに関する記述として，**不適切なもの**は次のうちどれか。

(1) オーバランニング・クラッチは，アーマチュアがエンジンの回転によって逆に駆動され　オーバランすることによるスタータの破損を防止している。

(2) アーマチュアの回転速度より，ピニオン・ギヤの回転速度の方が速い。

(3) 内接式のリダクション式スタータは，一般にプラネタリ・ギヤ式とも呼ばれている。

(4) 直結式スタータより小型軽量化ができる利点がある。

【No.18】 ブラシ型オルタネータ(IC式ボルテージ・レギュレータ内蔵)に関する記述として，**適切なもの**は次のうちどれか。

(1) ステータ・コイルに発生する誘導起電力の大きさは，ステータ・コイルの巻き数が多いほど小さくなる。

(2) 一般にステータには，一体化された冷却用ファンが取り付けられている。

(3) ステータ・コアは薄い鉄板を重ねたもので，ロータ・コアとともに磁束の通路を形成している。

(4) オルタネータは，ロータ，ステータ，オーバランニング・クラッチなどで構成されている。

【No.19】 半導体に関する記述として，**適切なもの**は次のうちどれか。

(1) シリコンやゲルマニウムなどに他の原子をごく少量加えたものは，真性半導体である。

(2) フォト・ダイオードは，光信号から電気信号への変換などに使われている。

(3) ツェナ・ダイオードは，電気信号から光信号への変換などに使われている。

(4)ダイオードは,直流を交流に変換する整流回路などに使われている。

【No.20】 電子制御装置に用いられるセンサ及びアクチュエータに関する記述として，**適切なもの**は次のうちどれか。

(1) 一般に空燃比センサは，インテーク・マニホールドに取り付けられている。

(2) バキューム・センサの圧力信号の電圧特性は，インテーク・マニホールド圧力が真空から大気圧に近付くほど出力電圧が大きくなる。

(3) 熱線式エア・フロー・メータの出力電圧は，吸入空気量が少ないほど高くなる。

(4) 電子制御式スロットル装置のスロットル・ポジション・センサは，アクセル・ペダルの踏み込み角度を検出している。

【No.21】 排気量300cm$^3$，燃焼室容積50cm$^3$のガソリン・エンジンの圧縮比として，**適切なもの**は次のうちどれか。

(1) 5

(2) 6

(3) 7

(4) 8

【No.22】 潤滑剤に用いられるグリースに関する記述として，**適切なもの**は次のうちどれか。

(1) リチウム石けんグリースは，耐熱性と機械的安定性が高い。

(2) カルシウム石けんグリースは，マルチパーパス・グリースとも呼ばれている。

(3) 石けん系のグリースには，ベントン・グリースやシリカゲル・グリースなどがある。

(4) グリースは，常温では半固体状であるが，潤滑部が作動し始めると摩擦熱で徐々に固くなる。

【No.23】 鉛バッテリに関する次の文章の（イ）と（ロ）に当てはまるものとして，下の組み合わせのうち，**適切なもの**はどれか。

電解液は，バッテリが完全充電状態のとき，液温（イ）に換算して，一般に比重（ロ）のものが使用されている。

| | （イ） | （ロ） |
|---|---|---|
| (1) | 20℃ | 1.260 |
| (2) | 25℃ | 1.260 |
| (3) | 20℃ | 1.280 |
| (4) | 25℃ | 1.280 |

**【No.24】** 図に示す電気回路において，電流計Aが2Aを表示したときの抵抗Rの抵抗値として，**適切なもの**は次のうちどれか。ただし，バッテリ，配線等の抵抗はないものとする。

(1) 2Ω
(2) 4Ω
(3) 6Ω
(4) 12Ω

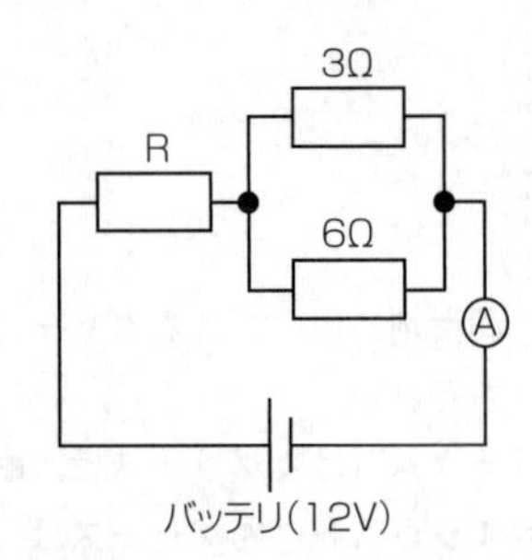


**【No.25】** 自動車に用いられる非鉄金属に関する記述として，**適切なもの**は次のうちどれか。

(1) 黄銅(真ちゅう)は，銅にアルミニウムを加えた合金で，加工性に優れている。
(2) アルミニウムは，比重が鉄の約3倍と重く，線膨張係数は鉄の約2倍である。
(3) ケルメットは，銀に鉛を加えたもので，軸受合金として使用されている。
(4) 青銅は，銅に錫(すず)を加えた合金で，耐摩耗性に優れ，潤滑油とのなじみもよい。

**【No.26】** たがねの用途に関する記述として，**適切なもの**は次のうちどれか。

(1) ベアリングの抜き取りに使用する。
(2) 金属材料の穴の内面仕上げに使用する。
(3) 工作物の研磨に使用する。
(4) 金属材料のはつり及び切断に使用する。

**【No.27】** Vリブド・ベルトに関する記述として，**不適切なもの**は次のうちどれか。

(1) Vベルトと比較して伝達効率が低い。

(2) Vベルトと比較してベルト断面が薄いため，耐屈曲性及び耐疲労性に優れている。

(3) Vベルトと比較して張力の低下が少ない。

(4) Vベルトと同様に，オルタネータなどを駆動している。

**【No.28】** 「道路運送車両の保安基準」に照らし，次の文章の（　）に当てはまるものとして，**適切なもの**はどれか。

自動車の輪荷重は，（　）を超えてはならない。ただし，牽引自動車のうち告示で定めるものを除く。

(1) 2.5 t

(2) 5 t

(3) 10 t

(4) 15 t

**【No.29】** 「道路運送車両の保安基準」及び「道路運送車両の保安基準の細目を定める告示」に照らし，普通自動車に備える警音器の基準に関する次の文章の（　）に当てはまるものとして，**適切なもの**はどれか。

警音器の音の大きさ(2以上の警音器が連動して音を発する場合は，その和)は，自動車の前方7mの位置において（　）であること。

(1) 100dB以下85dB以上

(2) 111dB以下86dB以上

(3) 112dB以下87dB以上

(4) 115dB以下90dB以上

【No.30】「道路運送車両の保安基準」及び「道路運送車両の保安基準の細目を定める告示」に照らし，車幅が1.69m，最高速度が100km/hである四輪小型自動車の尾灯の基準に関する次の文章の（イ）と（ロ）に当てはまるものとして，下の組み合わせのうち，**適切なもの**はどれか。

尾灯は，（イ）にその後方（ロ）mの距離から点灯を確認できるものであり，かつ，その照射光線は，他の交通を妨げないものであること。

| | （イ） | （ロ） |
|---|---|---|
| (1) | 昼　間 | 100 |
| (2) | 昼　間 | 300 |
| (3) | 夜　間 | 100 |
| (4) | 夜　間 | 300 |

# 03・10　試験問題解説（登録）

**【No.1】** 答え　(1)

ブローバイ・ガスは，**ピストンとシリンダ壁との隙間から，クランク・ケース内に吹き抜けるガスをいう。**

**燃料蒸発ガス**は，フューエル・タンクなどの燃料装置から燃料が蒸発し，大気中に放出されるガスをいう。

**【No.2】** 答え　(4)

インナ・ベベル型は，**気密性に優れ，オイルをかき落とす性能に優れている。**

**【No.3】** 答え　(3)

クランクシャフトの曲がりの点検は，クランクシャフトの振れの値の（**1／2**）であり，限度を超えたものは交換する。

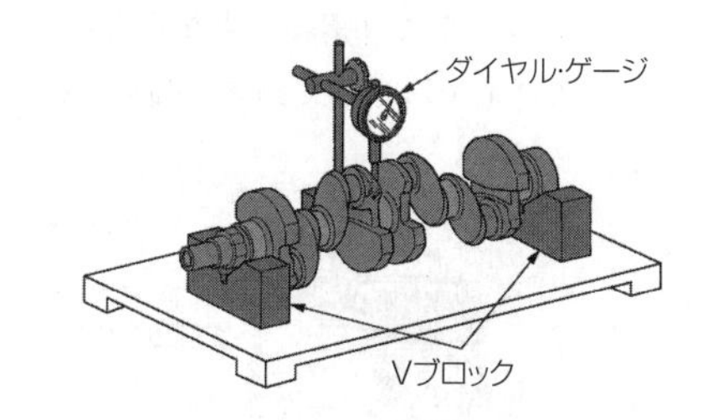


クランクシャフトの振れの点検

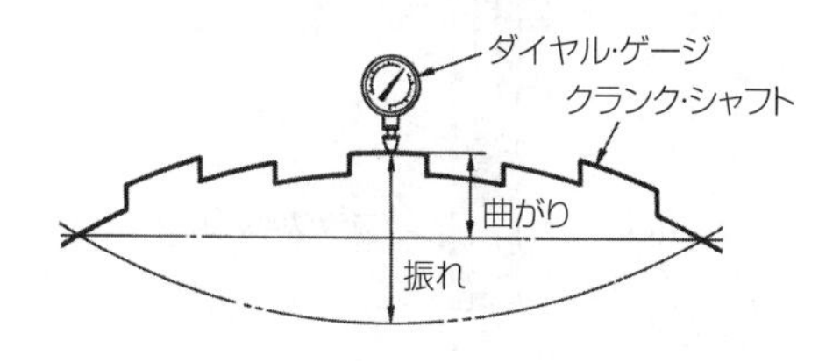


クランクシャフトの曲がり及び振れ

**【No.4】** 答え　(2)

フライホイールの振れの点検は，**ダイヤル・ゲージ**を用いて測定する。

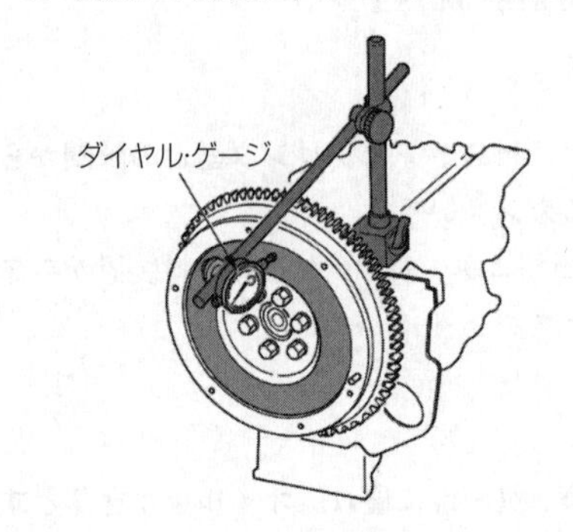


フライホイールの振れの点検

**【No.5】** 答え　(4)

(1) 一次コイルの電流を**遮断する**ことで，二次コイル部に高電圧を発生させる。

(2) 一次コイルは，二次コイルより銅線が**少なく**巻かれている。

(3) 二次コイルは，一次コイルに対して銅線が**細く**，多く巻かれている。

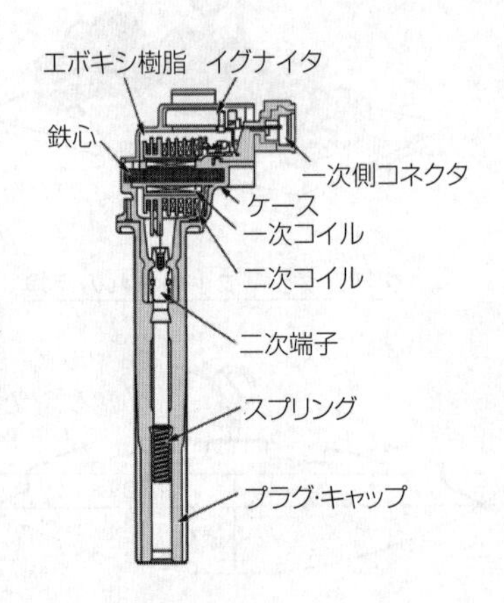


イグニション・コイル

**【No.6】** 答え　(1)

クランクシャフトによりインナ・ロータが駆動されると，アウタ・ロータも同方向に回転する。

**【No.7】** 答え　(2)

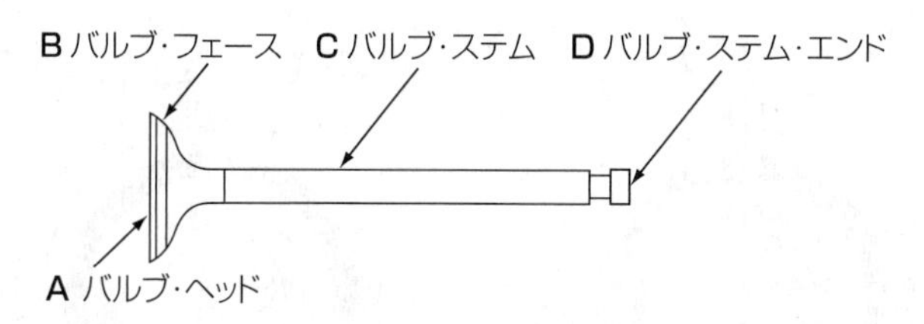


バルブ

**【No.8】** 答え　(4)

(1) エンジンに吸入される空気は，**エア・クリーナ**を通過することによってごみなどが取り除かれる。

レゾネータは，吸気騒音を小さくしたり，**吸気効率を改善したりするのに用いられる**。

(2) **乾式エレメント**の清掃は，エレメントの内側(空気の流れの下流側)から圧縮空気を吹き付けて行う。

(3) **ビスカス式**エレメントは，一般に特殊なオイル(半乾性油)を染み込ませたものが用いられる。

【No.9】 答え (1)

図1は第4シリンダが圧縮上死点のバルブ・タイミング・ダイヤグラムである。この状態からクランクシャフトを回転方向に540°回転させると，図2の状態となる。このとき燃焼行程の下死点にあるのは**第1シリンダ**である。

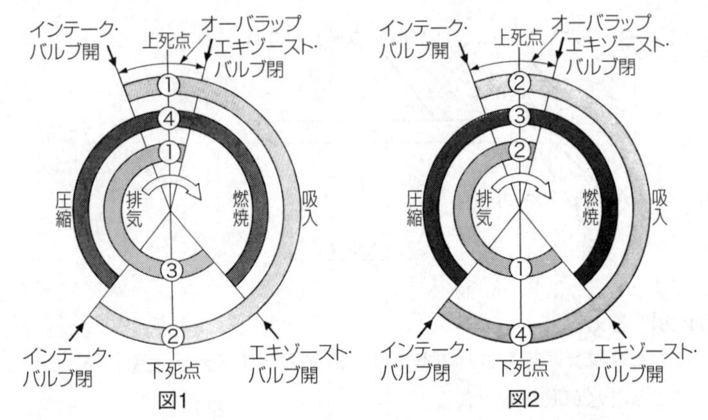


4サイクルエンジンのバルブ・タイミング・ダイヤグラム

【No.10】 答え (4)

プレッシャ型ラジエータ・キャップは，**冷却系統を密閉して，水温が100℃になっても沸騰しないようにして，気泡の発生を抑え冷却効果を高めている**。

**サーモスタット**は，ラジエータに流れる冷却水の流量を制御している。

**【No.11】** 答え　(1)

プレッシャ・レギュレータは，**フューエル・ポンプから吐出した燃料の余剰燃料をフューエル・タンクへ戻すことで一定圧力にしている。**

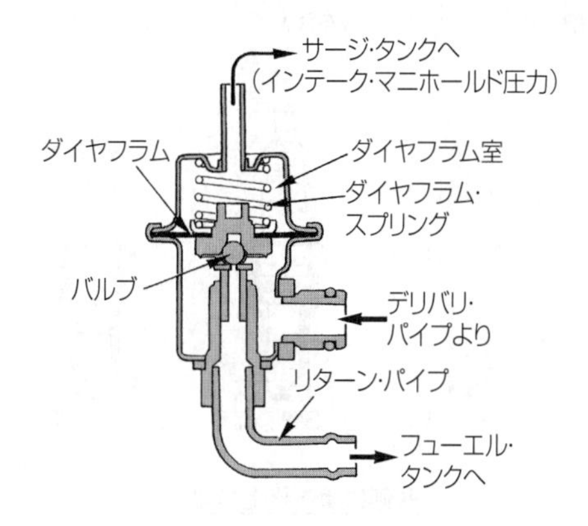


別体式プレッシャ・レギュレータ

**【No.12】** 答え　(2)

(1) 排気の通路を**絞り**，圧力の変動を**抑えること**で音を減少させる。

(3) 管の断面積を急に大きくし，排気ガスを膨張させることにより圧力を**下げて**音を減少させる。

(4) 冷却により排気ガスの圧力を**下げて**音を減少させる。

【No.13】 答え (3)

(1) **コールド・タイプ**と呼ばれる。

(2) **高熱価型**と呼ばれる。

(4) 碍子(がいし)脚部が標準熱価型より**短い**。

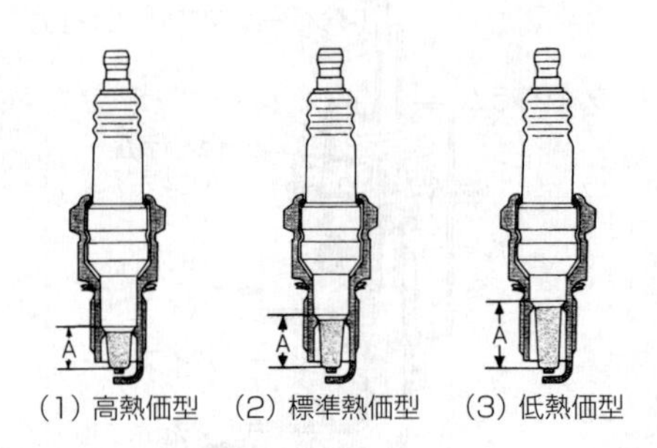


熱価による構造の違い

【No.14】 答え (3)

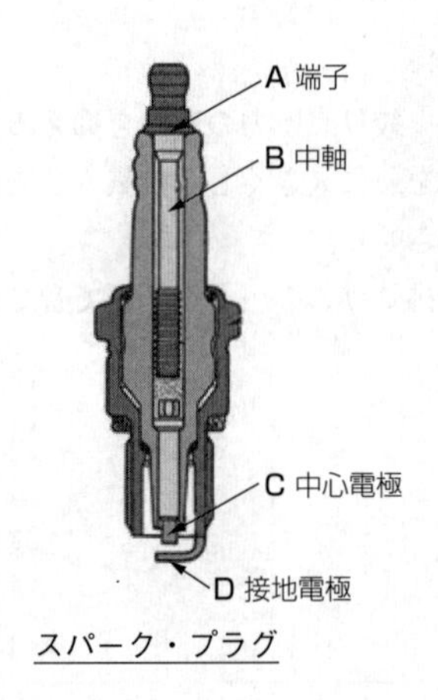


スパーク・プラグ

【No.15】 答え (4)

冷却水の循環系統内に残留している空気がないときのジグル・バルブは，浮力と水圧によって**閉じて**いる。

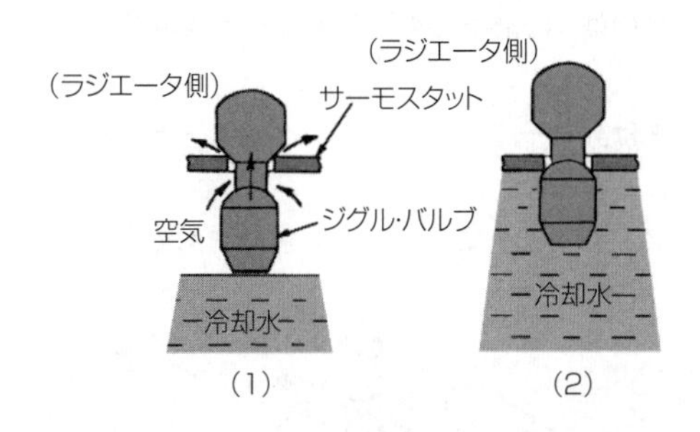


ジグル・バルブの作動

【No.16】 答え (1)

(2) ジルコニア式$O_2$センサのジルコニア素子は，高温で内外面の**酸素濃度の差が大きいと**起電力を発生する。

(3) 吸気温センサのサーミスタ(負特性)の抵抗値は，吸入空気温度が低いときほど**大きく**なる。

(4) クランク角センサは，クランク角度及び**エンジン回転速度**を検出している。

【No.17】 答え (2)

リダクション式スタータは，アーマチュアの回転を減速(リダクション)してピニオン・ギヤに伝えるので，アーマチュアの回転速度より，ピニオン・ギヤの回転速度の方が**遅い**。

**【No.18】** 答え　(3)

(1) ステータ・コイルに発生する誘導起電力の大きさは，ステータ・コイルの**巻き数が多いほど大きくなる。**

(2) **ロータの前後には**，一体化された冷却用ファンが取り付けられている。

(4) オルタネータは，ロータ，ステータ，**ダイオード**(レクチファイヤ)などで構成されている。

オーバランニング・クラッチはスタータの部品である。

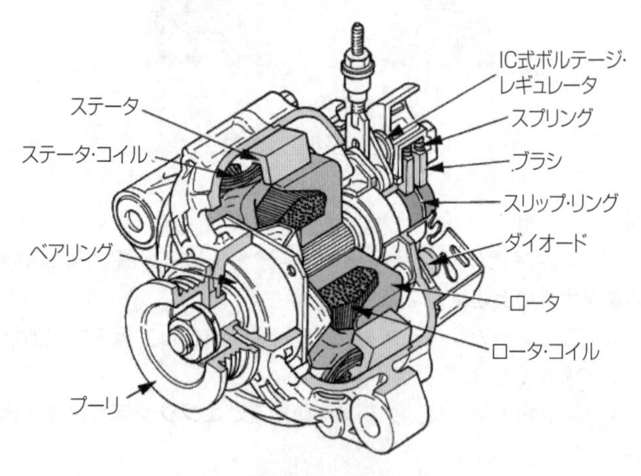


ブラシ型オルタネータ

**【No.19】** 答え　(2)

(1) シリコン(Si)やゲルマニウム(Ge)などに他の原子をごく少量加えたものは，**不純物半導体**である。

(3) ツェナ・ダイオードは，**定電圧回路や電圧検出回路**に使われている。電気信号から光信号への変換などに使われるのは，発光ダイオード(LED)である。

(4) ダイオードは，**交流(AC)を直流(DC)**に変換する整流回路などに使われている。

以下に各種ダイオードの電気用図記号を示す。

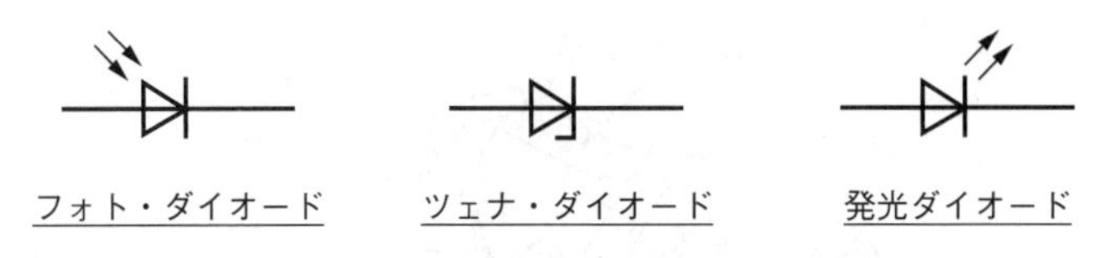


**【No.20】** 答え　(2)

(1) 一般に空燃比センサは，**エキゾースト・マニホールド**に取り付けられている。

(3) 熱線式エア・フロー・メータの出力電圧は，吸入空気量が少ないほど**低く**なる。

(4) 電子制御式スロットル装置のスロットル・ポジション・センサは，**スロットル・バルブの開度を検出**している。

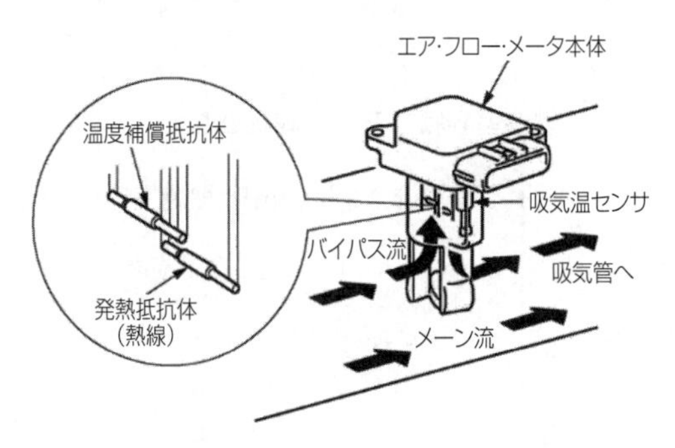


熱線式エア・フロー・メータ

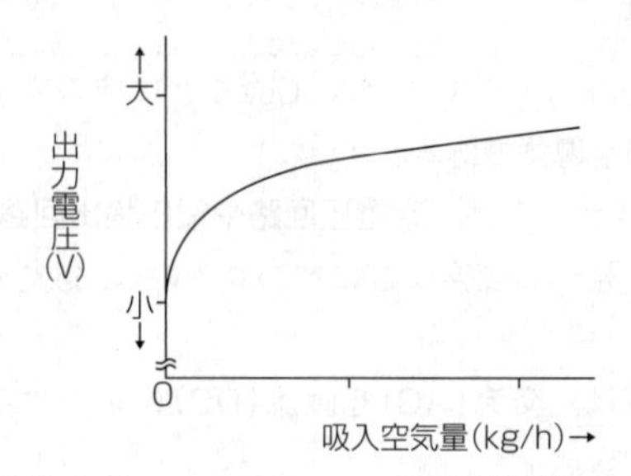


熱線式エア・フロー・メータの出力電圧特性

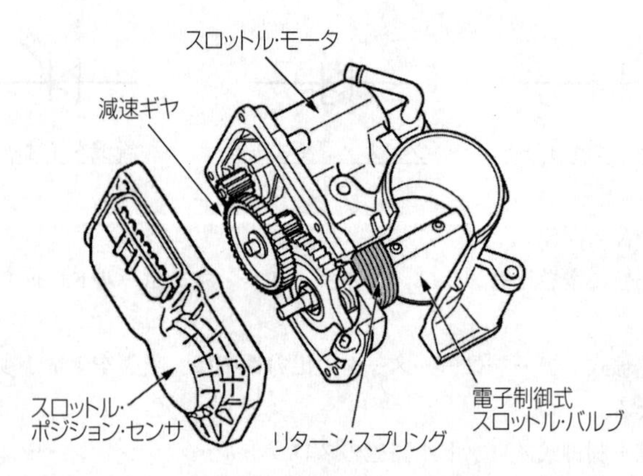


電子制御式スロットル装置

**【No.21】** 答え　(3)

V：排気量，v：燃焼室容積，R：圧縮比として，

圧縮比(R)＝$\frac{V}{v}+1$より排気量300cm$^3$と燃焼室容積50cm$^3$を

代入すると，

$R=\frac{300}{50}+1=6+1=\underline{7}$となる。

**【No.22】** 答え　(1)

(2) **リチウム石けんグリース**は，**マルチパーパス(MP)・グリース**とも呼ばれている。

(3) **非石けん系のグリース**には，ベントン・グリースやシリカゲル・グリースなどがある。

(4) グリースは，常温では半固体状であるが，潤滑部が作動し始めると摩擦熱で徐々に**柔らかくなる**。

**【No.23】** 答え　(3)

電解液は，バッテリが完全充電状態のとき，液温(**20℃**)に換算して，一般に比重(**1.280**)のものが使用されている。

**【No.24】** 答え　(2)

回路内の抵抗値はオームの法則を利用して計算すると，

$$R = \frac{V}{I} = \frac{12}{2} = 6\,\Omega$$となる。

並列接続された抵抗3Ωと6Ωの合成抵抗値は，

$$\frac{1}{R} = \frac{1}{3} + \frac{1}{6} = \frac{2}{6} + \frac{1}{6}$$

$$\frac{1}{R} = \frac{3}{6} = \frac{1}{2}$$

$R = 2\,\Omega$ となる。

回路内の全抵抗値6Ωから並列接続分の抵抗値2Ωを引くと，

$R = 6 - 2 = \underline{\mathbf{4\,\Omega}}$

求める抵抗Rの抵抗値は4Ωとなる。

【No.25】　答え　(4)

(1) 黄銅(真ちゅう)は，**銅(Cu)に亜鉛(Zn)を加えたもの**で，加工性に優れているので，ラジエータなどに使用されている。

(3) アルミニウムは，**比重が鉄の約 $\frac{1}{3}$ と軽く**，線膨張係数は鉄の約2倍である。

(3) ケルメットは，**銅(Cu)に鉛(Pb)を加えたもの**で，軸受合金として使用されている。

【No.26】　答え　(4)

(1) ベアリングの抜き取りに使用するのは，ベアリング・プーラである。

(2) 金属材料の穴の内面仕上げに使用するのは，リーマである。

(3) 工作物の研磨に使用するのは，やすりである。

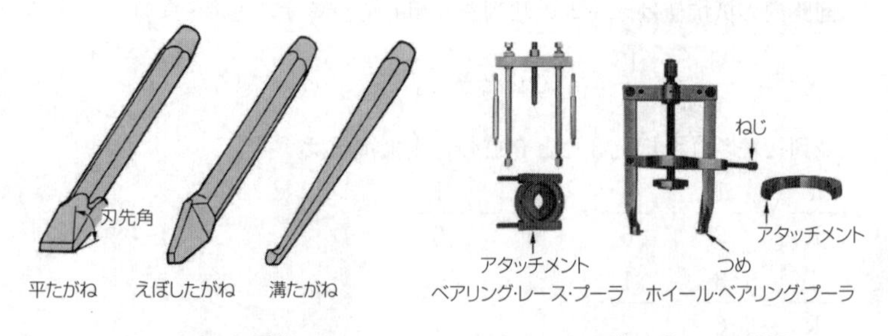


たがねの種類　　ベアリング・プーラの種類

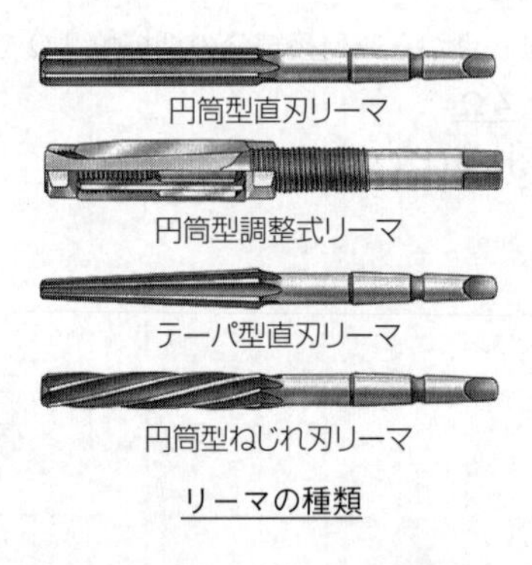


リーマの種類

**【No.27】** 答え　(1)

Vリブド・ベルトはVベルトと比較して**伝達効率が高い**。

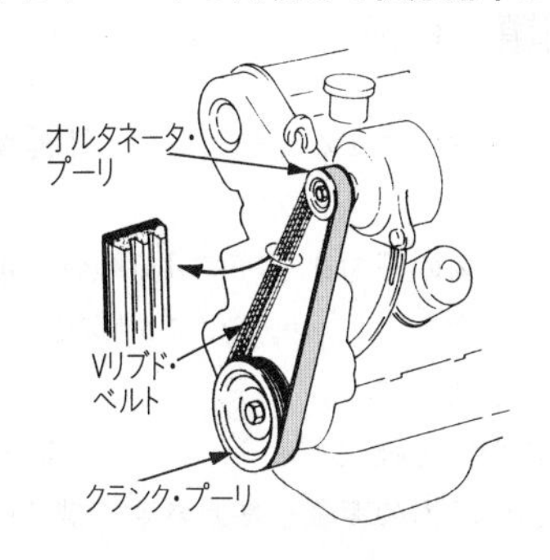


Vリブド・ベルトによる伝動

**【No.28】** 答え　(2)

「道路運送車両の保安基準」第4条の2

自動車の輪荷重は，**5t**を超えてはならない。ただし，牽引自動車のうち告示で定めるものを除く。

**【No.29】** 答え　(3)

「道路運送車両の保安基準」第43条

「道路運送車両の保安基準の細目を定める告示」第219条の2 (1)

警音器の音の大きさは，自動車の前方7mの位置において**112dB以下87dB以上**であること。

**【No.30】** 答え　(4)

「道路運送車両の保安基準」第37条

「道路運送車両の保安基準の細目を定める告示」第206条の1 (1)

尾灯は，**夜間**にその後方**300m**の距離から点灯を確認できるものであり，かつ，その照射光線は，他の交通を妨げないものであること。

## 04・3　試験問題（登録）

**【No.1】** 排気装置のマフラに関する記述として，**不適切なもの**は次のうちどれか。

(1) 冷却により排気ガスの圧力を下げて排気騒音を消音する。

(2) 管の断面積を急に大きくし，排気ガスを膨張させることにより圧力を下げて排気騒音を消音する。

(3) 吸音材料により音波を吸収する。

(4)排気の通路を絞り，圧力の変動を増幅させて排気騒音を減少させる。

**【No.2】** 図に示す排気ガスの三元触媒の浄化特性において，(イ）と（ロ）に当てはまるものとして，下の組み合わせのうち，**適切なもの**はどれか。

| | (イ) | (ロ) |
|---|---|---|
| (1) | $CO_2$ | HC |
| (2) | HC | CO |
| (3) | $H_2O$ | CO |
| (4) | CO | HC |

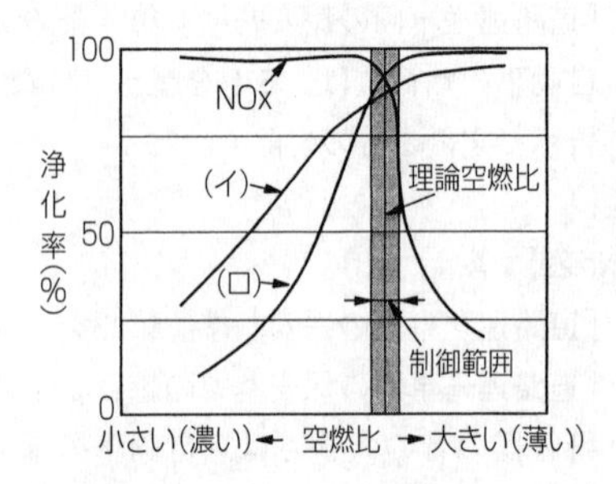


**【No.3】** コンロッド・ベアリングとクランク・ピンとのオイル・クリアランスの測定に用いる測定器として，**適切なもの**は次のうちどれか。

(1) シックネス・ゲージ

(2) ストレートエッジ

(3) コンプレッション・ゲージ

(4) プラスチ・ゲージ

**【No.4】** 中心電極の碍子(がいし)脚部が標準熱価型と比較して短いスパーク・プラグに関する記述として，**適切なもの**は次のうちどれか。

(1) 冷え型と呼ばれる。

(2) ホット・タイプと呼ばれる。

(3) 放熱しにくく電極部が焼けやすい。

(4) 低熱価型と呼ばれる。

**【No.5】** 図に示す斜線部分の断面形状をもつコンプレッション・リングとして，**適切なもの**は次のうちどれか。

(1) アンダ・カット型

(2) テーパ・アンダ・カット型

(3) バレル・フェース型

(4) インナ・ベベル型

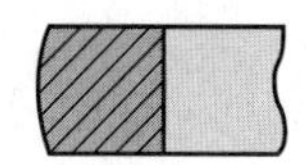

**【No.6】** 水冷・加圧式の冷却装置に関する記述として，**不適切なもの**は次のうちどれか。

(1) 標準型のサーモスタットのバルブは，冷却水温度が上昇し規定温度に達すると閉じ，冷却水がラジエータを循環して冷却水温度が下がる。

(2) ラジエータ・コアは，多数のチューブと放熱用のフィンからなっている。

(3) LLC(ロング・ライフ・クーラント)の成分は，エチレン・グリコールに数種類の添加剤を加えたものである。

(4) 電動式ウォータ・ポンプは，補機駆動用ベルトやタイミング・ベルトによって駆動されるものと比べて，燃費を低減させることができる。

**【No.7】** クローズド・タイプのブローバイ・ガス還元装置に関する次の文章の（イ）と（ロ）に当てはまるものとして，下の組み合わせのうち，**適切なもの**はどれか。

エンジンが高負荷のときには，(イ)の負圧が低くなる(大気に近付く)ため，（ロ）のブローバイ・ガス通過面積が増大する。

| | （イ） | （ロ） |
|---|---|---|
| (1) | インテーク・マニホールド | PCVバルブ |
| (2) | エキゾースト・マニホールド | パージ・コントロール・バルブ |
| (3) | インテーク・マニホールド | パージ・コントロール・バルブ |
| (4) | エキゾースト・マニホールド | PCVバルブ |

**【No.8】** 点火順序が1－3－4－2の4サイクル直列4シリンダ・エンジンの第1シリンダが吸入行程の下死点にあり，この状態からクランクシャフトを回転方向に360°回したとき，排気行程の上死点にあるシリンダとして，**適切なもの**は次のうちどれか。

(1) 第1シリンダ
(2) 第2シリンダ
(3) 第3シリンダ
(4) 第4シリンダ

**【No.9】** ワックス・ペレット型サーモスタットに関する記述として，**不適切なもの**は次のうちどれか。

(1) サーモスタットのケースには，小さなエア抜き口が設けられているものもある。
(2) スピンドルは，サーモスタットのケースに固定されている。
(3) 冷却水の循環系統内に残留している空気がないときのジグル・バルブは，浮力と水圧により開いている。
(4) サーモスタットの取り付け位置による水温制御の方法には，出口制御式と入口制御式とがある。

**【No.10】** フライホイール及びリング・ギヤに関する記述として，**不適切なもの**は次のうちどれか。

(1) リング・ギヤには，一般に炭素鋼製のスパー・ギヤが用いられる。
(2) フライホイールは，一般にアルミニウム合金製である。
(3) リング・ギヤは，スタータの回転をフライホイールに伝える。
(4) フライホイールは，クランクシャフトからクラッチへ動力を伝達する。

**【No.11】** レシプロ・エンジンのバルブ機構に関する記述として，**適切なもの**は次のうちどれか。

(1) カムシャフト・タイミング・スプロケットの回転速度は，クランクシャフト・タイミング・スプロケットの2倍である。
(2) バルブ・スプリングには，高速時の異常振動などを防ぐため，シリンダ・ヘッド側のピッチを広くした不等ピッチのスプリングが用いられている。
(3) エキゾースト・バルブのバルブ・ヘッドの外径は，一般に排気効率を向上させるため，インテーク・バルブより大きい。
(4) カムシャフトのカムの長径と短径との差をカム・リフトという。

**【No.12】** 図に示すギヤ式オイル・ポンプに関する記述として，**適切なもの**は次のうちどれか。

(1) ドリブン・ギヤが左回転(矢印方向)の場合，吸入口は図のロになる。
(2) ドライブ・ギヤが右回転(矢印方向)の場合，吐出口は図のロになる。
(3) ドリブン・ギヤが左回転(矢印方向)の場合，吐出口は図のロになる。
(4) ドライブ・ギヤが右回転(矢印方向)の場合，吸入口は図のイになる。

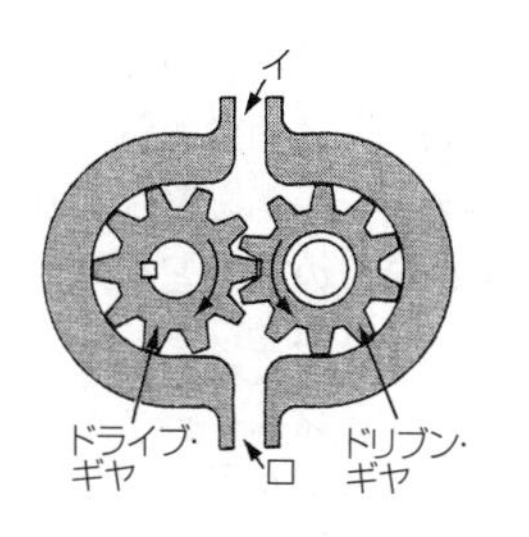

**【No.13】** リダクション式スタータに関する記述として，**適切なもの**は次のうちどれか。

(1) モータのフィールドは，ヨーク，ポール・コア(鉄心)，アーマチュア・コイルなどで構成されている。

(2) オーバランニング・クラッチは，アーマチュアの回転を増速させる働きをしている。

(3) 直結式スタータより小型軽量化ができる利点がある。

(4) モータの回転は，減速ギヤ部を介さずにピニオン・ギヤに伝えている。

**【No.14】** 図に示すブラシ型オルタネータに用いられているロータのAの名称として，**適切なもの**は次のうちどれか。

(1) ロータ・コイル

(2) シャフト

(3) スリップ・リング

(4) ロータ・コア

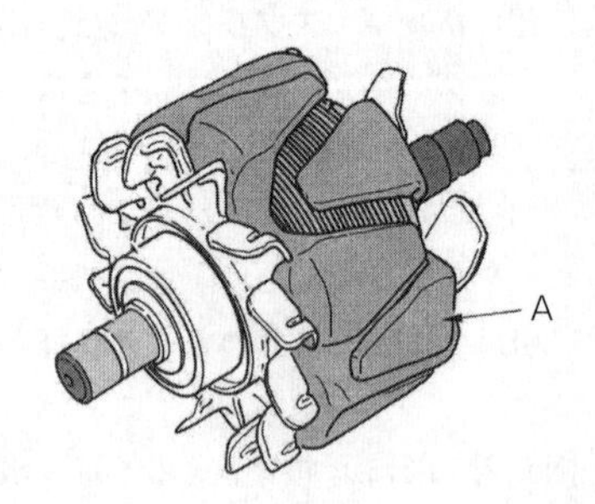


**【No.15】** スタータ・スイッチをONにしたときに，マグネット・スイッチのメーン接点を閉じる力(プランジャを動かすための力)として，**適切なもの**は次のうちどれか。

(1) アーマチュア・コイルの磁力

(2) プルイン・コイルとホールディング・コイルの磁力

(3) フィールド・コイルの磁力

(4) ホールディング・コイルのみの磁力

【No.16】 電子制御式燃料噴射装置に関する記述として，**適切なもの**は次のうちどれか。

(1) 燃料噴射量の制御は，インジェクタの噴射圧力を制御することによって行われる。

(2) インジェクタのソレノイド・コイルに電流が流れると，ニードル・バルブが全閉位置に移動し，燃料が噴射される。

(3) くら型のフューエル・タンクでは，ジェット・ポンプによりメーン室からサブ室に燃料を移送している。

(4) チャコール・キャニスタは，燃料蒸発ガスが大気中に放出されるのを防止している。

【No.17】 オルタネータの構成部品のうち，三相交流を整流する部品として，**適切なもの**は次のうちどれか。

(1) トランジスタ

(2) ダイオード(レクチファイヤ)

(3) ブラシ

(4) ステータ・コア

【No.18】 半導体に関する記述として，**適切なもの**は次のうちどれか。

(1) ツェナ・ダイオードは，電気信号から光信号への変換などに使われている。

(2) 真性半導体は，シリコンやゲルマニウムに他の原子をごく少量加えたものである。

(3) Ｐ型半導体は，自由電子が多くあるようにつくられた不純物半導体である。

(4) ＩＣ(集積回路)は，「はんだ付けによる故障が少ない」，「超小型化が可能になる」，「消費電力が少ない」などの特長がある。

**【No.19】** 図に示すNPN型トランジスタに関する次の文章の（イ）と（ロ）に当てはまるものとして，下の組み合わせのうち，**適切なもの**はどれか。

ベース電流は（イ）に流れ，コレクタ電流は（ロ）に流れる。

| | （イ） | （ロ） |
|---|---|---|
| (1) | CからE | BからE |
| (2) | BからC | CからE |
| (3) | BからE | CからE |
| (4) | CからB | BからE |

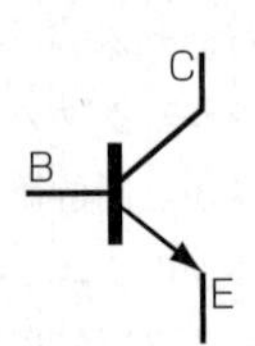


**【No.20】** 電子制御装置に用いられるセンサに関する記述として，**適切なもの**は次のうちどれか。

(1) 水温センサのサーミスタ(負特性)の抵抗値は，冷却水温度が低いときほど高く(大きく)なる。

(2) 吸気温センサは，エンジンに吸入される空気の温度と空燃比の状態を検出している。

(3) バキューム・センサの圧力信号の電圧特性は，圧力が真空から大気圧に近付くほど出力電圧が小さくなる。

(4) ジルコニア式$O_2$センサは，ジルコニア素子の外面に大気を導入し，内面は排気ガス中にさらされている。

**【No.21】** 1シリンダ当たりの燃焼室容積が75cm$^3$，圧縮比が7の4シリンダ・エンジンの総排気量として，**適切なもの**は次のうちどれか。

(1) 900cm$^3$

(2) 1,800cm$^3$

(3) 2,100cm$^3$

(4) 2,400cm$^3$

**【No.22】** 潤滑剤に用いられるグリースに関する記述として，**適切なもの**は次のうちどれか。

(1) グリースは，常温では柔らかく，潤滑部が作動し始めると摩擦熱で徐々に固くなる。

(2) カルシウム石けんグリースは，マルチパーパス・グリースともいわれている。

(3) リチウム石けんグリースは，耐熱性や機械的安定性が高い。

(4) 石けん系のグリースには，ベントン・グリースやシリカゲル・グリースなどがある。

**【No.23】** 図に示す電気回路において，電流計Aが0.5Aを表示したときの抵抗Rの抵抗値として，**適切なもの**は次のうちどれか。ただし，バッテリ，配線等の抵抗はないものとする。

(1) 3Ω

(2) 12Ω

(3) 24Ω

(4) 32Ω

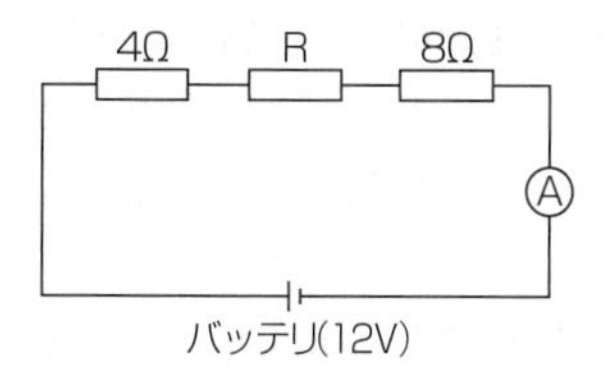


**【No.24】** ドライバの種類と構造・機能に関する記述として，**不適切なもの**は次のうちどれか。

(1) ショック・ドライバは，ねじなどを，衝撃を与えながら緩めるときに用いるものである。

(2) スタッビ形は，短いドライバで，柄が太く強い力を与えることができる。

(3) 角軸形の外観は普通形と同じであるが，軸が柄の中を貫通しているため頑丈である。

(4) 普通形は，軸が柄の途中まで入っており，柄は一般に木やプラスチックなどで作られている。

【No.25】 自動車に使用されている鉄鋼の熱処理に関する記述として，**適切なもの**は次のうちどれか。

(1) 窒化とは，鋼の表面層から中心部まで窒素を染み込ませ硬化させる操作をいう。

(2) 焼き入れとは，鋼の硬さ及び強さを増すため，ある温度まで加熱したあと，水や油などで急に冷却する操作をいう。

(3) 焼き戻しとは，粘り強さを増すため，ある温度まで加熱したあと，急速に冷却する操作をいう。

(4) 浸炭とは，高周波電流で鋼の表面層を加熱処理する焼き入れ操作をいう。

【No.26】 鉛バッテリの充電に関する記述として，**適切なもの**は次のうちどれか。

(1) 急速充電方法の急速充電電流の最大値は，充電しようとするバッテリの定格容量(Ah)の数値にアンペア(A)を付けた値である。

(2) 同じバッテリを2個同時に充電する場合には，必ず並列接続で見合った電圧にて行う。

(3) 定電流充電法は，一般に定格容量の1／5程度の電流で充電する。

(4) 初充電とは，バッテリが自己放電又は使用によって失った電気を補充するために行う充電をいう。

【No.27】 図に示すベルト伝達機構において，Aのプーリが600min$^{-1}$で回転しているとき，Bのプーリの回転速度として，**適切なもの**は次のうちどれか。ただし，滑り及び機械損失はないものとして計算しなさい。なお，図中の（　）内の数値はプーリの有効半径を示します。

(1) 225min$^{-1}$
(2) 300min$^{-1}$
(3) 400min$^{-1}$
(4) 900min$^{-1}$

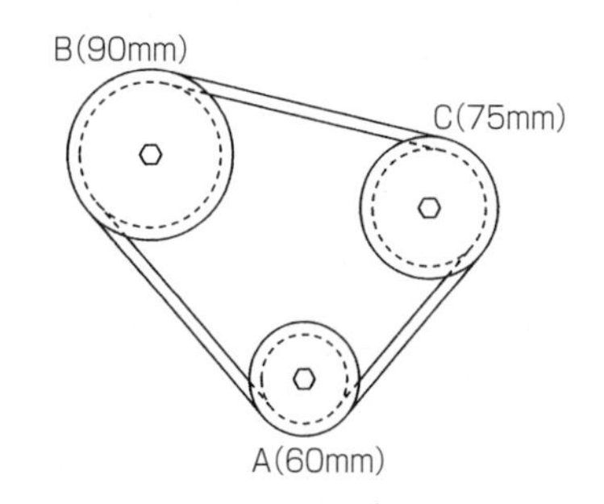


【No.28】 「道路運送車両法」に照らし，自動車特定整備事業の種類に**該当しないもの**は，次のうちどれか。

(1) 特殊自動車特定整備事業
(2) 普通自動車特定整備事業
(3) 小型自動車特定整備事業
(4) 軽自動車特定整備事業

【No.29】 「道路運送車両の保安基準」及び「道路運送車両の保安基準の細目を定める告示」に照らし，最高速度が100km/hで，車幅1.69mの小型四輪自動車の走行用前照灯に関する記述として，**不適切なもの**は次のうちどれか。

(1) 走行用前照灯の数は，２個又は４個であること。
(2) 走行用前照灯は，レンズ取付部に緩み，がた等がないこと。
(3) 走行用前照灯の点灯操作状態を運転者席の運転者に表示する装置を備えること。
(4) 走行用前照灯の灯光の色は，白色又は橙色であること。

**【No.30】**「道路運送車両の保安基準」に照らし，自動車の高さに関する基準として，**適切なもの**は次のうちどれか。

(1) 3.4mを超えてはならない。

(2) 3.6mを超えてはならない。

(3) 3.8mを超えてはならない。

(4) 4.0mを超えてはならない。

# 04・3　試験問題解説（登録）

【No.1】 答え　(4)

排気の通路を絞り，圧力の変動を**抑えて**排気騒音を減少させる。

【No.2】 答え　(2)

図のように（イ）は**HC**，（ロ）は**CO**となる。

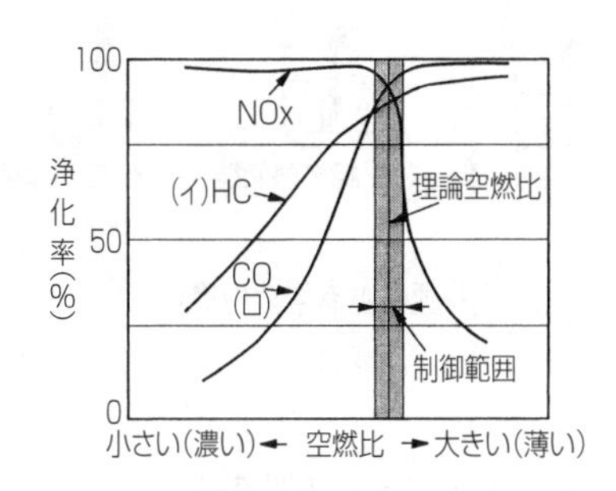


三元触媒の浄化特性

【No.3】 答え　(4)

コンロッド・ベアリングとクランク・ピンとのオイル・クリアランスの測定は，**プラスチ・ゲージ**で測定する。

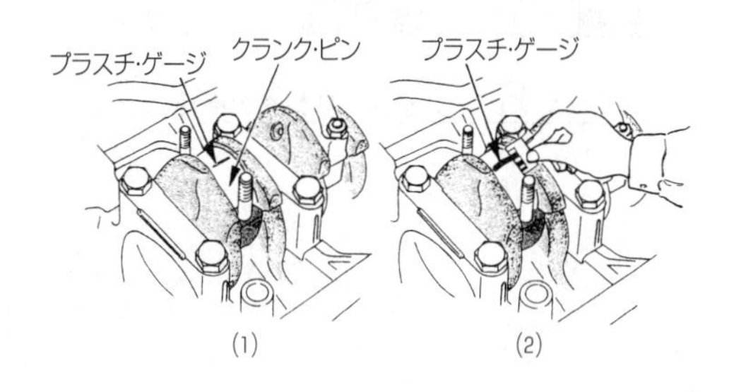


プラスチ・ゲージによりオイル・クリアランスの測定

**【No.4】**　答え　(1)

(2) **コールド・タイプ**と呼ばれる。

(3) 放熱**しやすく**電極部が焼け**にくい**。

(4) **高**熱価型と呼ばれる。

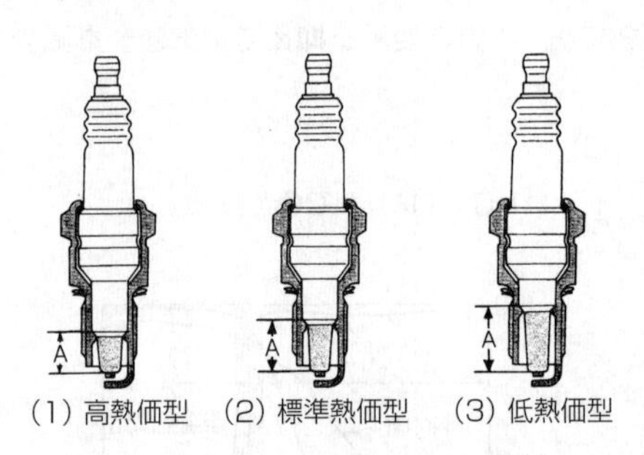


**熱価による構造の違い**

**【No.5】**　答え　(3)

図に示すように，**バレル・フェース型**である。

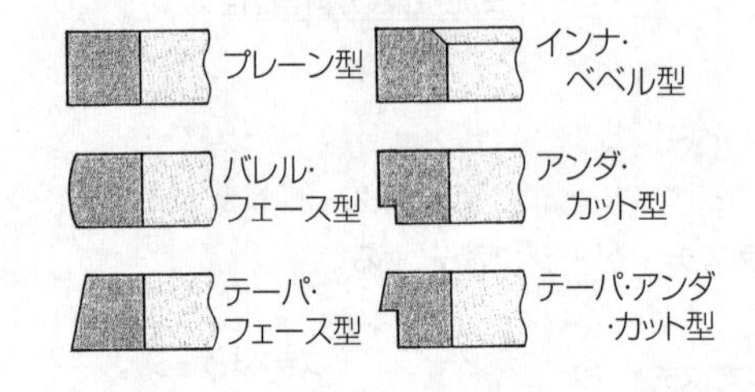


**コンプレッション・リングの種類**

【No.6】 答え　(1)

標準型のサーモスタットのバルブは，冷却水温度が上昇し規定温度に達すると**開き**，冷却水がラジエータを循環して冷却水温度が下がる。

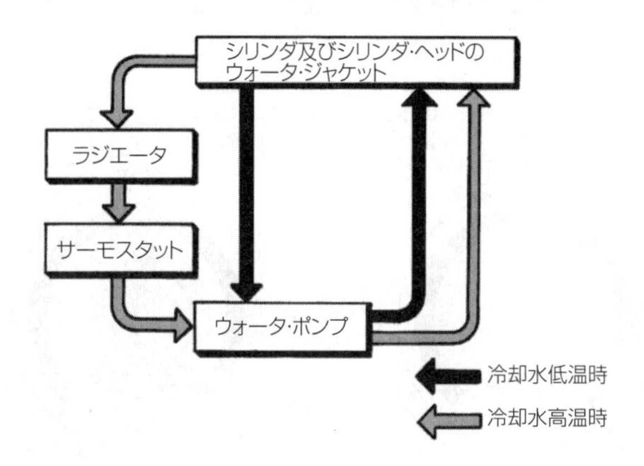


冷却水の循環

【No.7】 答え　(1)

エンジンが高負荷のときには，(**インテーク・マニホールド**)の負圧が低くなる(大気に近付く)ため，(**PCVバルブ**) のブローバイ・ガス通過面積が増大する。

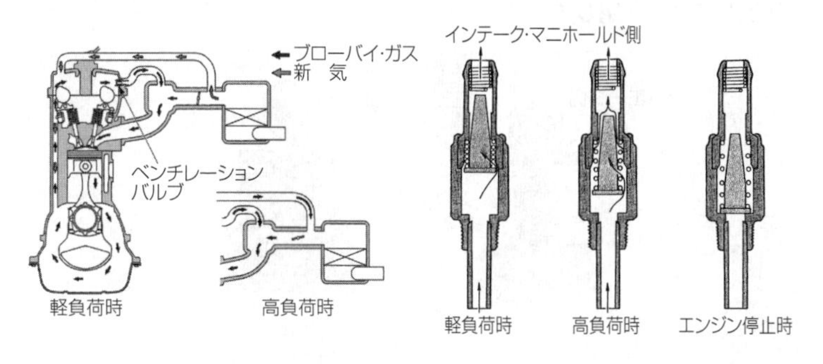


ブローバイ・ガス還元装置　　PCVバルブ

【No.8】　答え　(2)

図1は第1シリンダが吸入下死点のバルブ・タイミング・ダイヤグラムである。この状態からクランクシャフトを回転方向に360°回転させると，図2の状態となる。このとき排気行程の上死点にあるのは**第2シリンダ**である。

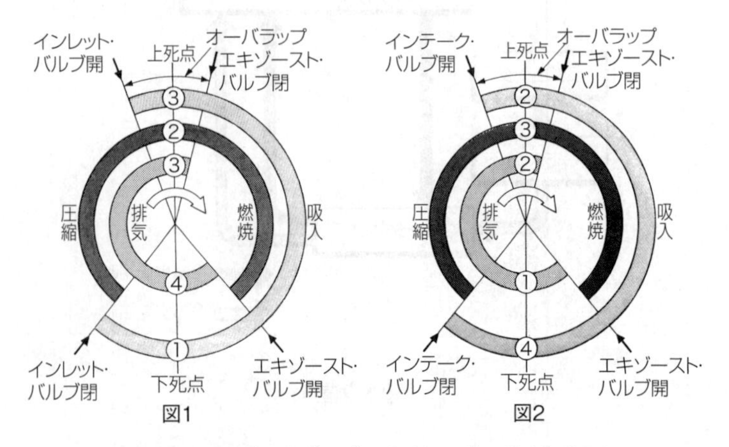


4サイクルエンジンのバルブ・タイミング・ダイヤグラム

【No.9】　答え　(3)

冷却水の循環系統内に残留している空気がないときのジグル・バルブは，浮力と水圧により**閉じて**いる。

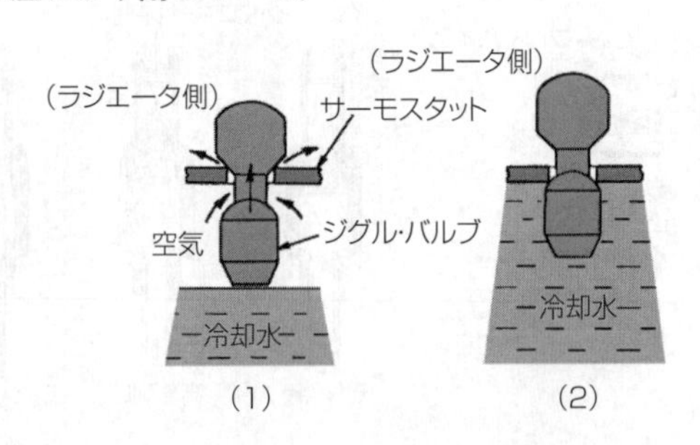


ジグル・バルブの作動

**【No.10】** 答え　(2)

フライホイールは，**鋳鉄製**である。

**【No.11】** 答え　(4)

(1) カムシャフト・タイミング・スプロケットの回転速度は，クランクシャフト・タイミング・スプロケットの**1／2**である。

(2) バルブ・スプリングには，高速時の異常振動などを防ぐため，シリンダ・ヘッド側のピッチを**狭く**した不等ピッチのスプリングが用いられている。

(3) **インテーク・バルブ**のバルブ・ヘッドの外径は，**吸入混合気量を多くするために**，**エキゾースト・バルブ**より大きい。

**【No.12】** 答え　(1)

ドリブン・ギアが左回転(ドライブ・ギアが右回転)の場合，ギヤとポンプ・ボデーの間に挟まれた空気が運ばれて負圧が生じるので，オイル・パンからオイルが吸い上げられる。よって，回転方向から**図のロが吸入口**になり，**図のイが吐出口**となる。

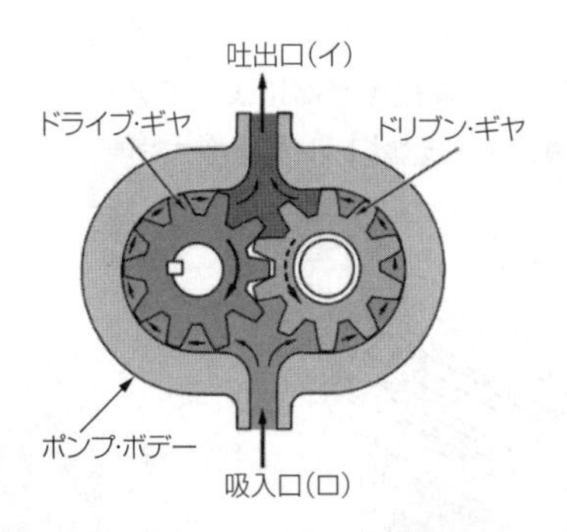


ギヤ式オイル・ポンプの作用

【No.13】 答え　(3)

(1) モータのフィールドは，ヨーク，ポール・コア(鉄心)，**フィールド・コイル**で構成されている。

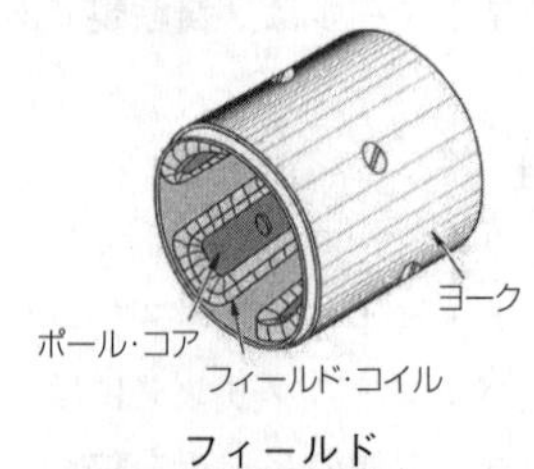


フィールド

(2) オーバランニング・クラッチは，**アーマチュアがエンジンの回転によって逆に駆動され，オーバランすることによる破損を防止している。**

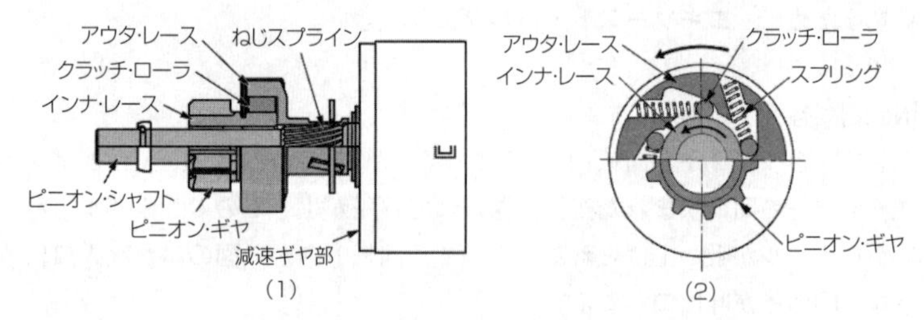


オーバランニング・クラッチ

(4) モータの回転は，**減速ギヤ部によってアーマチュアの回転を1／3～1／5程度に減速し，駆動トルクを増大させて**ピニオン・ギヤに伝えている。

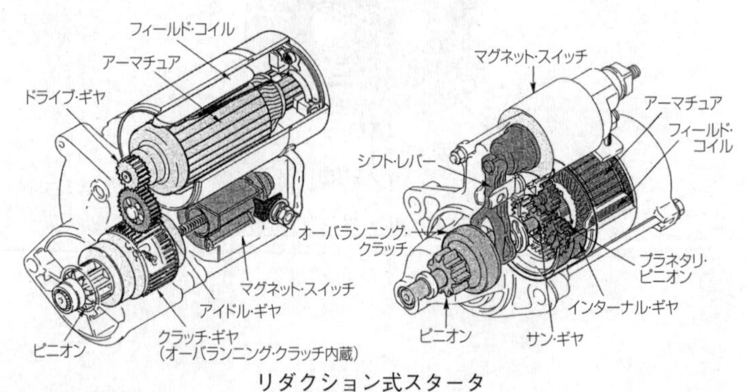


リダクション式スタータ

【No.14】 答え (4)

ロータは，ロータ・コイル，シャフト，スリップ・リング，**ロータ・コア**などで構成されている。

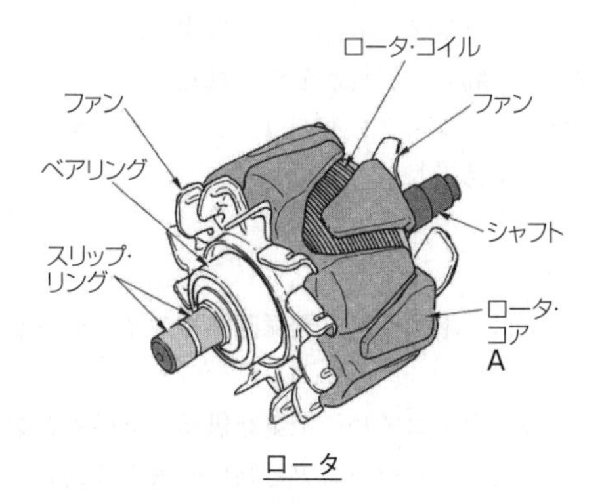


ロータ

【No.15】 答え (2)

スタータ・スイッチをONにすると，バッテリからの電流は，プルイン・コイルを通って，フィールド・コイル及びアーマチュア・コイルに流れ，同時にホールディング・コイルにも流れる。プランジャは，**プルイン・コイルとホールディング・コイルとの加算された磁力**によってメーン接点方向(図の右方向)に動かすことで接点を閉じる。

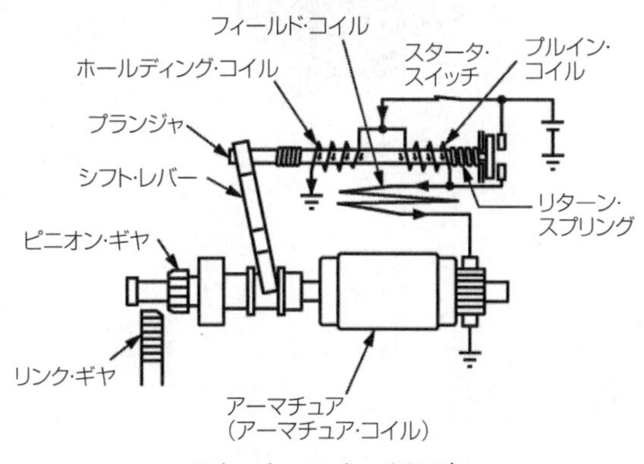


スタータ・スイッチON時

【No.16】　答え　(4)

(1) 燃料噴射量の制御は，インジェクタの**噴射時間**を制御することによって行われる。

(2) インジェクタのソレノイド・コイルに電流が流れると，ニードル・バルブが**全開位置**に移動し，燃料が噴射される。

(3) くら型のフューエル・タンクでは，ジェット・ポンプにより**サブ室からメーン室**に燃料を移送している。

【No.17】　答え　(2)

(1) トランジスタは，**増幅回路，発振回路やスイッチング回路などに使用される部品**。

(3) ブラシは，**ロータ・コイルに電気を供給する接点となる部品**。

(4) ステータ・コアは，**ロータ・コアと共に磁束の通路を形成する部品**。

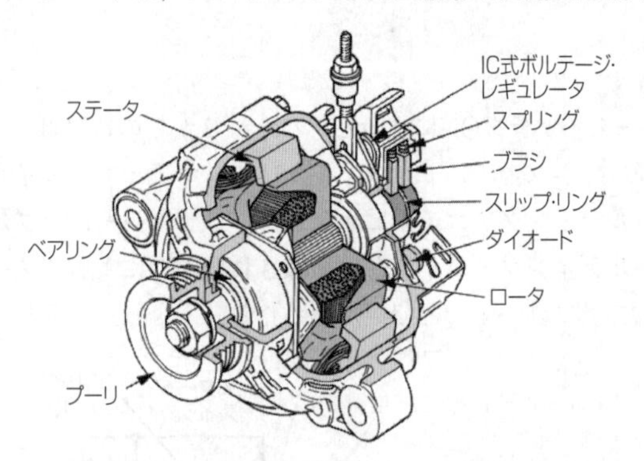


ブラシ型オルタネータ

**【No.18】** 答え　(4)

(1) ツェナ･ダイオードは，**定電圧回路や電圧検出回路**に使われている。電気信号から光信号への変換などに使われるのは，発光ダイオード(LED)である。

(2) **真性半導体は，シリコン(Si)やゲルマニウム(Ge)**であり，これらに他の原子をごく少量加えたものが，不純物半導体である。

(3) **P型半導体は正孔が多くあるようにつくられた不純物半導体**である。自由電子が多くあるようにつくられた不純物半導体はN型半導体である。

**【No.19】** 答え　(3)

NPN型トランジスタでは，**ベース電流は(B：ベースからE：エミッタ)に流れ，コレクタ電流は(C：コレクタからE：エミッタ)に流れる。**

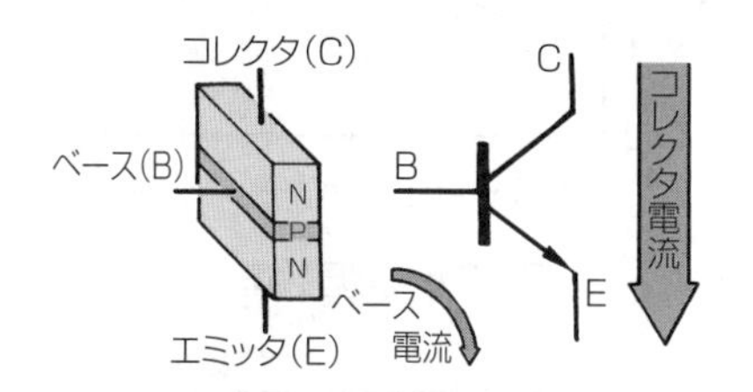


NPN型トランジスタ

【No.20】　答え　(1)

(2) 吸気温センサは，エンジンに吸入される空気の温度を検出し，**空燃比の状態は検出していない**。

(3) バキューム・センサの圧力信号の電圧特性は，圧力が真空から大気圧に近付くほど出力電圧が**高く**なる。

(4) ジルコニア式$O_2$センサは，ジルコニア素子の**内面**に大気を導入し，**外面**は排気ガス中にさらされている。

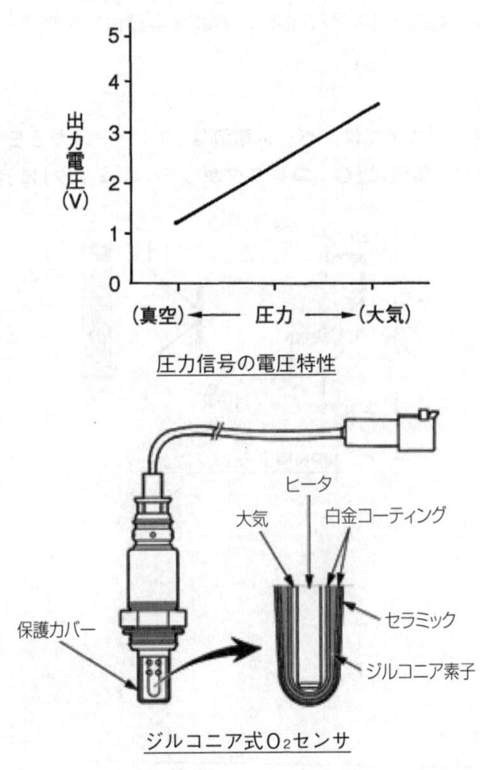


圧力信号の電圧特性

ジルコニア式$O_2$センサ

**【No.21】** 答え　(2)

V：排気量，v：燃料室容積，R：圧縮比として

排気量（V）＝v（R－1）より，燃焼室容積75cm$^3$と圧縮比７を式に代入すると，

V＝75(７－１)＝75×6＝450cm$^3$

４シリンダ･エンジンなので,総排気量(Vt)＝450×４＝1,800cm$^3$となる。

**【No.22】** 答え　(3)

(1) グリースは，常温では半固体状であるが，潤滑部が作動し始めると摩擦熱で徐々に**柔らかくなる**。

(2) **リチウム石けんグリース**は，**マルチパーパス(MP)・グリース**とも呼ばれている。

(4) **非石けん系のグリース**には，ベントン・グリースやシリカゲル・グリースなどがある。

**【No.23】** 答え　(2)

回路内の抵抗値はオームの法則を利用して計算すると，

$$R = \frac{V}{I} = \frac{12}{0.5} = 24\Omega となる。$$

直列接続された抵抗４ΩとRΩと８Ωの合成抵抗値は，

Rt＝４＋R＋８からRt＝24Ωなので，

24＝４＋R＋８から

R＝24－12＝**12Ω**

求める抵抗Rの抵抗値は12Ωとなる。

【No.24】 答え (3)

**角軸形は，軸が四角形で大きな力に耐えられるようになっており，**軸にスパナなどを掛けて使用することもできる。外観が普通形と同じであるが，軸が柄の中を貫通している頑丈なドライバは貫通形である。

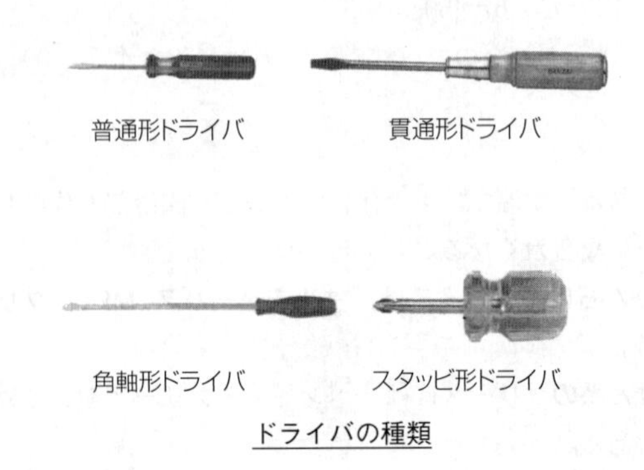


ドライバの種類

【No.25】 答え (2)

(1) 窒化とは，**鋼の表面層に窒素を染み込ませ硬化させる操作**をいう。

(3) 焼き戻しとは，粘り強さを増すため，ある温度まで加熱したあと，**徐々に冷却する操作**をいう。

(4) 浸炭とは，**鋼の表面層の炭素量を増加させて硬化させるために，浸炭剤の中で焼き入れ，焼き戻し操作を行う加熱処理**である。

【No.26】 答え (1)

(2) 同じバッテリを2個同時に充電する場合には，**直列接続**で見合った電圧にて行う。

(3) 定電流充電法は，一般に定格容量の1／10程度の電流で充電する。

(4) 初充電とは，**新しい未充電バッテリを使用するとき，液注入後，最初に行う充電をいう。**

【No.27】 答え (3)

Aプーリが600min$^{-1}$で回転しているとき，Bプーリの回転速度は，両プーリの円周比(＝半径比)に反比例するから，次の式により求められる。

$$\frac{\text{Bプーリの回転速度}}{\text{Aプーリの回転速度}} = \frac{\text{Aプーリの半径}}{\text{Bプーリの半径}}$$ より，

$$\text{Bプーリの回転速度} = \text{Aプーリの回転速度} \times \frac{\text{Aプーリの半径}}{\text{Bプーリの半径}}$$

$$= 600 \times \frac{60}{90} = \underline{400\text{min}^{-1}}$$ となる。

【No.28】 答え (1)

「道路運送車両の保安基準」第77条

自動車特定整備事業の種類には，普通自動車特定整備事業，小型自動車特定整備事業，軽自動車特定整備事業の3種類がある。

【No.29】 答え (4)

「道路運送車両の保安基準」第32条

「道路運送車両の保安基準の細目を定める告示」第198条の2

走行用前照灯の**灯火の色は**，**白色**であること。

【No.30】 答え (3)

「道路運送車両の保安基準」第2条

自動車は，告示で定める方法により測定した場合において，長さ12m，幅2.5m，**高さ3.8mを超えてはならない**。

## 04・10　試験問題（登録）

**【No.1】** ガソリン・エンジンの燃焼及び排出ガスに関する記述として，**不適切なもの**は次のうちどれか。

(1) ブローバイ・ガスとは，ピストンとシリンダ壁との隙間から，クランクケース内に吹き抜けるガスをいう。

(2) 一般に始動時，高負荷時などには，理論空燃比より薄い混合気が必要となる。

(3) ノッキングの弊害の一つに，エンジンの出力の低下がある。

(4) 燃料蒸発ガスに含まれる有害物質は，主にHC(炭化水素)である。

**【No.2】** インテーク・マニホールド及びエキゾースト・マニホールドに関する記述として，**適切なもの**は次のうちどれか。

(1) エキゾースト・マニホールドは，サージ・タンクと一体になっているものもある。

(2) インテーク・マニホールドの材料には，一般に鋳鉄製のものが用いられる。

(3) エキゾースト・マニホールドは，一般にシリンダ・ブロックに取り付けられている。

(4) インテーク・マニホールドは，吸入空気を各シリンダに均等に分配する。

**【No.3】** プレッシャ型ラジエータ・キャップの構成部品で，冷却水温度が低下し，ラジエータ内の圧力が規定値より低くなったときに開く部品として，**適切なもの**は次のうちどれか。

(1) バキューム・バルブ

(2) バイパス・バルブ

(3) プレッシャ・バルブ

(4) リリーフ・バルブ

【No.4】 図に示すクランクシャフトのAからDのうち，バランス・ウェイトを表すものとして，**適切なもの**は次のうちどれか。

(1) A

(2) B

(3) C

(4) D

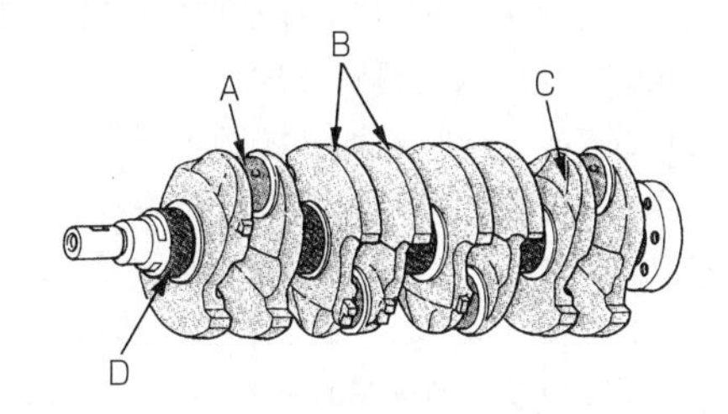


【No.5】 カートリッジ式(非分解式)のオイル・フィルタに関する記述として，**不適切なもの**は次のうちどれか。

(1) オイル・フィルタは，規定の走行距離又は時期に達したら交換する。

(2) オイル・ポンプから送られたオイルは，エレメント外側より内側へ流れてろ過される。

(3) バイパス・バルブは，オイル・フィルタの入口側の圧力が規定値以下になったときに開く。

(4) バイパス・バルブが開いた場合，オイルはエレメントを通らず直接各潤滑部に送られる。

【No.6】 点火順序が1－3－4－2の4サイクル直列4シリンダ・エンジンの第2シリンダが圧縮行程の上死点にあり，この状態からクランクシャフトを回転方向に540°回したときに，圧縮行程の上死点にあるシリンダとして，**適切なもの**は次のうちどれか。

(1) 第1シリンダ

(2) 第2シリンダ

(3) 第3シリンダ

(4) 第4シリンダ

【No.7】 水冷・加圧式の冷却装置に関する記述として，**適切なもの**は次のうちどれか。

(1) 冷却水が熱膨張によって加圧(60kPa～125kPa)されるので，水温が100℃になっても沸騰しない。

(2) ジグル・バルブは，冷却水の循環系統内に残留している空気がない場合，浮力と水圧により開いている。

(3) ラジエータ・コアは軽量な樹脂で，アッパ・タンク，ロアー・タンクはアルミニウム合金で作られている。

(4) プレッシャ型ラジエータ・キャップは，ラジエータに流れる冷却水の流量を制御している。

【No.8】 トロコイド式オイル・ポンプに関する記述として，**適切なもの**は次のうちどれか。

(1) インナ・ロータが回転すると，アウタ・ロータはインナ・ロータとは逆方向に回転する。

(2) インナ・ロータ及びアウタ・ロータは，それぞれのマーク面を上側に向けてタイミング・チェーン・カバー(オイル・ポンプ・ボデー)に組み付ける。

(3) ボデー・クリアランスとは，ロータとオイル・ポンプ・カバー取り付け面との隙間をいう。

(4) チップ・クリアランスの測定は，マイクロメータを用いて行う。

【No.9】 EGR(排気ガス再循環)装置に関する記述として，**適切なもの**は次のうちどれか。

(1) 燃焼ガスの最高燃焼ガス温度を上げてCO(一酸化炭素)の低減を図る。

(2) 燃焼ガスの最高燃焼ガス温度を上げてNOx(窒素酸化物)の低減を図る。

(3) 燃焼ガスの最高燃焼ガス温度を下げてCOの低減を図る。

(4) 燃焼ガスの最高燃焼ガス温度を下げてNOxの低減を図る。

【No.10】 スリッパ・スカート・ピストンにおいて，ボス方向のスカート部が切り欠いてある理由として，**適切なもの**は次のうちどれか。

(1) ピストンの摩耗を軽減させる。
(2) 燃焼室の気密を保持する。
(3) ピストンの質量を軽くする。
(4) 熱膨張によるピストンの変形を防ぐ。

【No.11】 電子制御装置のセンサに関する記述として，**適切なもの**は次のうちどれか。

(1) 吸気温センサには，サーミスタが用いられている。
(2) バキューム・センサには，磁気抵抗素子が用いられている。
(3) 水温センサには，ジルコニア素子が用いられている。
(4) 空燃比センサには，ホール素子が用いられている。

【No.12】 図に示すレシプロ・エンジンのシリンダ・ブロックにピストンを挿入するときに用いられる工具Aの名称として，**適切なもの**は次のうちどれか。

(1) シリンダ・ゲージ
(2) ピストン・リング・リプレーサ
(3) コンビネーション・プライヤ
(4) ピストン・リング・コンプレッサ

**【No.13】** 電子制御式燃料噴射装置に関する記述として，**不適切なもの**は次のうちどれか。

(1) フューエル・ポンプは，フューエル・タンク内に設けられ燃料を吸入，吐出しインジェクタに送るものである。

(2) インジェクタのソレノイド・コイルに電流が流れると，ニードル・バルブが全開位置に移動し，燃料が噴射される。

(3) 燃料噴射量の制御は，インジェクタの噴射圧力を制御することによって行われている。

(4) チャコール・キャニスタは，燃料蒸発ガスが大気中に放出されるのを防止している。

**【No.14】** 半導体に関する記述として，**不適切なもの**は次のうちどれか。

(1) フォト・ダイオードは，光信号から電気信号への変換などに用いられている。

(2) ツェナ・ダイオードは，電気信号を光信号に変換する場合などに用いられている。

(3) トランジスタは，スイッチング回路などに用いられている。

(4) ダイオードは，交流を直流に変換する整流回路などに用いられている。

**【No.15】** 点火装置に用いられるイグニション・コイルの一次コイルと比べたときの二次コイルの特徴に関する記述として，**適切なもの**は次のうちどれか。

(1) 銅線が太く，巻き数が多い。

(2) 銅線が太く，巻き数が少ない。

(3) 銅線が細く，巻き数が少ない。

(4) 銅線が細く，巻き数が多い。

【No.16】 オルタネータ(IC式ボルテージ・レギュレータ内蔵)に関する記述として，**適切なもの**は次のうちどれか。

(1) ステータ・コアは薄い鉄板を重ねたもので，ロータ・コアとともに磁束の通路を形成している。

(2) ステータには，一体化された冷却用ファンが取り付けられている。

(3) ステータ・コイルに発生する誘導起電力の大きさは，ステータ・コイルの巻き数が多いほど小さくなる。

(4) ステータは，ステータ・コア，ステータ・コイル，スリップ・リングなどで構成されている。

【No.17】 リダクション式スタータに関する記述として，**適切なもの**は次のうちどれか。

(1) モータのフィールドは，ヨーク，ポール・コア(鉄心)，アーマチュア・コイルなどで構成されている。

(2) 減速ギヤ部によって，アーマチュアの回転を減速し，駆動トルクを増大させてピニオン・ギヤに伝えている。

(3) アーマチュアの回転をそのままピニオン・ギヤに伝えている。

(4) オーバランニング・クラッチは，アーマチュアの回転をロックさせる働きをしている。

【No.18】 スタータの作動に関する次の文章の（　）に当てはまるものとして，**適切なもの**はどれか。

スタータ・スイッチをONにし，プランジャが吸引されメーン接点が閉じた後,(　) の磁力による吸引力だけでプランジャは保持されている。

(1) アーマチュア・コイル

(2) フィールド・コイル

(3) プルイン・コイル

(4) ホールディング・コイル

【No.19】 スパーク・プラグに関する記述として，**適切なもの**は次のうちどれか。

(1) 高熱価型プラグは，標準熱価型プラグと比較して碍子(がいし)脚部が長い。
(2) 放熱しやすく電極部の焼けにくいスパーク・プラグを低熱価型プラグという。
(3) 絶縁碍子は，純度の高いアルミナ磁器で作られている。
(4) スパーク・プラグは，ハウジング，イグナイタ，電極などで構成されている。

【No.20】 スター結線のオルタネータに関する次の文章の（イ）と（ロ）に当てはまるものとして，下の組み合わせのうち，**適切なもの**はどれか。

ステータ・コイルを（イ）用いており，それぞれ（ロ）ずつずらして配置している。

| | （イ） | （ロ） |
|---|---|---|
| (1) | 2個 | 180° |
| (2) | 3個 | 120° |
| (3) | 4個 | 90° |
| (4) | 6個 | 60° |

【No.21】 ドライバの種類と構造・機能に関する記述として，**不適切なもの**は次のうちどれか。

(1) 角軸形の外観は普通形と同じであるが，軸が柄の中を貫通しているため頑丈である。
(2) 普通形は，軸が柄の途中まで入っており，柄は一般に木やプラスチックなどで作られている。
(3) ショック・ドライバは，ねじなどを，衝撃を与えながら緩めるときに用いるものである。
(4) スタッビ形は，短いドライバで，柄が太く強い力を与えることができる。

【No.22】 図に示す電気回路において，ランプを図のように接続したときの電気抵抗が4Ωである場合，ランプの消費電力として，**適切なもの**は次のうちどれか。ただし，バッテリ，配線等の抵抗はないものとする。

(1) 3W
(2) 24W
(3) 36W
(4) 48W

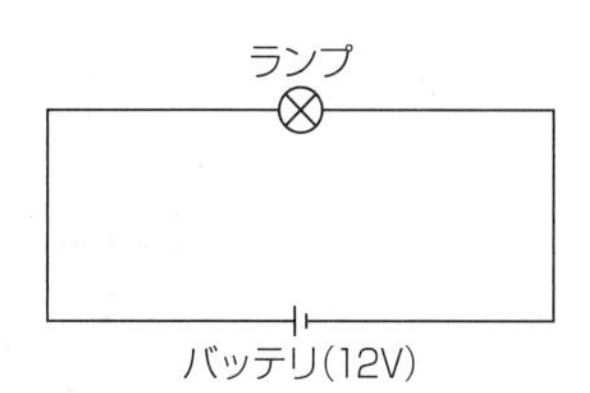


【No.23】 自動車の警告灯に関する記述として，**不適切なもの**は次のうちどれか。

(1) ブレーキ・ウォーニング・ランプは，パーキング・ブレーキ作動時にも点灯する。
(2) 半ドア・ウォーニング・ランプは，ドアが完全に閉じていないときに点灯する。
(3) ABSウォーニング・ランプは，装置に異常が発生したときに点灯する。
(4) EPS(電動パワー・ステアリング)ウォーニング・ランプは，アシスト作動時に点灯する。

【No.24】 潤滑剤に用いられるグリースに関する記述として，**適切なもの**は次のうちどれか。

(1) カルシウム石けんグリースは，マルチパーパス・グリースともいわれている。
(2) グリースは，常温では柔らかく，潤滑部が作動し始めると摩擦熱で徐々に固くなる。
(3) 石けん系のグリースには，ベントン・グリースやシリカゲル・グリースなどがある。
(4) リチウム石けんグリースは，耐熱性や機械的安定性が高い。

【No.25】　図に示す電気回路の電圧測定において，接続されている電圧計AからDが表示する電圧値として，**適切なもの**は次のうちどれか。ただし，回路中のスイッチはOFF(開)で，バッテリ，配線等の抵抗はないものとする。

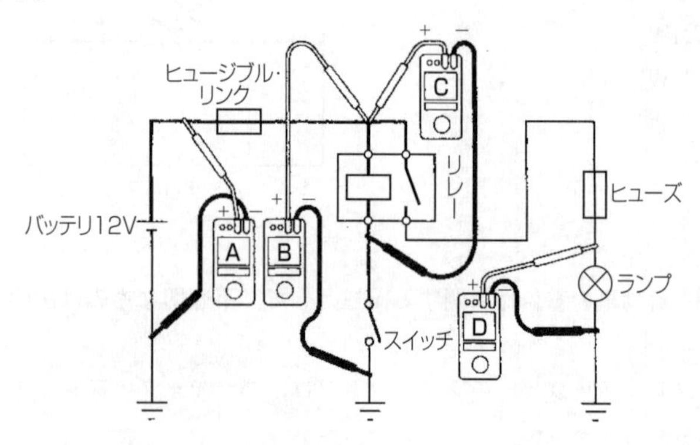


(1)　電圧計Aは0Vを表示する。

(2)　電圧計Bは12Vを表示する。

(3)　電圧計Cは12Vを表示する。

(4)　電圧計Dは12Vを表示する。

【No.26】　自動車に用いられる非鉄金属に関する記述として，**不適切なもの**は次のうちどれか。

(1)　青銅は，銅に錫(すず)を加えた合金で，耐摩耗性に優れ，潤滑油とのなじみもよい。

(2)　鉛は，塩酸や硫酸にも溶解されないので，バッテリの極板などに使用されている。

(3)　アルミニウムは，熱の伝導率が鉄の約20倍である。

(4)　黄銅(真ちゅう)は，銅に亜鉛を加えた合金で，加工性に優れている。

【No.27】 ローリング・ベアリングのうち，ラジアル・ベアリングの種類として，**不適切なもの**は次のうちどれか。

(1) テーパ・ローラ型
(2) シリンドリカル・ローラ型
(3) ボール型
(4) ニードル・ローラ型

【No.28】 「道路運送車両の保安基準」及び「道路運送車両の保安基準の細目を定める告示」に照らし，最高速度が100km/hで，車幅が1.69mの四輪小型自動車の制動灯の基準に関する次の文章の（イ）と（ロ）に当てはまるものとして，下の組み合わせのうち，**適切なもの**はどれか。

制動灯は，（イ）にその後方（ロ）mの距離から点灯を確認できるものであり，かつ，その照射光線は，他の交通を妨げないものであること。

| | （イ） | （ロ） |
|---|---|---|
| (1) | 夜　間 | 100 |
| (2) | 夜　間 | 300 |
| (3) | 昼　間 | 100 |
| (4) | 昼　間 | 300 |

【No.29】 「道路運送車両法」に照らし，次の文章の（　）に当てはまるものとして，**適切なもの**はどれか。

「道路運送車両」とは，（　）をいう。

(1) 自動車，原動機付自転車及び軽車両
(2) 自動車及び軽車両
(3) 原動機付自転車及び軽車両
(4) 自動車及び原動機付自転車

【No.30】「道路運送車両の保安基準」に照らし，自動車の幅に関する基準として，**適切なもの**は次のうちどれか。

(1) 2.8mを超えてはならない。

(2) 2.5mを超えてはならない。

(3) 2.2mを超えてはならない。

(4) 2.0mを超えてはならない。

# 04・10　試験問題解説（登録）

**【No.1】** 答え　(2)

一般に始動時, 高負荷時などには, 理論空燃比より**濃い**混合気が必要となる。

**【No.2】** 答え　(4)

(1) **インテーク・マニホールド**は, サージ・タンクと一体になっているものもある。

(2) インテーク・マニホールドの材料には, **近年では軽量化などにより樹脂製のものが一般的**となっている。

(3) インテーク・マニホールドは, 一般に**シリンダ・ヘッド**に取り付けられている。

**【No.3】** 答え　(1)

(2) バイパス・バルブは, サーモスタットに設けられ, 冷却水温が低いときは開いてラジエータへ冷却水を送らず, 規定温度に達すると閉じてラジエータで冷やされた冷却水をシリンダ・ブロック, シリンダ・ヘッドに循環させる。

(3) プレッシャ・バルブは, 冷却水温度が上昇し, ラジエータ内の圧力がバルブ・スプリングのばね力に打ち勝つと開く。

(4) リリーフ・バルブは, プレッシャ型ラジエータ・キャップには付いていない。

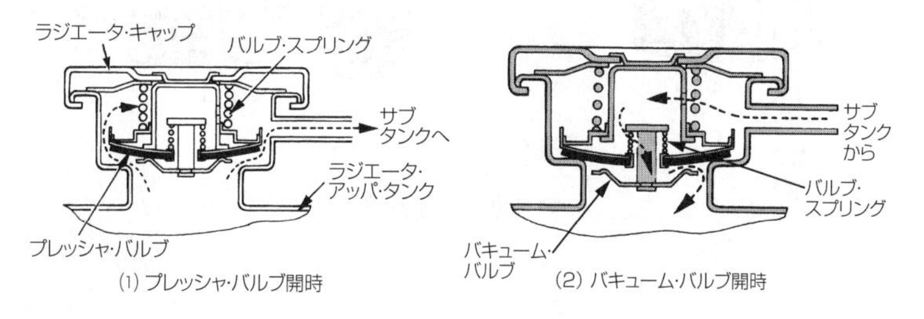


(1) プレッシャ·バルブ開時　(2) バキューム·バルブ開時

プレッシャ型ラジエータ・キャップ

【No.4】　答え　(2)

(1)　Aは，**クランク・ピン**

(2)　Cは，**クランク・アーム**

(4)　Dは，**クランク・ジャーナル**

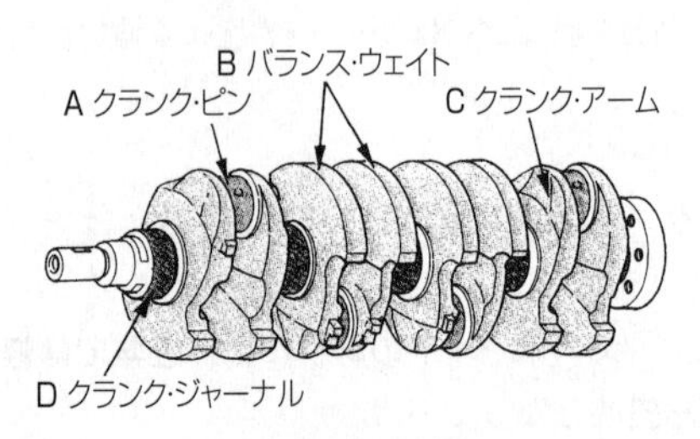


クランクシャフト

【No.5】　答え　(3)

バイパス・バルブは，オイル・フィルタのエレメントが目詰まりし，その入り口側の圧力が**規定値を超えたとき**に開き，オイルは直接各潤滑部に送られ，各部の焼付きなどを防いでいる。

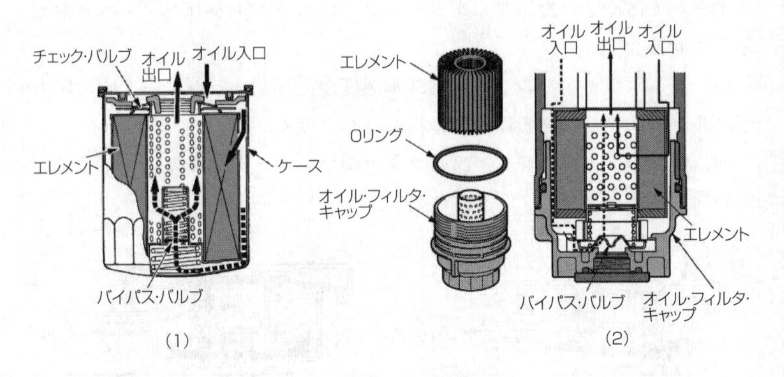


オイル・フィルタ

**【No.6】** 答え (4)

図1は第2シリンダが圧縮上死点のバルブ・タイミング・ダイヤグラムである。この状態からクランクシャフトを回転方向に540°回転させると，図2の状態となる。このとき圧縮行程の上死点にあるのは**第4シリンダ**である。

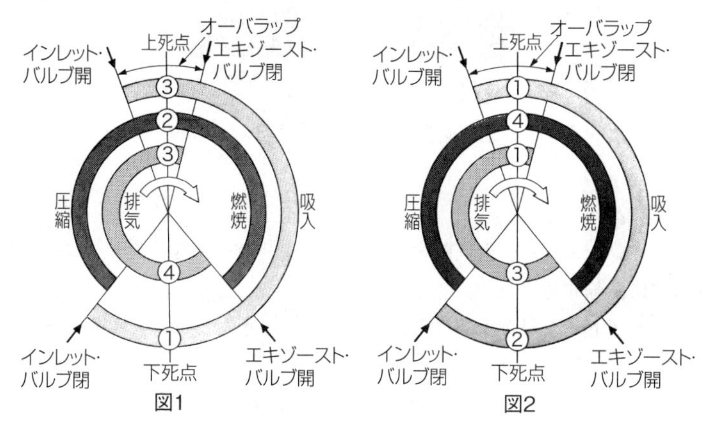


4サイクルエンジンのバルブ・タイミング・ダイヤグラム

**【No.7】** 答え (1)

(2) ジグル・バルブは，冷却水の循環系統内に残留している空気がない場合は，浮力と水圧によって**閉じて**いる。

(3) ラジエータ・コアは**熱伝導性の高いアルミニウム合金など**で，アッパ・タンク，ロアー・タンクは**軽量な樹脂**で作られている。

(4) プレッシャ型ラジエータ・キャップは，**冷却水の熱膨張によって圧力を掛け，水温が100℃以上になっても沸騰しないようにして，気泡の発生を抑え冷却効果を高めている。**

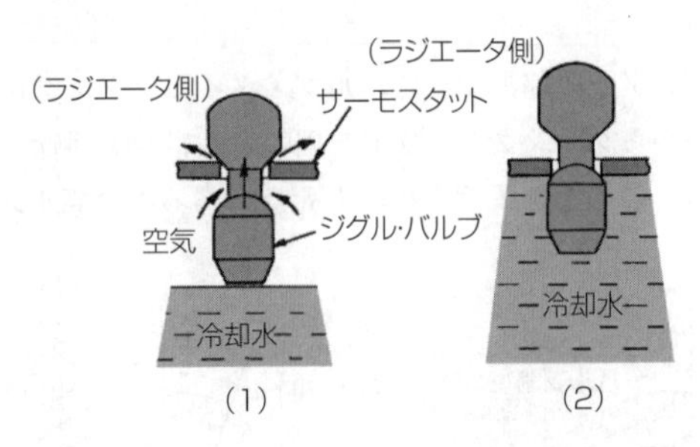


ジグル・バルブの作動

【No.8】　答え　(2)

(1) インナ・ロータが回転すると，アウタ・ロータもインナ・ロータと**同方向に回転する**。

(3) **サイド・クリアランス**とは，ロータとオイル・ポンプ・カバー取り付け面との隙間をいう。

(4) チップ･クリアランスの測定は，**シックネス･ゲージ**を用いて行う。

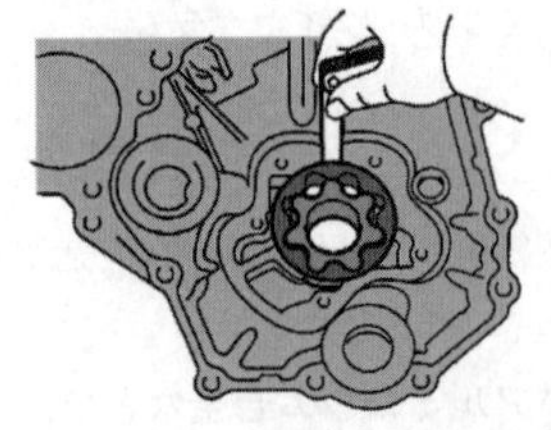

ボデー・クリアランス

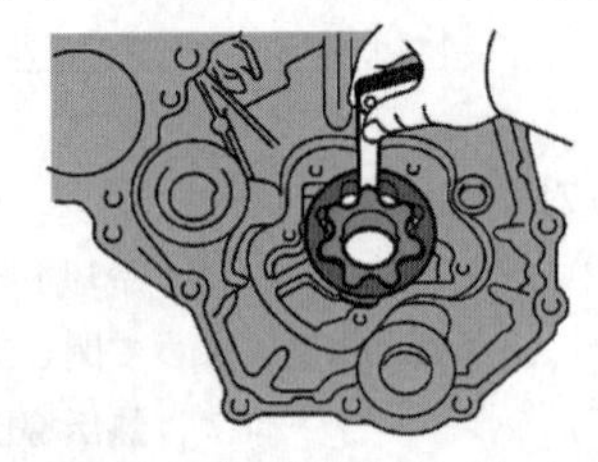

チップ・クリアランス

サイド・クリアランス

**【No.9】** 答え　(4)

EGR装置は，排気ガスの一部を吸気系統に再循環させるもので，燃焼ガスの最高燃焼ガス温度を下げてNOx(窒素酸化物)の低減を図る。

**【No.10】** 答え　(3)

ピストンの質量を軽くするために，ボス方向のスカート部を切り欠いたものをスリッパ・スカート・ピストンと呼び，切り欠いてないものをソリッド・スカート・ピストンと呼んでいる。

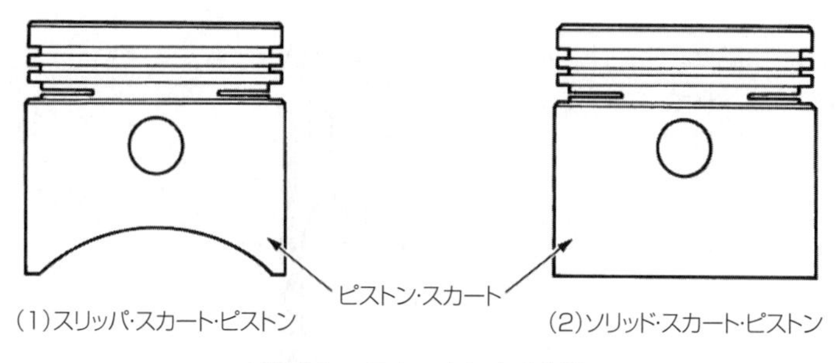


ピストン・スカートによる分類

【No.11】 答え (1)

(2) バキューム・センサには，**シリコン・チップ**が用いられている。

**回転センサ**には，磁気抵抗素子が用いられている。

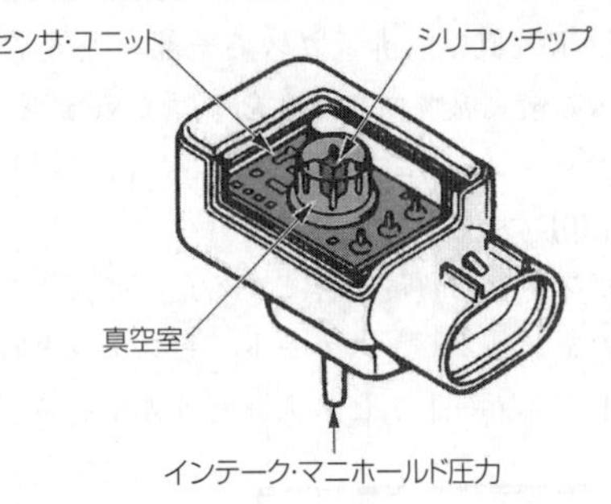


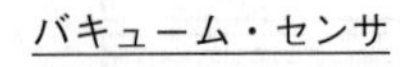
バキューム・センサ

(3) 水温センサには，**サーミスタ**が用いられている。

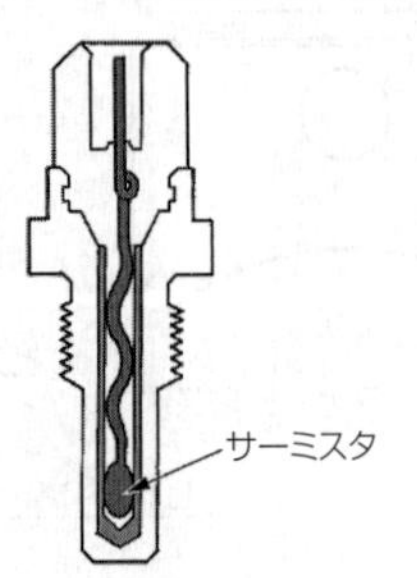

水温センサ

(4) 空燃比センサには，**ジルコニア素子**が用いられている。

ホール素子は**スロットル・ポジション・センサ**に用いられている。

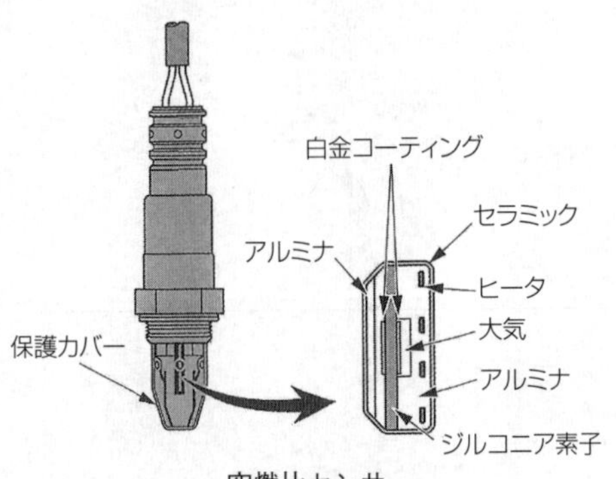

空燃比センサ

**【No.12】** 答え　(4)

シリンダ・ブロックにピストンを挿入するときに用いられる工具は，**ピストン・リング・コンプレッサ**である。

(1) シリンダ・ゲージは，**シリンダの内径などの測定**に用いられる。

(2) ピストン・リング・リプレーサは，**ピストン・リングの脱着**に用いられる。

(3) コンビネーション・プライヤは，**工作物の保持及び針金の切断**に用いられるが，支点の穴を変えることによって，口の開きを大小二段に出来るので使用範囲が広い。

ピストンの挿入

**【No.13】** 答え　(3)

インジェクタは，ニードル・バルブのストローク，噴射孔の面積及び燃圧などが決まっているため，**燃料の噴射量はソレノイド・コイルへの通電時間によって決定**される。

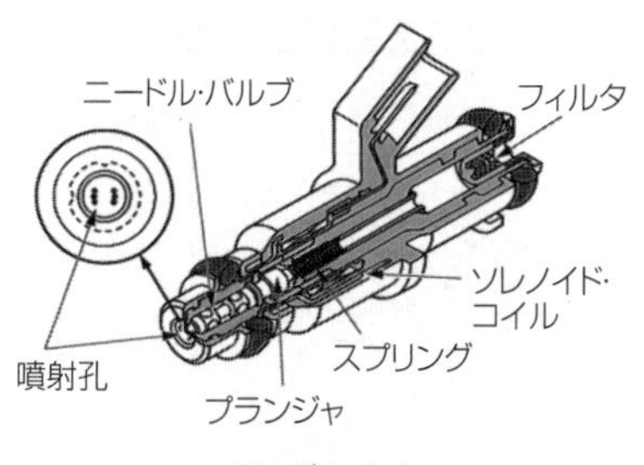


インジェクタ

**【No.14】** 答え　(2)

ツェナ・ダイオードは，**定電圧回路や電圧検出回路**に使われている。電気信号から光信号への変換などに使われるのは，発光ダイオード(LED)である。

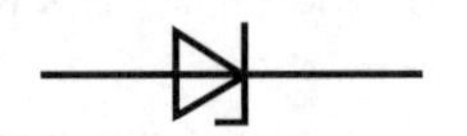

ツェナ・ダイオード

**【No.15】** 答え　(4)

一次コイルは二次コイルに対して**銅線が太く，二次コイルは一次コイルより銅線が細く，巻き数が多い。**

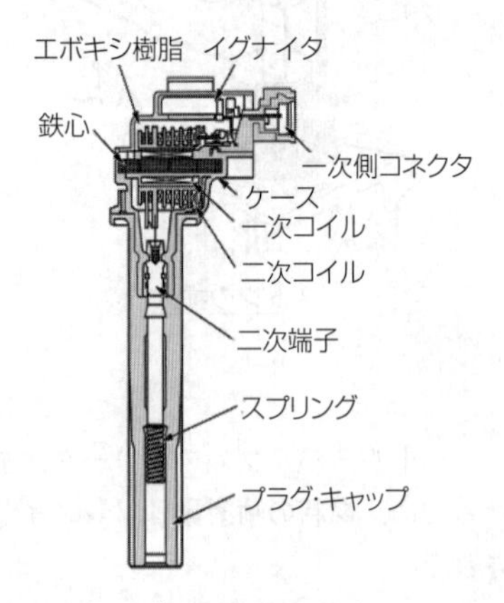


イグニション・コイル

**【No.16】** 答え　(1)

(2) 一体化された冷却用ファンが取り付けられているのは，**ロータ**である。

(3) ステータ・コイルに発生する誘導起電力の大きさは，ステータ・コイルの**巻き数が多いほど大きくなる**。

(4) **ステータは，ステータ・コア，ステータ・コイル**などで構成されている。スリップ・リングは，ロータの構成部品である。

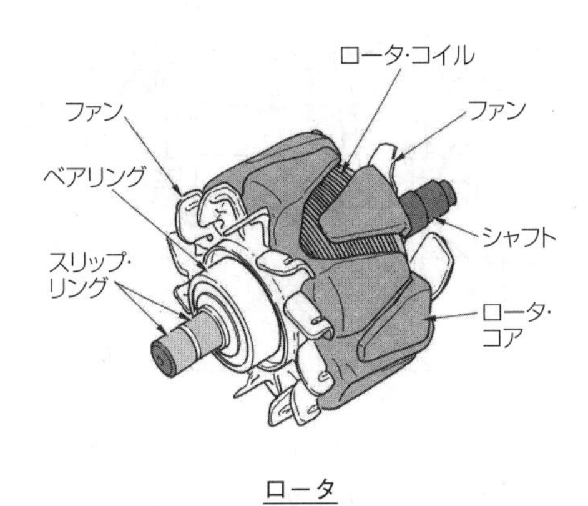


ロータ

**【No.17】** 答え　(2)

(1) モータのフィールドは，ヨーク，ポール・コア(鉄心)，**フィールド・コイル**などで構成されている。

(3) リダクション式スタータは，**アーマチュアの回転を減速(リダクション)して**ピニオン・ギヤに伝えている。

(4)オーバランニング・クラッチは，**アーマチュアがエンジンの回転によって逆に駆動され，オーバランすることによる破損を防止する**ためのもの。

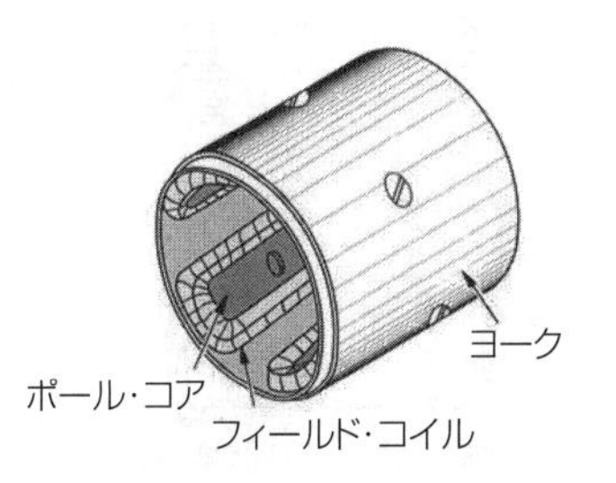


フィールド

**【No.18】** 答え　(4)

スタータ・スイッチをONにし，プランジャが吸引されメーン接点が閉じた後，プルイン・コイルの両端が短絡されるので，プルイン・コイルの磁力はなくなり，**(ホールディング・コイル)の磁力**による吸引力だけでプランジャは保持されている。

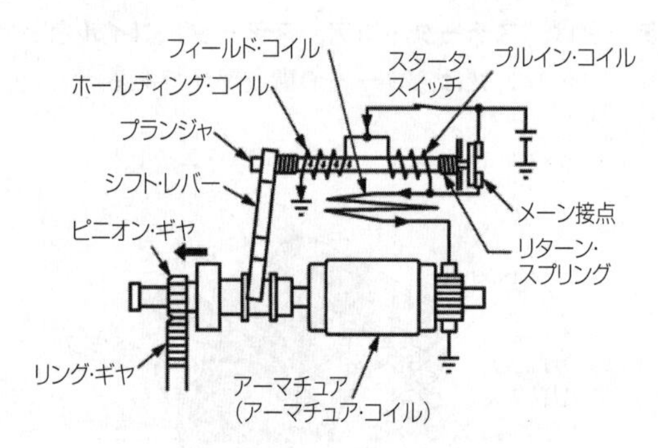


**スタータのエンジン・クランキング時**

**【No.19】** 答え　(3)

(1) 高熱価型プラグは，標準熱価型プラグと比較して碍子脚部が**短い**。

(2) 放熱しやすく電極部の焼けにくいスパーク・プラグを**高熱価型プラグ**という。

(4) スパーク・プラグは，ハウジング，**絶縁碍子**，電極などで構成されている。

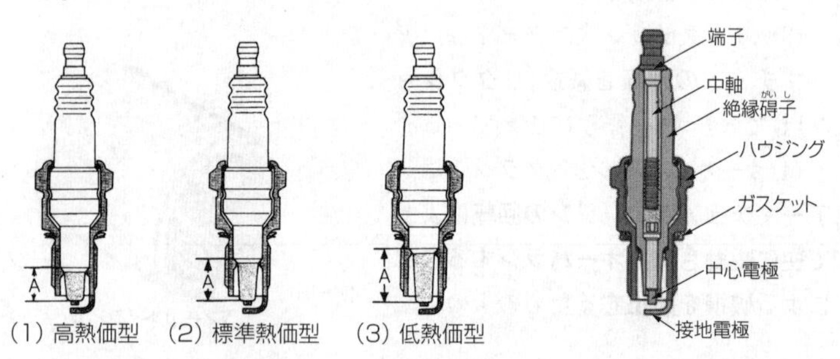


**熱価による構造の違い**　　**スパーク・プラグ**

**【No.20】** 答え　(2)

オルタネータは，**ステータ・コイルを(3個)用いて**おり，**それぞれ(120°)ずつずらして配置**している。

**【No.21】** 答え　(1)

**角軸形は，軸が四角形で大きな力に耐えられるようになっており，**軸にスパナなどを掛けて使用することもできる。外観が普通形と同じであるが，軸が柄の中を貫通している頑丈なドライバは貫通形である。

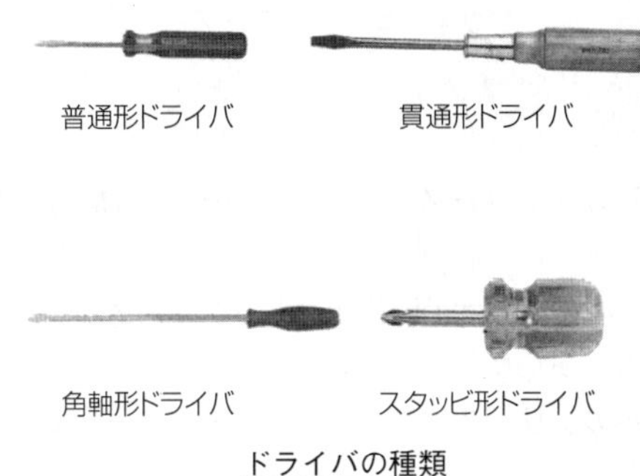


ドライバの種類

**【No.22】** 答え　(3)

電力：Pは電圧：Eと電流：Ｉの積で表わされ，単位にはW(ワット)が用いられる。

式で表わすと次のようになる。

$$P\,(W)=E\,(V)\times I\,(A)=E\,(V)\times\frac{E\,(V)}{R\,(\Omega)}=\frac{E^2}{R\,(\Omega)}$$ より，

電球の消費電力は

$$P\,(W)=\frac{12^2}{4}=\frac{144}{4}=$$ **36W**となる。

**【No.23】** 答え (4)

EPS(電動パワー・ステアリング)ウォーニング・ランプは，**装置が異常を発生したときに点灯する。**

ウォーニング・ランプ

**【No.24】** 答え (4)

(1) **リチウム石けんグリース**は，**マルチパーパス(MP)・グリース**ともいわれている。

(2) グリースは，常温では半固体状であるが，潤滑部が作動し始めると摩擦熱で徐々に**柔らかくなる。**

(3) **非石けん系のグリース**には，ベントン・グリースやシリカゲル・グリースなどがある。

**【No.25】** 答え (2)

電圧計Aは，バッテリ電圧を示すので**12V**を表示する。電圧計Bは，回路が開いているところまではバッテリ電圧が掛かっていることから**12V**を表示する。電圧計Cは，スイッチがOFF(開き)，等しく12Vの電圧が掛かっていて，電位差がないことから**0V**を表示する。電圧計Dは，リレー接点がOFF(開)になっているので，電圧は掛からず**0V**を表示する。

**【No.26】** 答え (3)

アルミニウム(A1)は，線膨張係数は鉄の約2倍，**熱の伝導率は鉄の約3倍**と高く，電気の伝導率は銅の約60%，比重が鉄の約3分の1と軽い。

【No.27】 答え　(1)

ローリング・ベアリングには，ラジアル方向(軸と直角方向)の荷重を受けるラジアル・ベアリング，スラスト方向(軸と同じ方向)の荷重を受けるスラスト・ベアリング，ラジアル方向とスラスト方向の両方の荷重を受けるアンギュラ・ベアリングに分けられる。**ラジアル・ベアリングには，ボール型，ニードル(針状)・ローラ型，シリンドリカル(円筒状)・ローラ型などがある**。テーパ(円すい状)・ローラ型のベアリングは，アンギュラ・ベアリングである。

【No.28】 答え　(3)

「道路運送車両の保安基準」第39条

「道路運送車両の保安基準の細目を定める告示」第212条の (1)

制動灯は，**昼間**にその後方**100m**の距離から点灯を確認できるものであり，かつ，その照射光線は，他の交通を妨げないものであること。

**【No.29】** 答え　(1)

「道路運送車両法」第2条

「道路運送車両」とは，**自動車，原動機付自転車及び軽車両**をいう。

**【No.30】** 答え　(2)

「道路運送車両の保安基準」第2条

自動車は，告示で定める方法により測定した場合において，長さ12m，**幅2.5m**，高さ3.8mを**超えてはならない**。

## 05・3　試験問題（登録）

**【No.1】** ピストン・リングに関する記述として，**不適切なもの**は次のうちどれか。

(1) バレル・フェース型は，しゅう動面が円弧状になっているため，初期なじみの際の異常摩耗を防止できる。

(2) アンダ・カット型は，最も基本的な形状で，気密性，熱伝導性が優れている。

(3) 組み合わせ型オイル・リングは，サイド・レールとスペーサ・エキスパンダを組み合わせている。

(4) インナ・ベベル型は，オイルをかき落とす性能に優れているので，一般にトップ・リング又はセカンド・リングに使用されている。

**【No.2】** クランクシャフトの曲がりを測定するときに用いられるものとして，**適切なもの**は次のうちどれか。

(1) プラスチ・ゲージ

(2) シックネス・ゲージ

(3) コンプレッション・ゲージ

(4) ダイヤル・ゲージ

**【No.3】** フライホイール及びリング・ギヤに関する記述として，**不適切なもの**は次のうちどれか。

(1) フライホイールの振れの点検は，シックネス・ゲージを用いて測定する。

(2) リング・ギヤには，一般に炭素鋼製のスパー・ギヤが用いられる。

(3) フライホイールの材料には，一般に鋳鉄が用いられる。

(4) フライホイールは，燃焼(膨張)によって変化するクランクシャフトの回転力を平均化する働きをする。

**【No.4】** 図に示すバルブのバルブ・フェースを表すものとして，**適切なものは**次のうちどれか。

(1) A
(2) B
(3) C
(4) D

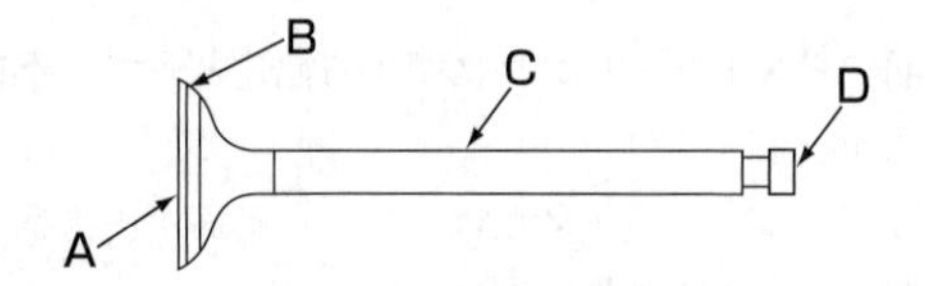


**【No.5】** ガソリン・エンジンの燃焼に関する記述として，**不適切なもの**は次のうちどれか。

(1) 燃料蒸発ガスとは，フューエル・タンクなどの燃料装置から燃料が蒸発し，大気中に放出されるガスをいう。
(2) 燃料蒸発ガスに含まれる有害物質は，主にHC(炭化水素)である。
(3) 一般に始動時，高負荷時などには，理論空燃比より薄い混合気が必要となる。
(4) ノッキングの弊害の一つに，異音の発生がある。

**【No.6】** 全流ろ過圧送式潤滑装置に関する記述として，**不適切なもの**は次のうちどれか。

(1) オイル・ポンプのリリーフ・バルブは，オイルの圧力が規定値以上になると作動する。
(2) オイル・プレッシャ・スイッチは，油圧が規定値より高くなり過ぎた場合に，コンビネーション・メータ内のオイル・プレッシャ・ランプを点灯させる。
(3) オイル・パンのバッフル・プレートは，オイルの泡立ち防止，オイルが揺れ動くのを抑制及び車両傾斜時のオイル確保のために設けられている。
(4) トロコイド式オイル・ポンプのアウタ・ロータの山とインナ・ロータの山とのすき間をチップ・クリアランスという。

**【No.7】** 点火装置に用いられるイグニション・コイルに関する記述として，**適切なもの**は次のうちどれか。

(1) 一次コイルは，二次コイルより銅線が多く巻かれている。

(2) 一次コイルに電流が流れたときに，二次コイル部に高電圧が発生する。

(3) 鉄心に一次コイルと二次コイルが巻かれておりケースに収められている。

(4) 二次コイルは，一次コイルに対して銅線が太い。

**【No.8】** エア・クリーナに関する記述として，**適切なもの**は次のうちどれか。

(1) エレメントが汚れて目詰まりを起こすと吸入空気量が減少し，有害排気ガスが発生する原因になる。

(2) ビスカス式エレメントの清掃は，エレメントの内側(空気の流れの下流側)から圧縮空気を吹き付けて行う。

(3) 乾式エレメントは，一般に特殊なオイル(半乾性油)を染み込ませたものが用いられている。

(4) エンジンに吸入される空気は，レゾネータを通過することによってごみなどが取り除かれる。

**【No.9】** 電子制御式燃料噴射装置に関する記述として，**不適切なもの**は次のうちどれか。

(1) インジェクタのソレノイド・コイルに電流が流れると，ニードル・バルブが全開位置に移動し，燃料が噴射される。

(2) くら型のフューエル・タンクでは，ジェット・ポンプによりサブ室からメーン室に燃料を移送している。

(3) チャコール・キャニスタは，燃料蒸発ガスが大気中に放出されるのを防止している。

(4) プレッシャ・レギュレータは，インジェクタのソレノイド・コイルへの通電時間を制御している。

【No.10】 点火順序が1－3－4－2の4サイクル直列4シリンダ・エンジンの第4シリンダが吸入行程の下死点にあり，この状態からクランクシャフトを回転方向に360°回したときに圧縮行程の上死点にあるシリンダとして，**適切なもの**は次のうちどれか。

(1) 第1シリンダ

(2) 第2シリンダ

(3) 第3シリンダ

(4) 第4シリンダ

【No.11】 水冷・加圧式の冷却装置に関する記述として，**不適切なもの**は次のうちどれか。

(1) 標準型のサーモスタットのバルブは，冷却水温度が上昇し規定温度に達すると閉じ，冷却水がラジエータを循環して冷却水温度が下がる。

(2) ラジエータ・コアは，多数のチューブと放熱用のフィンからなっている。

(3) LLC(ロング・ライフ・クーラント)の成分は，エチレン・グリコールに数種類の添加剤を加えたものである。

(4) 電動式ウォータ・ポンプは，補機駆動用ベルトやタイミング・ベルトによって駆動されるものと比べて，燃費を低減させることができる。

【No.12】 ワックス・ペレット型サーモスタットに関する記述として，**不適切なもの**は次のうちどれか。

(1) サーモスタットの取り付け位置による水温制御の方法には，出口制御式と入口制御式とがある。

(2) サーモスタットのケースには，小さなエア抜き口が設けられているものもある。

(3) 冷却水の循環系統内に残留している空気がないときのジグル・バルブは，浮力と水圧により閉じている。

(4) 冷却水温度が高くなると，液体のワックスが固体となって収縮し，圧縮されていた合成ゴムは元の状態に戻る。

**【No.13】** 排気装置のマフラに関する記述として，**不適切なもの**は次のうちどれか。

(1) 排気の通路を絞り，圧力の変動を抑えることで音を減少させる。

(2) 高温の排気ガスの温度を下げて排気騒音を低下させる。

(3) 冷却により排気ガスの圧力を上げて音を減少させる。

(4) 管の断面積を急に大きくし，排気ガスを膨張させることにより圧力を下げて音を減少させる。

**【No.14】** 図に示すスパーク・プラグのAの名称として，**適切なもの**は次のうちどれか。

(1) 端子

(2) 接地電極

(3) ガスケット

(4) 絶縁碍子(がいし)

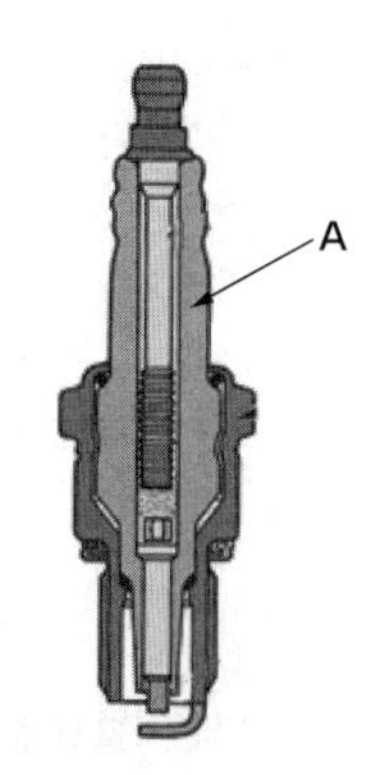


**【No.15】** スパーク・プラグに関する記述として，**不適切なもの**は次のうちどれか。

(1) スパーク・プラグは，ハウジング，絶縁碍子，電極などで構成されている。

(2) 標準熱価型プラグと比較して，放熱しやすく電極部の焼けにくいスパーク・プラグを高熱価型プラグと呼んでいる。

(3) 高熱価型プラグは，標準熱価型プラグと比較して碍子脚部が長い。

(4) 熱価(ヒート・レンジ)とは，スパーク・プラグが受けた熱をどれだけ放熱するかという度合を表す。

【No.16】　電子制御装置のセンサに関する記述として，**不適切なもの**は次のうちどれか。

(1) 吸気温センサには，磁気抵抗素子が用いられている。

(2) バキューム・センサには，半導体が用いられている。

(3) 水温センサには，サーミスタが用いられている。

(4) 空燃比センサには，ジルコニア素子が用いられている。

【No.17】　リダクション式スタータに関する記述として，**不適切なもの**は次のうちどれか。

(1) 直結式スタータより小型軽量化ができる利点がある。

(2) オーバランニング・クラッチは，アーマチュアがエンジンの回転によって逆に駆動され　オーバランすることによるスタータの破損を防止している。

(3) 内接式のリダクション式スタータは，一般にプラネタリ・ギヤ式とも呼ばれている。

(4) アーマチュアの回転速度より，ピニオン・ギヤの回転速度の方が速い。

【No.18】　ブラシ型オルタネータ(IC式ボルテージ・レギュレータ内蔵)に関する記述として，**適切なもの**は次のうちどれか。

(1) ステータ・コイルを3個用いたスター結線の場合，ステータ・コイルをそれぞれ180°ずつずらして配置している。

(2) オルタネータは，ステータ・コイルに発生した交流電流をトランジスタによって整流している。

(3) ステータ・コアは薄い鉄板を重ねたもので，ロータ・コアとともに磁束の通路を形成している。

(4) ステータ・コイルに発生する誘導起電力の大きさは，ステータ・コイルの巻き数が多いほど小さくなる。

【No.19】 電子制御装置に用いられるセンサ及びアクチュエータに関する記述として，**適切なもの**は次のうちどれか。

(1) 電子制御式スロットル装置のスロットル・ポジション・センサは，アクセル・ペダルの踏み込み角度を検出している。

(2) 熱線式エア・フロー・メータの出力電圧は，吸入空気量が少ないほど高くなる。

(3) 空燃比センサは，インテーク・マニホールドに取り付けられている。

(4) バキューム・センサの圧力信号の電圧特性は，インテーク・マニホールド圧力が真空から大気圧に近付くほど出力電圧が大きくなる。

【No.20】 半導体に関する記述として，**不適切なもの**は次のうちどれか。

(1) IC(集積回路)は，「はんだ付けによる故障が少ない」，「超小型化が可能になる」，「消費電力が少ない」などの特長がある。

(2) N型半導体は，自由電子が多くあるようにつくられた不純物半導体である。

(3) 真性半導体は，シリコンやゲルマニウムに他の原子をごく少量加えたものである。

(4) 発光ダイオードは，順方向の電圧を加えて電流を流すと発光するものである。

【No.21】 次に示す諸元のエンジンの総排気量について，**適切なもの**は次のうちどれか。

(1) 585cm$^3$

(2) 1,755cm$^3$

(3) 1,950cm$^3$

(4) 2,145cm$^3$

| ○燃焼室容積：65cm$^3$ |
|---|
| ○圧　縮　比：10 |
| ○シリンダ数：3 |

**【No.22】** ボルトとナットに関する記述として，**不適切なもの**は次のうちどれか。

(1) ヘクサロビュラ・ボルトは，ボルトの頭部に星形の穴を開けたもので，使用する場合は，ヘクサロビュラ・レンチという特殊なレンチを用いる。

(2) 溝付き六角ナットは，締め付けたあと，ボルトの穴と溝に合う割りピンを差し込むことで，ナットが緩まないようにしている。

(3) スタッド・ボルトは，棒の一端だけにねじが切ってあり，そのねじ部が機械本体に植え込まれている。

(4) 戻り止めナット(セルフロッキング・ナット)を緩めた場合は，原則として再使用は不可となっている。

**【No.23】** 潤滑剤に用いられるグリースに関する記述として，**適切なもの**は次のうちどれか。

(1) グリースは，常温では半固体状であるが，潤滑部が作動し始めると摩擦熱で徐々に柔らかくなる。

(2) リチウム石けんグリースは，ウォータ・ポンプなどに用いられ耐水性に優れていることが第一条件である。

(3) 石けん系のグリースには，ベントン・グリースやシリカゲル・グリースなどがある。

(4) カルシウム石けんグリースは，マルチパーパス・グリースとも呼ばれている。

**【No.24】** 図に示す電気回路において，電流計Aが2Aを表示したときの抵抗Rの抵抗値として，**適切なもの**は次のうちどれか。ただし，バッテリ，配線等の抵抗はないものとする。

(1)　1Ω

(2)　2Ω

(3)　6Ω

(4)　12Ω

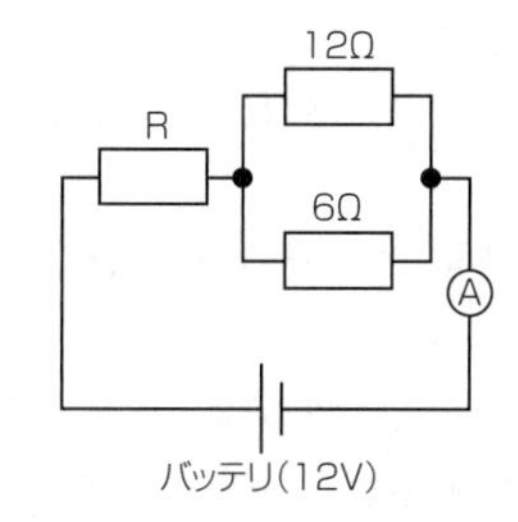


**【No.25】** プライヤの種類と構造・機能に関する記述として，**不適切なもの**は次のうちどれか。

(1) ピストン・リング・プライヤは，ピストン・リングの脱着に用いられる。

(2) コンビネーション・プライヤは，支点の穴を変えることによって，口の開きを大小二段にできる。

(3) バイス・グリップ(ロッキング・プライヤ)は，二重レバーによってつかむ力が非常に強い。

(4) ロング・ノーズ・プライヤは，刃が斜めで刃先が鋭く，細い針金の切断や電線の被覆をむくのに用いられる。

【No.26】 自動車に用いられる非鉄金属に関する記述として，**適切なもの**は次のうちどれか。

(1) 青銅は，銅に錫(すず)を加えた合金で，耐摩耗性に優れ 潤滑油とのなじみもよい。

(2) ケルメットは，銀に鉛を加えたもので，軸受合金として使用されている。

(3) 黄銅(真ちゅう)は，銅にアルミニウムを加えた合金で，加工性に優れている。

(4) アルミニウムは，比重が鉄の約３倍と重く，線膨張係数は鉄の約２倍である。

【No.27】 鉛バッテリに関する次の文章の（イ）と（ロ）に当てはまるものとして，下の組み合わせのうち，**適切なもの**はどれか。

電解液は，バッテリが完全充電状態のとき，液温（イ）に換算して，一般に比重（ロ）のものが使用されている。

| | （イ） | （ロ） |
|---|---|---|
| (1) | 20℃ | 1.260 |
| (2) | 20℃ | 1.280 |
| (3) | 25℃ | 1.260 |
| (4) | 25℃ | 1.280 |

【No.28】 「道路運送車両法」及び「自動車点検基準」に照らし，１年ごとに定期点検整備をしなければならない自動車として，**適切なもの**は次のうちどれか。

(1) 総排気量2.00ℓの自動車運送事業用の自動車

(2) 自家用乗用自動車

(3) 乗車定員５人の小型乗用自動車のレンタカー

(4) 車両総重量９ｔの自家用自動車

【No.29】「道路運送車両の保安基準」に照らし，次の文章の（　）に当てはまるものとして，**適切なもの**はどれか。

自動車の輪荷重は，（　）を超えてはならない。ただし，牽(けん)引自動車のうち告示で定めるものを除く。

(1)　5 t
(2)　10 t
(3)　15 t
(4)　20 t

【No.30】「道路運送車両の保安基準」及び「道路運送車両の保安基準の細目を定める告示」に照らし，車幅が1.69m，最高速度が100km/hである四輪小型自動車の方向指示器の基準に関する次の文章の（　）に当てはまるものとして，**適切なもの**はどれか。

前・後面に備える方向指示器は，方向の指示を表示する方向（　）mの位置から，昼間において点灯を確認できるものであり，かつ，その照射光線は，他の交通を妨げないものであること。

(1)　30
(2)　50
(3)　100
(4)　300

# 05・3　試験問題解説（登録）

**【No.1】** 答え　(2)

アンダ・カット型は，**オイル上がりを防ぐと共にオイルをかき落とす効果が優れている**。

**プレーン型は**，最も基本的な形状で，気密性，熱伝導性が優れている。

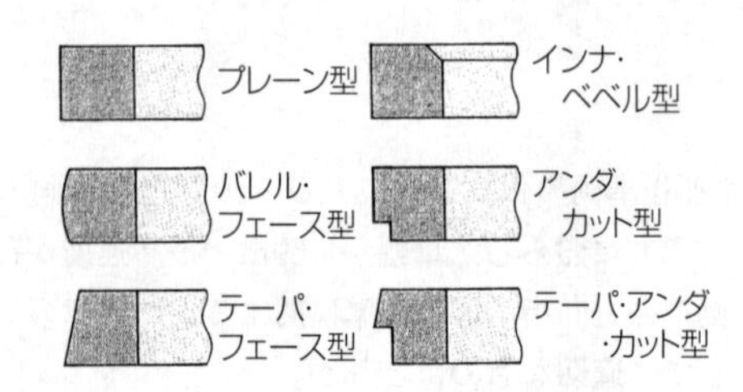


**コンプレッション・リングの種類**

**【No.2】** 答え　(4)

クランクシャフトの曲がりの点検は，図のようにクランクシャフト中央のジャーナル部に**ダイヤル・ゲージ**を当て，クランクシャフトを1回転させ振れを測定する。

曲がりは，振れの1／2である。

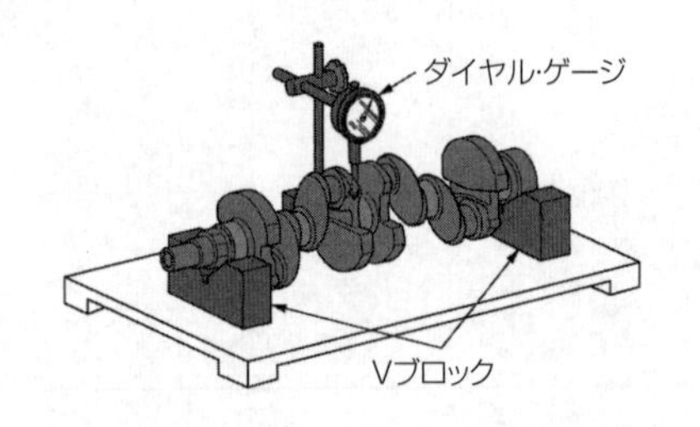


**クランクシャフトの振れの点検**

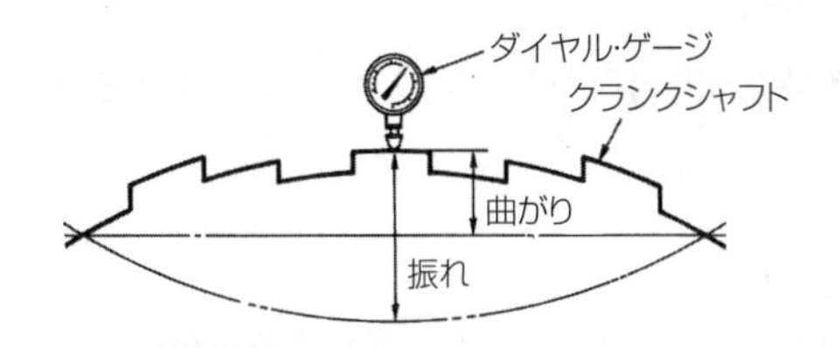


クランクシャフトの曲がり及び振れ

【No.3】 答え　(1)

フライホイールの振れの点検は，**ダイヤル・ゲージ**を用いて測定する。

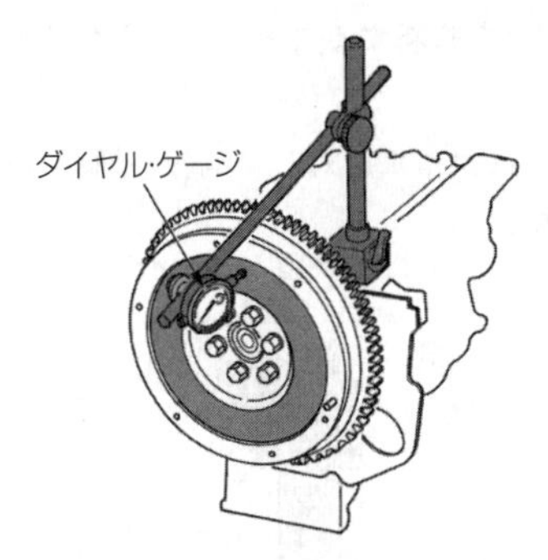


フライホイールの振れの点検

【No.4】 答え　(2)

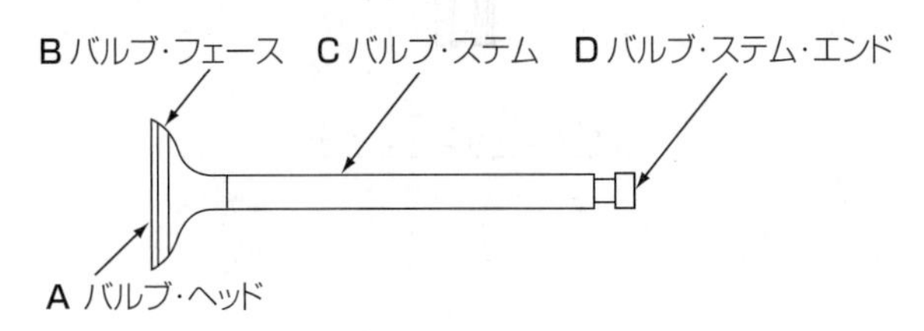


バルブ

**【No.5】** 答え (3)

一般に始動時，高負荷時などには，理論空燃比より**濃い**混合気が必要となる。

**【No.6】** 答え (2)

オイル・プレッシャ・スイッチは，油圧が**規定値に達していない場合**，コンビネーション・メータ内のオイル・プレッシャ・ランプを点灯させる。

**【No.7】** 答え (3)

(1) 一次コイルは，二次コイルより銅線が**少なく**巻かれている。

(2) 一次コイルの電流を**遮断する**ことで，二次コイル部に高電圧を発生させる。

(4) 二次コイルは，一次コイルに対して銅線が**細く**，多く巻かれている。

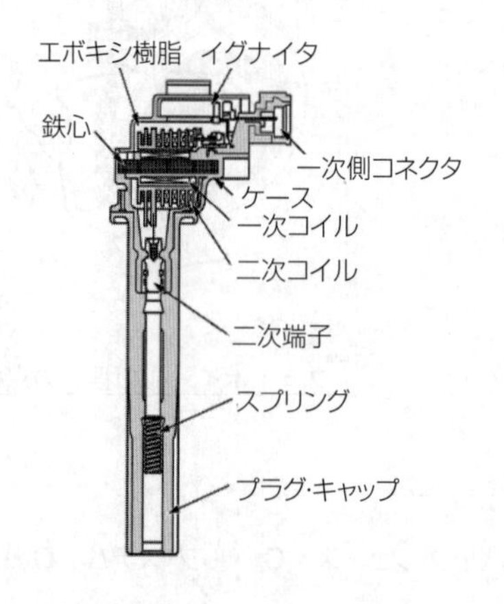


イグニション・コイル

**【No.8】** 答え　(1)

(2) **乾式エレメント**の清掃は，エレメントの内側(空気の流れの下流側)から圧縮空気を吹き付けて行う。

(3) **ビスカス式**エレメントは，一般に特殊なオイル(半乾性油)を染み込ませたものが用いられている。

(4) エンジンに吸入される空気は，**エア・クリーナ**を通過することによってごみなどが取り除かれる。

レゾネータは，**吸気騒音を小さくしたり，吸気効率を改善するものである。**

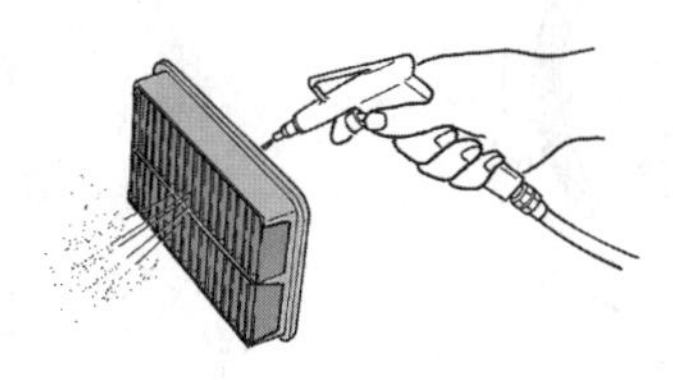

エレメントの清掃

**【No.9】** 答え　(4)

プレッシャ・レギュレータは，**フューエル・ポンプから吐出した燃料の余剰燃料をフューエル・タンクへ戻すことで一定圧力にしている。**

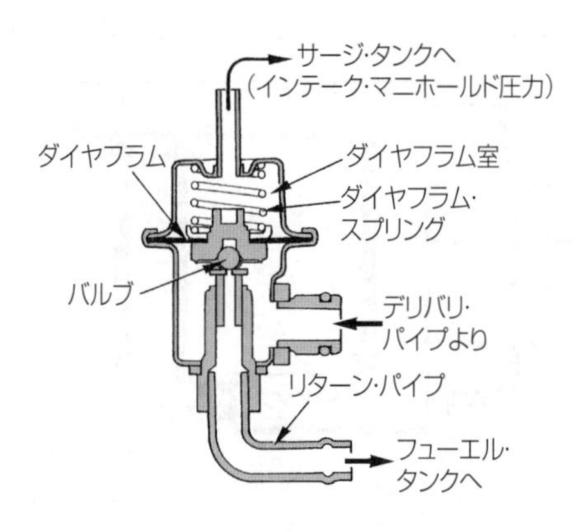


別体式プレッシャ・レギュレータ

【No.10】　答え　(2)

図1は第4シリンダが吸入行程の下死点のバルブ・タイミング・ダイヤグラムである。この状態からクランクシャフトを回転方向に360°回転させると，図2の状態となる。このとき圧縮行程の上死点にあるのは**第2シリンダ**である。

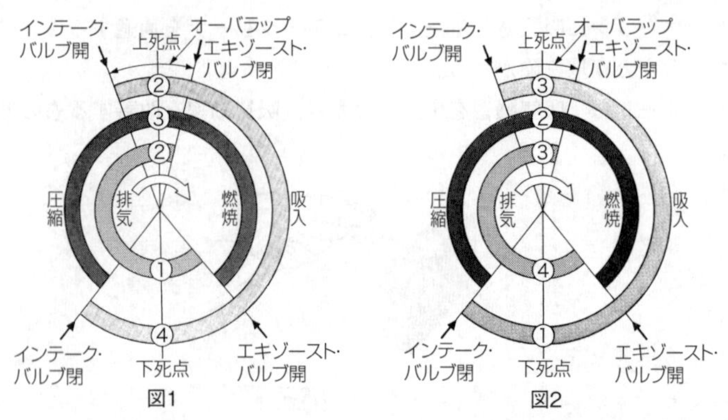


4サイクルエンジンのバルブ・タイミング・ダイヤグラム

【No.11】　答え　(1)

標準型のサーモスタットのバルブは，冷却水温度が上昇し規定温度に達すると**開き**，冷却水がラジエータを循環して冷却水温度が下がる。

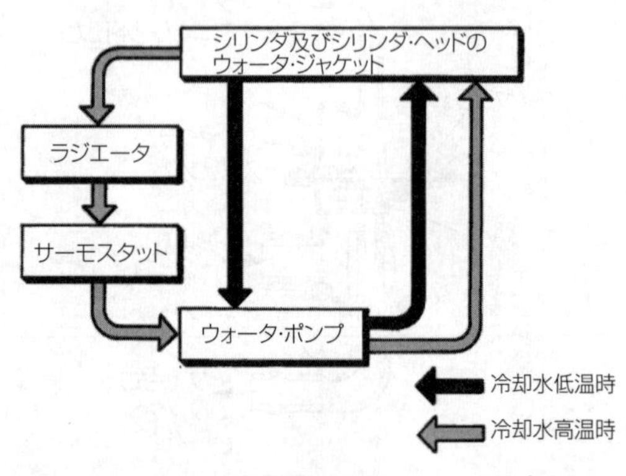


冷却水の循環

【No.12】 答え (4)

冷却水温度が**低く**なると，液体のワックスが固体となって収縮し，圧縮されていた合成ゴムは元の状態に戻る。冷却水温度が高くなったときは，固体のワックスが液体になる。

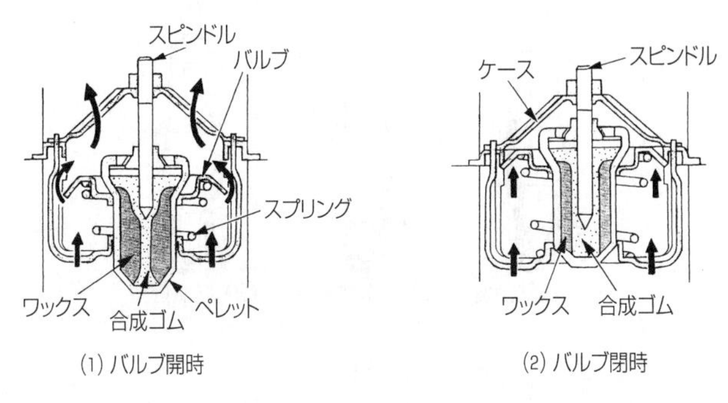


サーモスタットの作動

【No.13】 答え (3)

冷却により排気ガスの圧力を**下げて**音を減少させる。

【No.14】 答え (4)

Aは絶縁碍子(がいし)である。

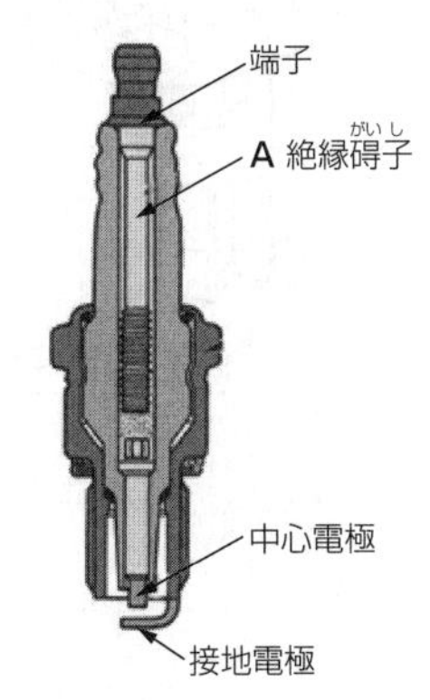


スパーク・プラグ

【No.15】 答え　(3)

高熱価型プラグは，標準熱価型プラグと比較して碍子脚部(図のA)が**短い**。

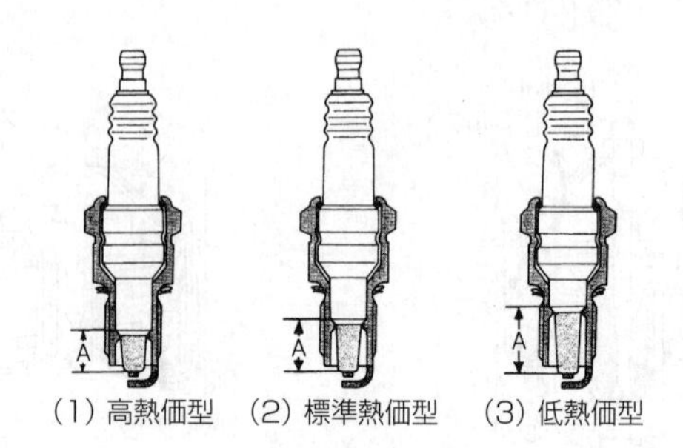


熱価による構造の違い

【No.16】 答え　(1)

吸気温センサには，**サーミスタ**が用いられている。センサの内部には測定物の温度によって抵抗値が変わるサーミスタが内蔵されている。図は，熱線式エア・フロー・メータに付属する吸気温センサを示す。

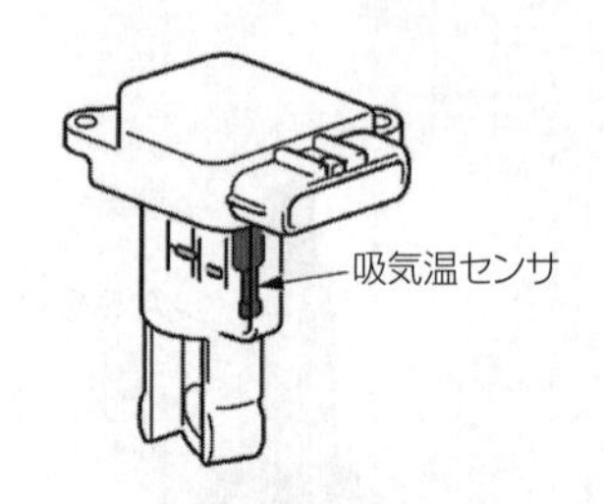


吸気温センサ

【No.17】 答え　(4)

リダクション式スタータは，**アーマチュアの回転を減速(リダクション)して**ピニオン・ギヤに伝えていることから，アーマチュアの回転速度より，**ピニオン・ギヤの回転速度の方が遅い**。

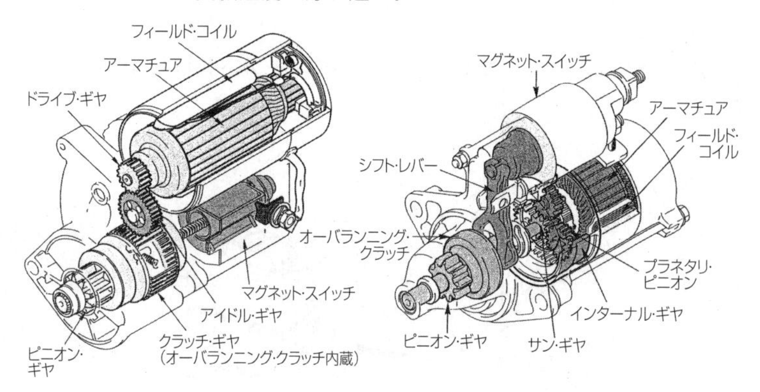


リダクション式スタータ

【No.18】 答え　(3)

(1) ステータ・コイルを3個用いたスター結線の場合，ステータ・コイルをそれぞれ**120°**ずつずらして配置している。

(2) オルタネータは，ステータ・コイルに発生した交流電流を**ダイオード(レクチファイヤ)によって整流**している。

(4) ステータ・コイルに発生する誘導起電力の大きさは，ステータ・コイルの**巻き数が多いほど大きくなる**。

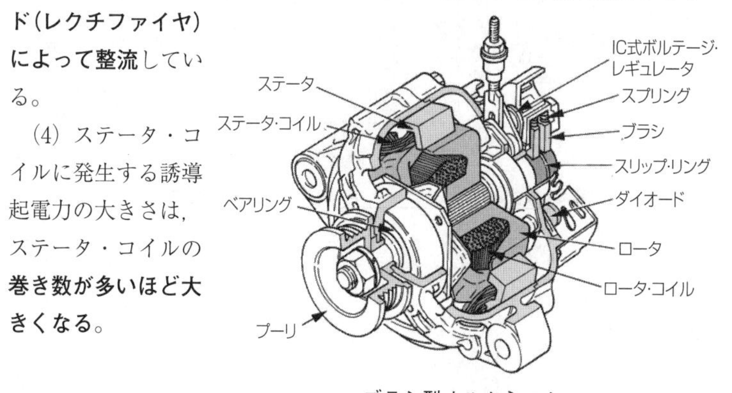


ブラシ型オルタネータ

**【No.19】** 答え (4)

(1) 電子制御式スロットル装置のスロットル・ポジション・センサは，**スロットル・バルブの開度を検出**している。

(2) 熱線式エア・フロー・メータの出力電圧は，吸入空気量が少ないほど**低く**なる。

(3) 空燃比センサは，**エキゾースト・マニホールド**に取り付けられている。

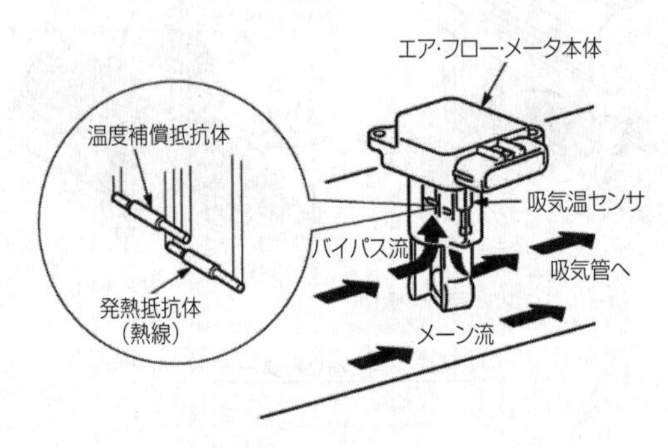


熱線式エア・フロー・メータ

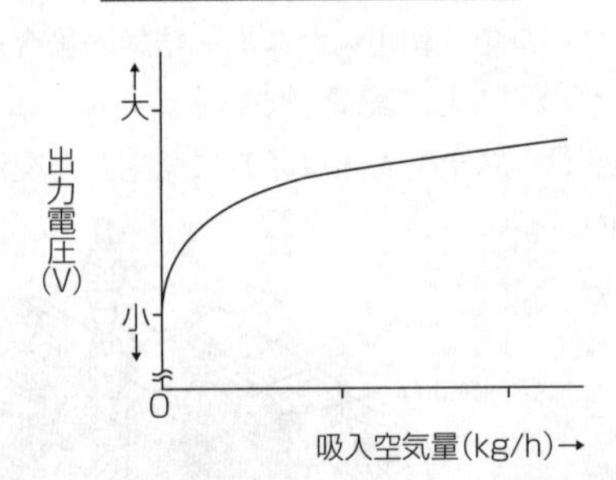


熱線式エア・フロー・メータの出力電圧特性

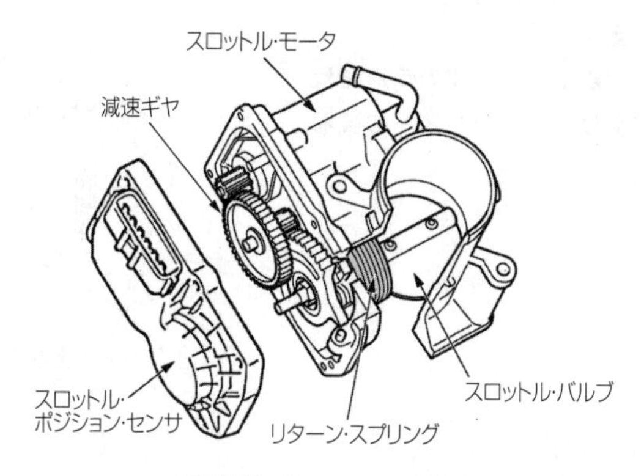


電子制御式スロットル装置

**【No.20】** 答え　(3)

**真性半導体は，シリコン(Si)やゲルマニウム(Ge)**であり，これらに他の原子をごく少量加えたものが，不純物半導体である。

**【No.21】** 答え　(2)

問題の意図するところは，圧縮比を用いて排気量を求め，総排気量を計算することである。

$$圧縮比(R) = \frac{排気量}{燃焼室容積} + 1 より$$

$$排気量(V) = 燃焼室容積 \times (圧縮比 - 1)$$

$$= 65 \times (10 - 1)$$

$$= 65 \times 9 = 585\mathrm{cm}^3$$

シリンダ数は3シリンダなので，

総排気量(Vt)＝585× 3 ＝**$1755\mathrm{cm}^3$**となる。

**【No.22】** 答え　(3)

スタッド・ボルトは，**棒の両端にねじが切ってあり**，一方のねじを機械本体に植え込まれている。

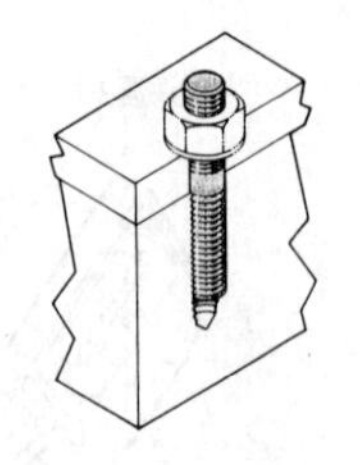

スタッド・ボルト

**【No.23】** 答え　(1)

(2) **リチウム石けんグリース**は，**マルチパーパス（MP）・グリース**とも呼ばれている。

(3) **非石けん系のグリース**には，**ベントン・グリースやシリカゲル・グリース**などがある。

(4) **カルシウム石けんグリース**は，ウォータ・ポンプなどに用いられ，**耐水性に優れている**ことが第一条件である。

**【No.24】** 答え　(2)

回路内の抵抗値はオームの法則を利用して計算すると，

$$R = \frac{V}{I} = \frac{12}{2} = 6\,\Omega$$となる。

並列接続された抵抗12Ωと６Ωの合成抵抗値は，

$$\frac{1}{R} = \frac{1}{12} + \frac{1}{6} = \frac{1}{12} + \frac{2}{12}$$

$$\frac{1}{R} = \frac{3}{12} = \frac{1}{4}$$

$R = 4\,\Omega$ となる。

回路内の全抵抗値６Ωから並列接続分の抵抗値４Ωを引くと，

$R = 6 - 4 =$ **2Ω**

求める抵抗Rの抵抗値は２Ωとなる。

【No.25】 答え　(4)

ロング・ノーズ・プライヤは，**口先が細くなっており，狭い場所の作業に便利である。**刃が斜めで刃先が鋭く，細い針金の切断や電線の被覆をむくのに用いられるプライヤは，**ニッパ**である。

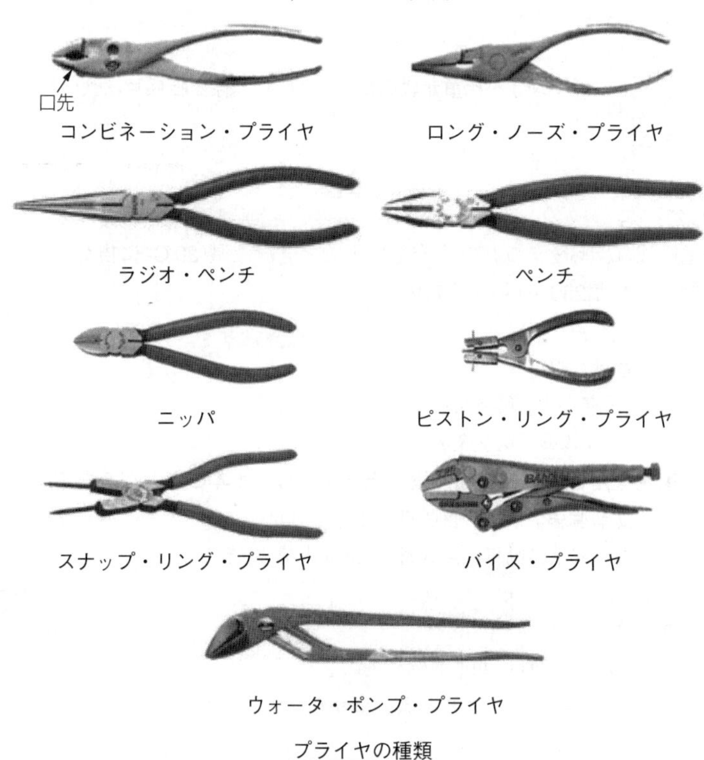


プライヤの種類

**【No.26】** 答え　(1)

(2) ケルメットは，**銅(Cu)に鉛(Pb)を加えたもの**で，軸受合金として使用されている。

(3) 黄銅(真ちゅう)は，**銅(Cu)に亜鉛(Zn)を加えた合金**で，加工性に優れている。

(4) アルミニウムは，**比重が鉄の約 $\frac{1}{3}$ と軽く**，線膨張係数は鉄の約2倍である。

**【No.27】** 答え　(2)

電解液は，バッテリが完全充電状態のとき，液温(**20℃**)に換算して，一般に比重(**1.280**)のものが使用されている。

**【No.28】** 答え　(2)

「道路運送車両法」第48条第1項第3号　別表第6

「自動車点検基準」第2条の（5）

**自家用乗用自動車の定期点検の点検時期は，1年ごと及び2年ごと**である。自動車運送事業用の自動車，小型自動車のレンタカー，車両総重量8t以上の自家用自動車は，3月ごと(別表第3)である。

**【No.29】** 答え　(1)

「道路運送車両の保安基準」第4条の2

自動車の輪荷重は，**5t**を超えてはならない。

**【No.30】** 答え　(3)

「道路運送車両の保安基準」第41条

「道路運送車両の保安基準の細則を定める告示」第215条の（1）

前・後面に備える方向指示器は，方向の指示を表示する方向**100m**の位置から，昼間において点灯を確認できるものであり，かつ，その照射光線は，他の交通を妨げないものであること。

## 05・10　試験問題（登録）

**【No.1】** 図に示す断面Aのコンプレッション・リングとして，**適切なもの**は次のうちどれか。

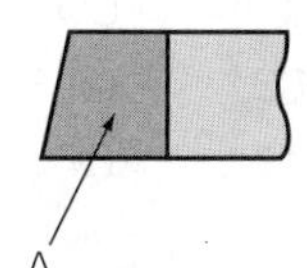


(1) プレーン型
(2) テーパ・フェース型
(3) インナ・ベベル型
(4) バレル・フェース型

**【No.2】** インテーク・マニホールド及びエキゾースト・マニホールドに関する記述として，**適切なもの**は次のうちどれか。

(1) エキゾースト・マニホールドは，サージ・タンクと一体になっているものもある。
(2) エキゾースト・マニホールドは，一般にシリンダ・ブロックに取り付けられている。
(3) インテーク・マニホールドは，一般にアルミニウム合金製や樹脂製のものが用いられる。
(4) インテーク・マニホールドは，吸気抵抗を大きくすることで，各シリンダへ分配する吸入空気の体積効率を高めている。

**【No.3】** 放熱しやすい熱特性をもったスパーク・プラグに関する記述として，**適切なもの**は次のうちどれか。

(1) 低熱価型と呼ばれる。
(2) ホット・タイプと呼ばれる。
(3) 碍子（がいし）脚部が標準熱価型より長い。
(4) 冷え型と呼ばれる。

【No.4】 図に示す排気ガスの三元触媒の浄化特性において，(イ)と(ロ)に当てはまるものとして，下の組み合わせのうち，**適切なもの**はどれか。

|  | (イ) | (ロ) |
|---|---|---|
| (1) | $CO_2$ | HC |
| (2) | HC | CO |
| (3) | $H_2O$ | CO |
| (4) | CO | HC |

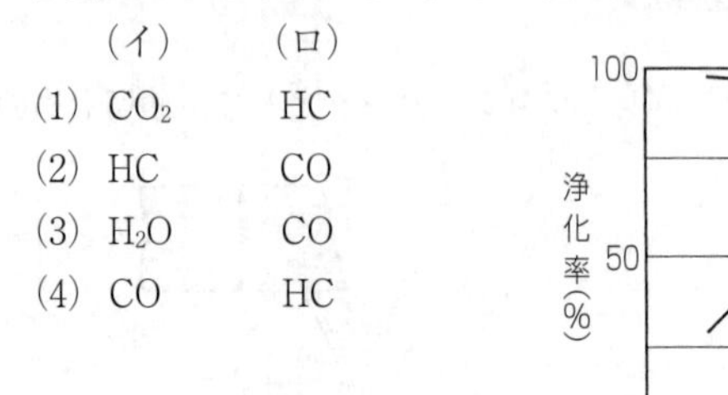


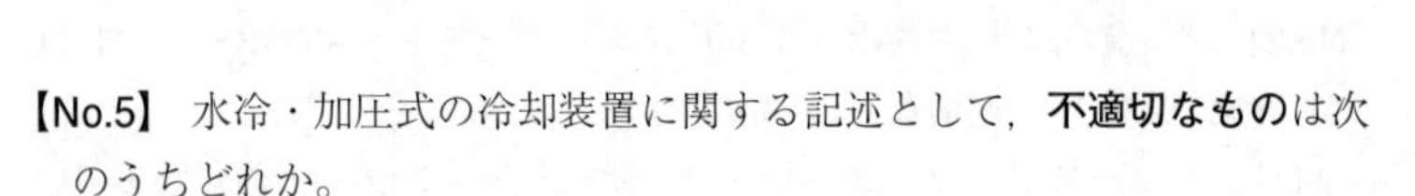

【No.5】 水冷・加圧式の冷却装置に関する記述として，**不適切なもの**は次のうちどれか。

(1) プレッシャ型ラジエータ・キャップは，ラジエータに流れる冷却水の流量を制御している。

(2) サーモスタットの取り付け位置による水温制御の方法には，出口制御式と入口制御式がある。

(3) 冷却水は，不凍液の混合率が60%のとき，冷却水の凍結温度が一番低い。

(4) ウォータ・ポンプのシール・ユニットは，ベアリング側に冷却水が漏れるのを防止している。

【No.6】 フライホイールの振れを測定するときに用いられるものとして，**適切なもの**は次のうちどれか。

(1) シックネス・ゲージ

(2) コンプレッション・ゲージ

(3) プラスチ・ゲージ

(4) ダイヤル・ゲージ

【No.7】 トロコイド式オイル・ポンプに関する記述として，**適切なもの**は次のうちどれか。

(1) アウタ・ロータの回転によりインナ・ロータが回される。
(2) アウタ・ロータが固定されインナ・ロータだけが回転する。
(3) インナ・ロータの回転によりアウタ・ロータが回される。
(4) インナ・ロータが固定されアウタ・ロータだけが回転する。

【No.8】 クローズド・タイプのブローバイ・ガス還元装置に関する次の文章の（イ）と（ロ）に当てはまるものとして，下の組み合わせのうち，**適切なもの**はどれか。

エンジンが高負荷のときには,（イ）の負圧が低くなる(大気に近付く)ため,（ロ）のブローバイ・ガス通過面積が増大する。

| | （イ） | （ロ） |
|---|---|---|
| (1) | エキゾースト・マニホールド | パージ・コントロール・バルブ |
| (2) | インテーク・マニホールド | PCVバルブ |
| (3) | エキゾースト・マニホールド | PCVバルブ |
| (4) | インテーク・マニホールド | パージ・コントロール・バルブ |

【No.9】 フライホイール及びリング・ギヤに関する記述として，**適切なもの**は次のうちどれか。

(1) リング・ギヤには，一般に炭素鋼製のヘリカル・ギヤが用いられる。
(2) リング・ギヤは,フライホイールの外周にボルトで固定されている。
(3) フライホイールは，燃焼(膨張)によって変化するクランクシャフトの回転力を平均化する働きをする。
(4) フライホイールは，一般にアルミニウム合金製である。

**【No.10】** 点火順序が1－3－4－2の4サイクル直列4シリンダ・エンジンの第3シリンダが圧縮行程の上死点にあり，この状態からクランクシャフトを回転方向に540°回したとき，排気行程の上死点にあるシリンダとして，**適切なもの**は次のうちどれか。

(1) 第1シリンダ
(2) 第2シリンダ
(3) 第3シリンダ
(4) 第4シリンダ

**【No.11】** ワックス・ペレット型サーモスタットに関する記述として，**適切なもの**は次のうちどれか。

(1) 冷却水温度が高くなると，ペレット内の固体のワックスが液体となって膨張する。
(2) 冷却水の循環系統内に残留している空気がないとき，ジグル・バルブは浮力と水圧により開いている。
(3) サーモスタットは，ラジエータ内に設けられている。
(4) 冷却水温度が低いときは，スプリングのばね力によってバルブは開いている。

**【No.12】** レシプロ・エンジンのバルブ機構に関する記述として，**適切なもの**は次のうちどれか。

(1) バルブ・スプリングには，高速時の異常振動などを防ぐため，シリンダ・ヘッド側のピッチを広くした不等ピッチのスプリングが用いられている。
(2) カムシャフト・タイミング・スプロケットの回転速度は，クランクシャフト・タイミング・スプロケットの2倍である。
(3) カムシャフトのカムの長径と短径との差をカム・リフトという。
(4) エキゾースト・バルブのバルブ・ヘッドの外径は，一般に排気効率を向上させるため，インテーク・バルブより大きい。

**【No.13】** 図に示すブラシ型オルタネータに用いられているAの名称として，**適切なもの**は次のうちどれか。

(1) ステータ・コイル
(2) フィールド・コイル
(3) アーマチュア・コイル
(4) ロータ・コイル

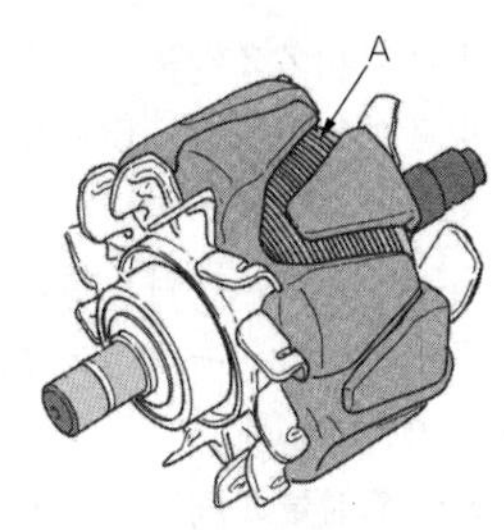


**【No.14】** リダクション式スタータに関する記述として，**適切なもの**は次のうちどれか。

(1) アーマチュアの回転速度より，ピニオン・ギヤの回転速度の方が速い。
(2) オーバランニング・クラッチは，アーマチュアがエンジンの回転によって逆に駆動され，オーバランすることによるスタータの破損を防止している。
(3) モータのフィールドは，ヨーク，ポール・コア(鉄心)，アーマチュア・コイルなどで構成されている。
(4) 減速ギヤ部によって，駆動トルクを減少させてピニオン・ギヤに伝えている。

**【No.15】** スタータ・スイッチをONにしたときに，マグネット・スイッチのメーン接点を閉じる力(プランジャを動かすための力)として，**適切なもの**は次のうちどれか。

(1) アーマチュア・コイルのみの磁力
(2) ホールディング・コイルのみの磁力
(3) プルイン・コイルとホールディング・コイルの磁力
(4) フィールド・コイルのみの磁力

【No.16】 電子制御式燃料噴射装置に関する記述として，**不適切なもの**は次のうちどれか。

(1) インジェクタのソレノイド・コイルに電流が流れると，ニードル・バルブが全閉位置に移動し，燃料が噴射される。

(2) くら型のフューエル・タンクでは，ジェット・ポンプによりサブ室からメーン室に燃料を移送している。

(3) チャコール・キャニスタは，燃料蒸発ガスが大気中に放出されるのを防止している。

(4) 燃料噴射量の制御は，インジェクタの噴射時間を制御することによって行われている。

【No.17】 電子制御装置に用いられるセンサに関する記述として，**適切なもの**は次のうちどれか。

(1) 吸気温センサは，エンジンに吸入される空気の温度と空燃比の状態を検出している。

(2) 水温センサのサーミスタ(負特性)の抵抗値は，冷却水温度が低いときほど高く(大きく)なる。

(3) ジルコニア式$O_2$センサは，ジルコニア素子の外面に大気を導入し，内面は排気ガス中にさらされている。

(4) バキューム・センサの圧力信号の電圧特性は，圧力が真空から大気圧に近付くほど出力電圧が小さくなる。

【No.18】 ブラシ型オルタネータ(IC式ボルテージ・レギュレータ内蔵)に関する記述として，**不適切なもの**は次のうちどれか。

(1) ステータ・コイルに発生する誘導起電力の大きさは，ステータ・コイルの巻き数が多いほど大きくなる。

(2) オルタネータは，ロータ，ステータ，ダイオードなどで構成されている。

(3) ロータ・コアは，スリップ・リングを通してロータ・コイルに電流を流すことによって磁化される。

(4) ステータ・コアの内周にはスロット(溝)が設けられており，ここにロータ・コイルが巻かれている。

【No.19】 半導体に関する記述として，**適切なもの**は次のうちどれか。

(1) フォト・ダイオードは，光信号から電気信号への変換などに用いられている。

(2) 真性半導体は，シリコンやゲルマニウムに他の原子をごく少量加えたものである。

(3) P型半導体は，自由電子が多くあるようにつくられた不純物半導体である。

(4) ダイオードは，直流を交流に変換する整流回路などに使われている。

【No.20】 図に示すPNP型トランジスタに関する次の文章の（イ）と（ロ）に当てはまるものとして，下の組み合わせのうち，**適切なもの**はどれか。

ベース電流は（イ）に流れ　コレクタ電流は（ロ）に流れる。

| | （イ） | （ロ） |
|---|---|---|
| (1) | BからC | EからC |
| (2) | EからB | BからC |
| (3) | EからB | EからC |
| (4) | BからE | BからC |

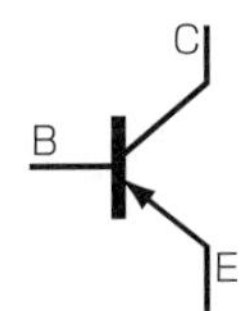

**【No.21】**　鉛バッテリの充電に関する記述として，**適切なもの**は次のうちどれか。

(1)　同じバッテリを２個同時に充電する場合には，必ず並列接続で見合った電圧にて行う。

(2)　急速充電方法の急速充電電流の最大値は，充電しようとするバッテリの定格容量（Ah）の数値にアンペア（A）を付けた値である。

(3)　初充電とは，バッテリが自己放電又は使用によって失った電気を補充するために行う充電をいう。

(4)　定電流充電法は，一般に定格容量の１／５程度の電流で充電する。

**【No.22】**　ガソリンに関する記述として，**不適切なもの**は次のうちどれか。

(1)　主成分は炭化水素である。

(2)　単位量（１kg）の燃料が完全燃焼をするときに発生する熱量を，その燃料の発熱量という。

(3)　完全燃焼すると炭酸ガスと水が発生する。

(4)　オクタン価91のものより100のものの方がノッキングを起こしやすい。

**【No.23】**　図に示す電気回路において，ランプを図のように接続したときの電気抵抗が６Ωである場合，ランプの消費電力として，**適切なもの**は次のうちどれか。ただし，バッテリ，配線等の抵抗はないものとする。

(1)　３W

(2)　24W

(3)　36W

(4)　48W

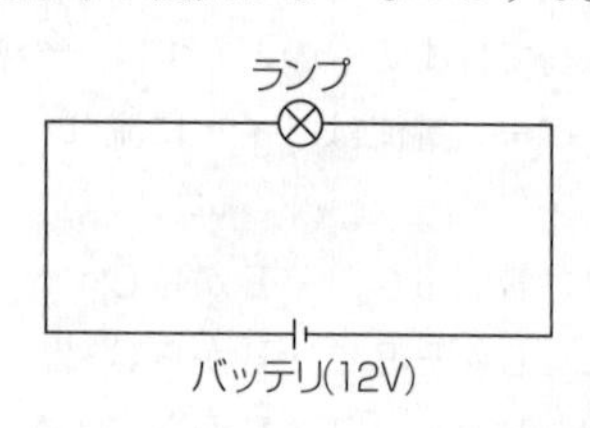

【No.24】 たがねの用途に関する記述として，**適切なもの**は次のうちどれか。

(1) 金属材料のはつり及び切断に使用する。
(2) 工作物の研磨に使用する。
(3) 金属材料の穴の内面仕上げに使用する。
(4) ベアリングの抜き取りに使用する。

【No.25】 図に示すベルト伝達機構において，Aのプーリが900min$^{-1}$で回転しているとき，Bのプーリの回転速度として，**適切なもの**は次のうちどれか。ただし，滑り及び機械損失はないものとして計算しなさい。なお，図中の（　）内の数値はプーリの有効半径を示します。

(1) 225min$^{-1}$
(2) 450min$^{-1}$
(3) 600min$^{-1}$
(4) 1350min$^{-1}$

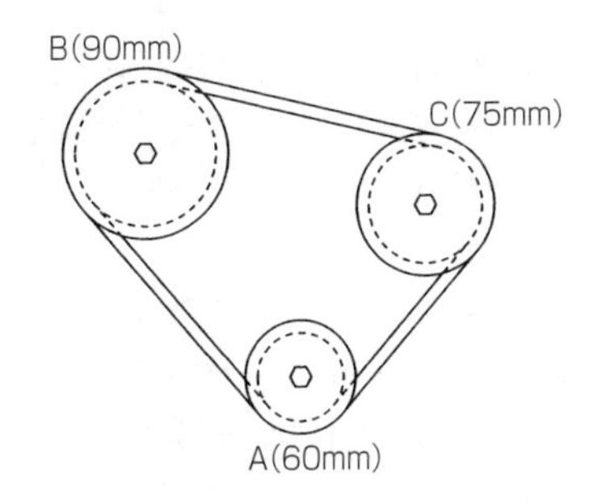


【No.26】 排気量400cm$^3$，燃焼室容積40cm$^3$のガソリン・エンジンの圧縮比として，**適切なもの**は次のうちどれか。

(1) 9
(2) 10
(3) 11
(4) 12

【No.27】 自動車に使用されている鉄鋼の熱処理に関する記述として，**適切なもの**は次のうちどれか。

(1) 窒化とは，鋼(こう)の表面層から中心部まで窒素を染み込ませ硬化させる操作をいう。

(2) 浸炭とは，高周波電流で鋼の表面層を加熱処理する焼き入れ操作をいう。

(3) 焼き戻しとは，粘り強さを増すため，ある温度まで加熱したあと，急速に冷却する操作をいう。

(4) 焼き入れとは，鋼の硬さ及び強さを増すため，ある温度まで加熱したあと，水や油などで急に冷却する操作をいう。

【No.28】 「道路運送車両の保安基準」及び「道路運送車両の保安基準の細目を定める告示」に照らし，最高速度が100km/hで，車幅1.69mの四輪小型自動車のすれ違い用前照灯に関する記述として，**不適切なもの**は次のうちどれか。

(1) すれ違い用前照灯の数は，2個又は4個であること。

(2) すれ違い用前照灯は，その取付部に緩み，がた等がある等その照射光線の方向が振動，衝撃等により容易にくるうおそれのないものであること。

(3) 前面が左右対称である自動車に備えるすれ違い用前照灯は，車両中心面に対し対称の位置に取り付けられていること。

(4) すれ違い用前照灯の灯光の色は，白色であること。

【No.29】 「道路運送車両法」に照らし，自動車特定整備事業の種類に**該当しないもの**は，次のうちどれか。

(1) 特殊自動車特定整備事業

(2) 普通自動車特定整備事業

(3) 小型自動車特定整備事業

(4) 軽自動車特定整備事業

【No.30】「道路運送車両の保安基準」に照らし，自動車(セミトレーラを除く。)の長さの基準として，**適切なもの**は次のうちどれか。

(1)　9 mを超えてはならない。

(2)　10mを超えてはならない。

(3)　11mを超えてはならない。

(4)　12mを超えてはならない。

# 05・10　試験問題解説（登録）

**【No.1】** 答え　(2)

図に示すように，**テーパ・フェース型**である。

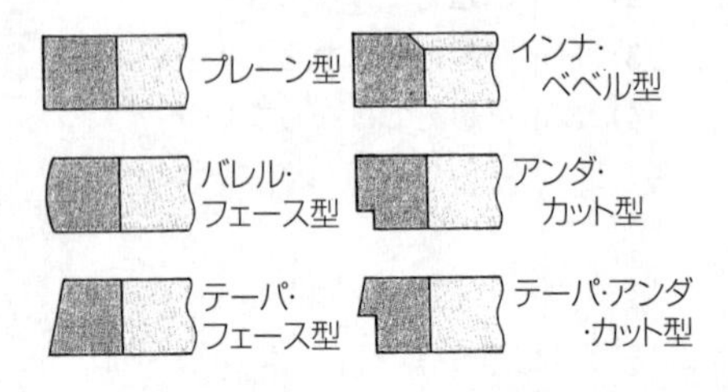


コンプレッション・リングの種類

**【No.2】** 答え　(3)

(1) **インテーク・マニホールド**は，サージ・タンクと一体になっているものもある。

(2) エキゾースト・マニホールドは，一般に**シリンダ・ヘッド**に取り付けられている。

(4) インテーク・マニホールドは，各シリンダへの吸気抵抗を小さくするなどして体積効率が高まるように作られている。

**【No.3】** 答え　(4)

(1) **高熱価型**と呼ばれる。

(2) **コールド・タイプ**と呼ばれる。

(3) 碍子脚部が**標準より短い**。

※図中Aは碍子脚部の長さを表している

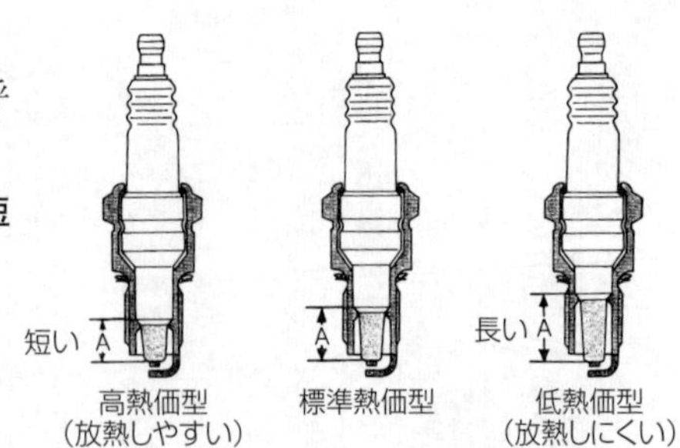


熱価による構造の違い

**【No.4】** 答え　(2)

図のように（イ）は**HC**,（ロ）は**CO**となる。

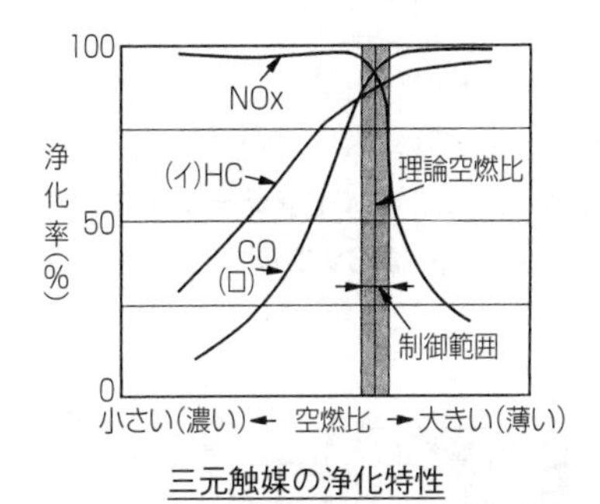


三元触媒の浄化特性

**【No.5】** 答え　(1)

プレッシャ型ラジエータ・キャップは，**冷却系統を密閉して，水温が100℃になっても沸騰しないようにして，気泡の発生を抑え冷却効果を高めている。**

**サーモスタット**は，ラジエータに流れる冷却水の流量を制御している。

**【No.6】** 答え　(4)

フライホイールの振れの測定は，**ダイヤル・ゲージ**を用いて測定する。

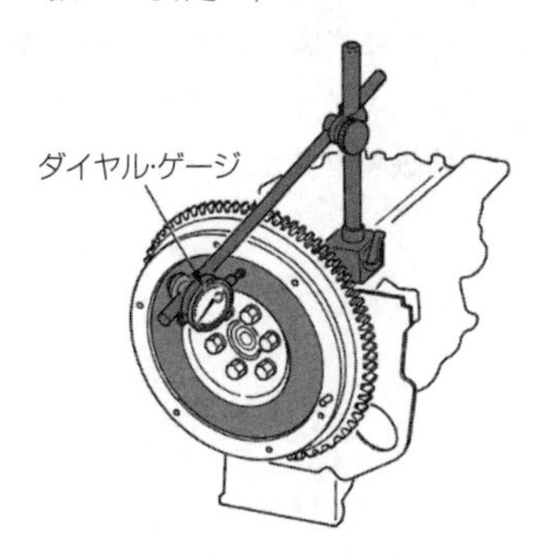


フライホイールの振れの測定

【No.7】　答え　(3)

クランクシャフトによりインナ・ロータが駆動されると，アウタ・ロータも同方向に回転する。

【No.8】　答え　(2)

エンジンが高負荷のときには，(**インテーク・マニホールド**)の負圧が低くなる(大気に近付く)ため，(**PCVバルブ**)のブローバイ・ガス通過面積が増大する。

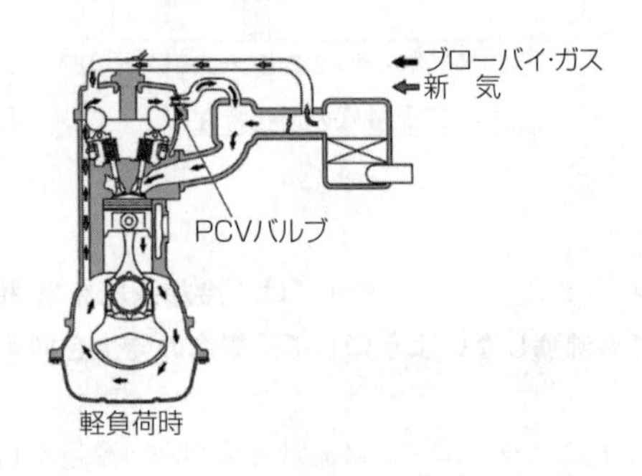


ブローバイ・ガス還元装置

【No.9】　答え　(3)

(1) リング・ギヤには，一般に炭素鋼製の**スパー・ギヤ**が用いられる。
(2) リング・ギヤは，フライホイールの外周に**焼きばめ**されている。
(4) フライホイールは，**鋳鉄製**である。

【No.10】 答え　(4)

図1は第3シリンダが圧縮上死点のバルブ・タイミング・ダイヤグラムである。この状態からクランクシャフトを回転方向に540°回転させると，図2の状態となる。このとき排気行程の上死点にあるのは**第4シリンダ**である。

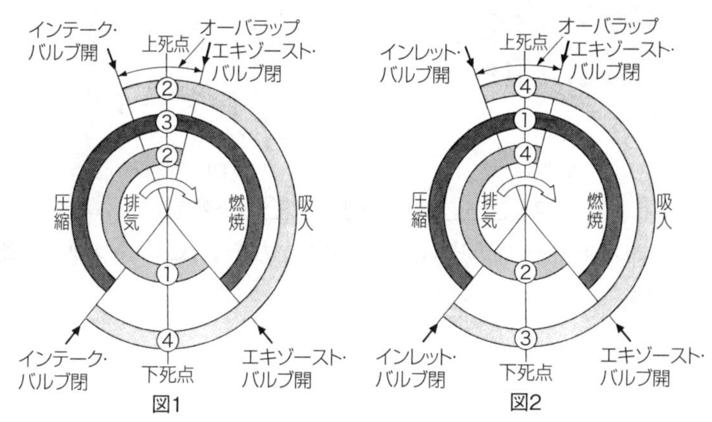


4サイクルエンジンのバルブ・タイミング・ダイヤグラム

【No.11】 答え　(1)

(2) 冷却水の循環経路内に残留している空気がないとき，ジグル・バルブは浮力と水圧により**閉じている**。

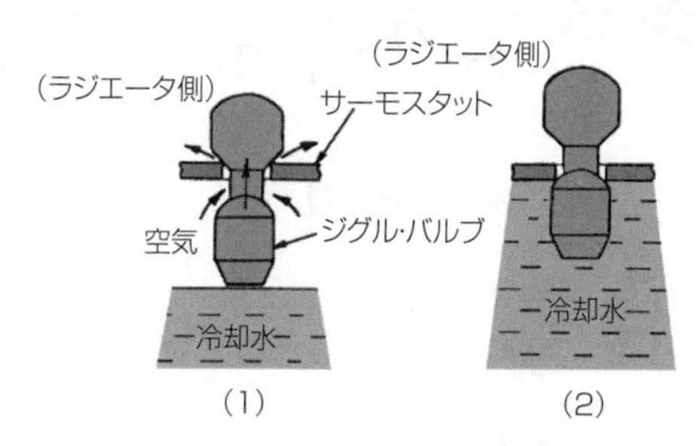


ジグル・バルブの作動

(3) サーモスタットは，**冷却水の循環経路内**に取り付けられている。

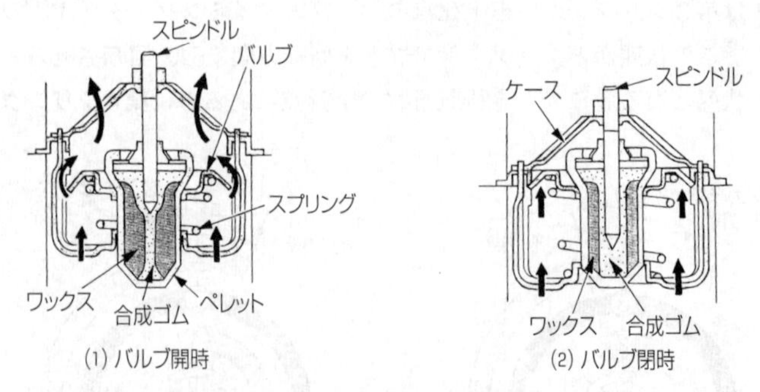


ワックス・ペレット型サーモスタットの作動

(4) 冷却水温度が低いときは，スプリングのばね力によってバルブは**閉じている**。

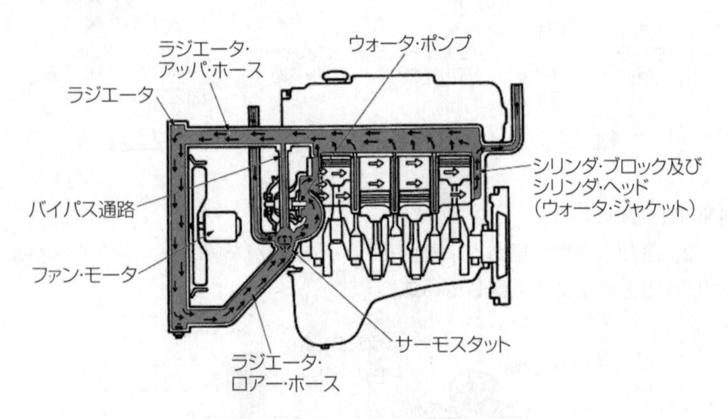


水冷式冷却装置

**【No.12】** 答え　(3)

(1) バルブ・スプリングには，高速時の異常振動などを防ぐため，シリンダ・ヘッド側のピッチを**狭く**した不等ピッチのスプリングが用いられている。

(2) カムシャフト・タイミング・スプロケットの回転速度は，クランクシャフト・タイミング・スプロケットの**1／2**である。

(4) **インテーク・バルブ**のバルブ・ヘッドの外径は，**吸入混合気を多くするために**，**エキゾースト・バルブ**より大きい。

**【No.13】** 答え　(4)

ロータは，ロータ・コア，**ロータ・コイル**，スリップ・リング，シャフトなどで構成されている。

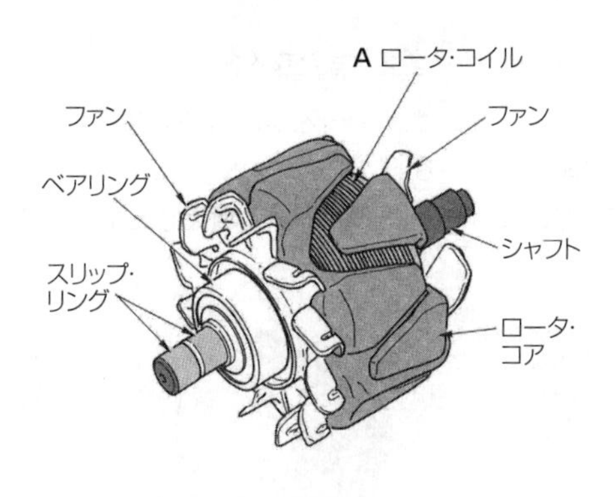


ロータ

**【No.14】** 答え　(2)

(1) 減速ギヤ部によってアーマチュアの回転を**1／3～1／5程度に減速して**ピニオン・ギヤに伝えている。

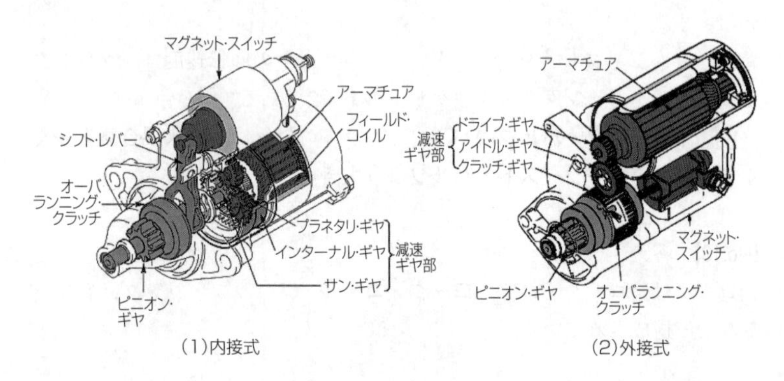


リダクション式スタータ

(3) モータのフィールドは，ヨーク，ポール・コア(鉄心)，**フィールド・コイル**などで構成されている。

(4) 減速ギヤ部によって，駆動トルクを**増大させて**ピニオン・ギヤに伝えている。

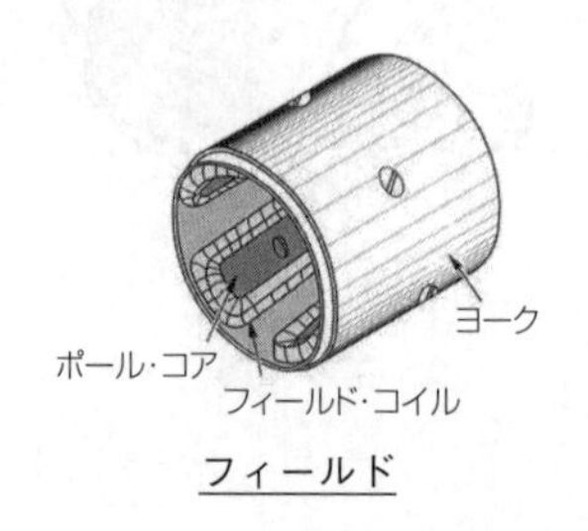


フィールド

【No.15】 答え　(3)

スタータ・スイッチをONにすると，バッテリからの電流は，プルイン・コイルを通って，フィールド・コイル及びアーマチュア・コイルに流れ，同時にホールディング・コイルにも流れる。プランジャは，**プルイン・コイルとホールディング・コイルとの加算された磁力**によってメーン接点方向(図の右方向)に動かすことで接点を閉じる。

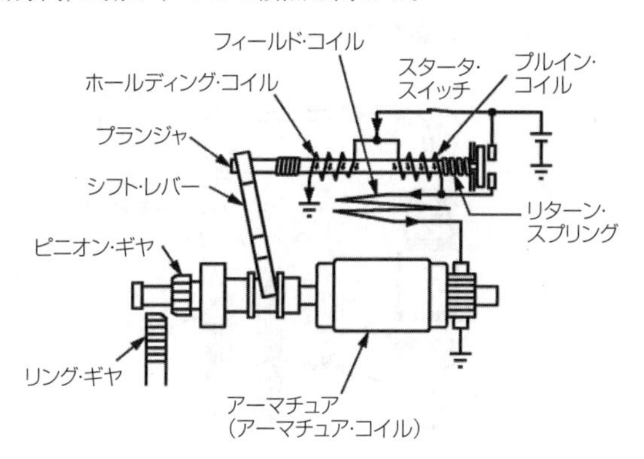


スタータ・スイッチON時

【No.16】 答え　(1)

インジェクタのソレノイド・コイルに電流が流れると，ニードル・バルブが**全開位置**に移動し，燃料が噴射される。

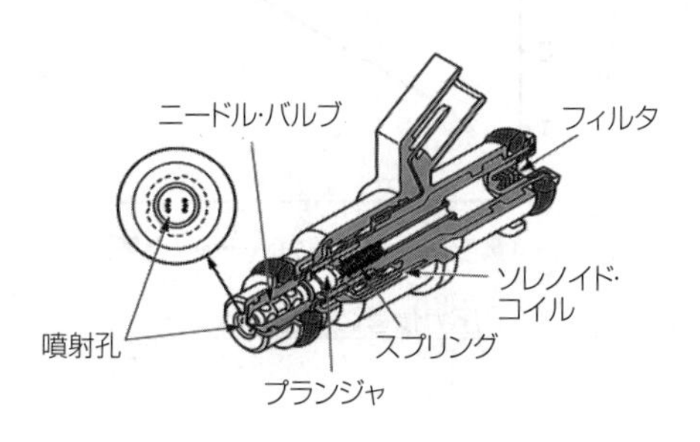


インジェクタ

【No.17】　答え　(2)

(1) 吸気温センサは，エンジンに吸入される空気の温度を検出し，**空燃比の状態は検出していない**。

(3) ジルコニア式$O_2$センサは，ジルコニア素子の**内面**に大気を導入し，**外面**は排気ガス中にさらされている。

(4) バキューム・センサの圧力信号の電圧特性は，圧力が真空から大気圧に近付くほど出力電圧が**高く**なる。

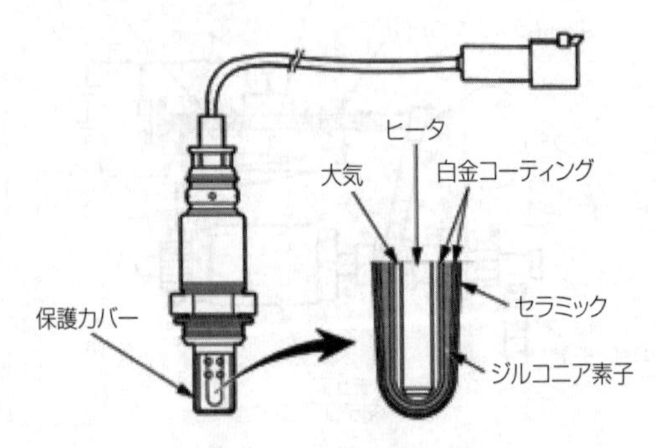


ジルコニア式$O_2$センサ

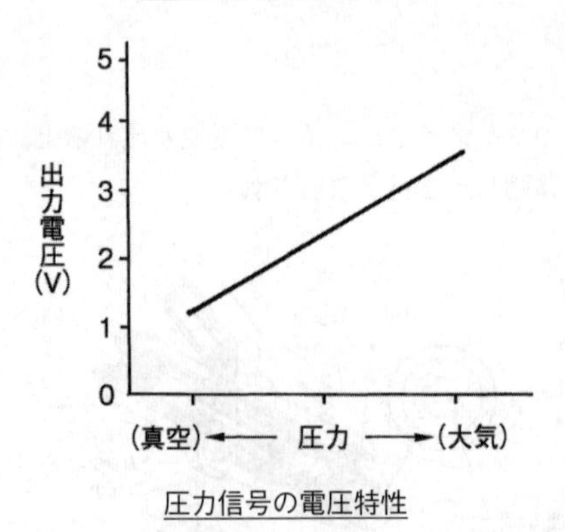


圧力信号の電圧特性

【No.18】 答え　(4)

ステータ・コアの内周にはスロット（溝）が設けられており，ここに**ステータ・コイル**が巻かれている。

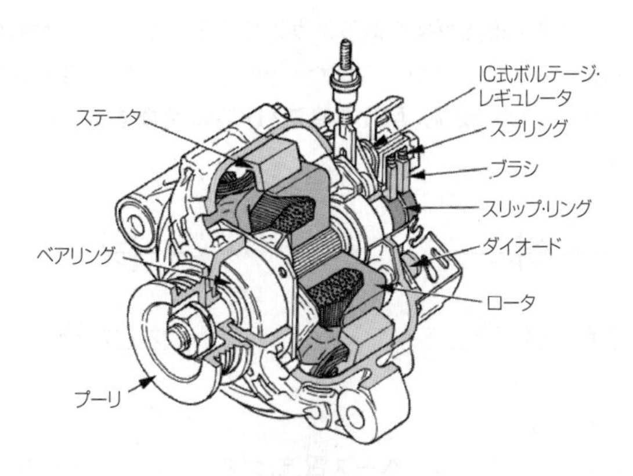


ブラシ型オルタネータ

ステータ

【No.19】　答え　(1)

(2) **真性半導体は，シリコン(Si)やゲルマニウム(Ge)**であり，これらに他の原子をごく少量加えたものが，不純物半導体である。

(3) **P型半導体は正孔が多くあるようにつくられた不純物半導体**である。自由電子が多くあるようにつくられた不純物半導体はN型半導体である。

(4) ダイオードは，**交流(AC)を直流(DC)に変換する**整流回路などに使われている。

【No.20】　答え　(3)

PNP型トランジスタでは，**ベース電流は(E：エミッタからB：ベース)に流れ，コレクタ電流は(E：エミッタからC：コレクタ)に流れる。**

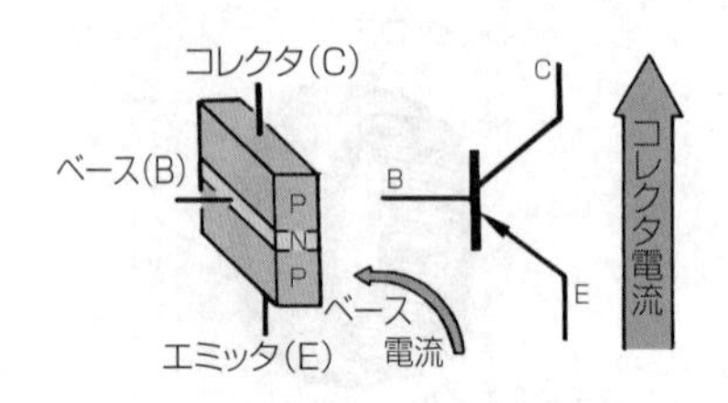


PNP型トランジスタ

【No.21】　答え　(2)

(1) 同じバッテリを2個同時に充電する場合には，**直列接続**で見合った電圧にて行う。

(3) 初充電とは，**新しい未充電バッテリを使用するとき，液注入後，最初に行う充電をいう。**

(4) 定電流充電法は，一般に定格容量の**1／10**程度の電流で充電する。

【No.22】 答え (4)

オクタン価は，**ノッキングしにくい性質を表すもの**で，この数値の大きいものほどノッキングを起こしにくい。選択肢 (4) は，オクタン価91のものより100のものの方がノッキングを**起こしにくい**ことになる。

【No.23】 答え (2)

電力：Pは電圧：Eと電流：Iの積で表わされ，単位にはW（ワット）が用いられる。

式で表わすと次のようになる。

$$P(W) = E(V) \times I(A) = E(V) \times \frac{E(V)}{R(\Omega)} = \frac{E^2}{R(\Omega)}$$ より，

電球の消費電力は

$$P(W) = \frac{12^2}{6} = \frac{144}{6} = \underline{\mathbf{24W}}$$ となる。

【No.24】 答え (1)

(2) 工作物の研磨に使用するのは，**やすり**である。

(3) 金属材料の穴の内面仕上げに使用するのは，**リーマ**である。

(4) ベアリングの抜き取りに使用するのは，**ベアリング・プーラ**である。

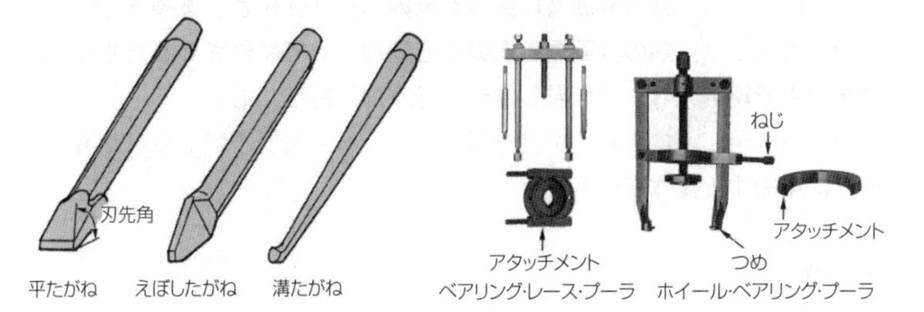


たがねの種類　　ベアリング・プーラの種類

**【No.25】** 答え　(3)

Aプーリが900min$^{-1}$で回転しているとき，Bプーリの回転速度は，両プーリの円周比（＝半径比）に反比例するから，次の式により求められる。

$$\frac{\text{Bプーリの回転速度}}{\text{Aプーリの回転速度}} = \frac{\text{Aプーリの半径}}{\text{Bプーリの半径}}\ \text{より,}$$

$$\text{Bプーリの回転速度} = \text{Aプーリの回転速度} \times \frac{\text{Aプーリの半径}}{\text{Bプーリの半径}}$$

$$= 900 \times \frac{60}{90} = \underline{600\text{min}^{-1}}\ \text{となる。}$$

**【No.26】** 答え　(3)

V：排気量，v：燃焼室容積，R：圧縮比として，

圧縮比(R) = $\frac{V}{v}$ ＋１より排気量400cm$^3$と燃焼室容積40cm$^3$を代入すると，

$$R = \frac{400}{40} + 1 = 10 + 1 = \underline{\mathbf{11}}\ \text{となる。}$$

**【No.27】** 答え　(4)

(1) 窒化とは，**鋼の表面層に窒素を染み込ませ硬化させる操作**をいう。

(2) 浸炭とは，**鋼の表面層の炭素量を増加させて硬化させるために，浸炭剤の中で焼き入れ，焼き戻し操作を行う加熱処理**である。

(3) 焼き戻しとは，粘り強さを増すため，ある温度まで加熱したあと，**徐々に冷却する操作**をいう。

**【No.28】** 答え　(1)

「道路運送車両の保安基準」第32条

「道路運送車両の保安基準の細目を定める告示」第198条の7（1）

すれ違い用前照灯の数は，**2個**であること。

**【No.29】** 答え　(1)

「道路運送車両の保安基準」第77条

自動車特定整備事業の種類には，普通自動車特定整備事業，小型自動車特定整備事業，軽自動車特定整備事業の３種類がある。

**【No.30】** 答え　(4)

「道路運送車両の保安基準」第２条

自動車は，告示で定める方法により測定した場合において，長さ**12m**，幅2.5m，高さ3.8mを**超えてはならない**。

M E M O

# 06・3　試験問題解説（登録）

## 3級ガソリン編

## 06・3　試験問題（登録）

**【No.1】** インテーク・マニホールド及びエキゾースト・マニホールドに関する記述として，**適切なもの**は次のうちどれか。

(1) エキゾースト・マニホールドは，サージ・タンクと一体になっているものもある。

(2) エキゾースト・マニホールドは，一般にシリンダ・ブロックに取り付けられている。

(3) インテーク・マニホールドの材料には，一般にアルミニウム合金製又は樹脂製のものが用いられる。

(4) インテーク・マニホールドは，吸気抵抗を大きくすることで，各シリンダへ分配する混合気の体積効率を高めている。

**【No.2】** ガソリン・エンジンの燃焼及び排出ガスに関する記述として，**不適切なもの**は次のうちどれか。

(1) 一般に始動時，高負荷時などには，理論空燃比より薄い混合気が必要となる。

(2) ブローバイ・ガスとは，ピストンとシリンダ壁との隙間から，クランクケース内に吹き抜けるガスをいう。

(3) 燃料蒸発ガスに含まれる有害物質は，主にHC（炭化水素）である。

(4) ノッキングの弊害の一つに，エンジンの出力の低下がある。

**【No.3】** 図に示すクランクシャフトのAからDのうち，クランク・アーム を表すものとして，**適切なもの**は次のうちどれか。

(1) A
(2) B
(3) C
(4) D

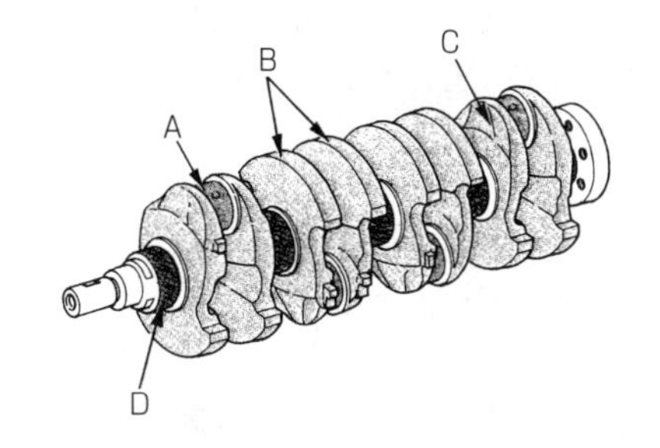


**【No.4】** トロコイド式オイル・ポンプに関する記述として，**適切なもの**は次のうちどれか。

(1) インナ・ロータとアウタ・ロータの歯数は同じである。
(2) クランクシャフトにより，インナ・ロータが駆動され，これによりアウタ・ロータが回される。
(3) チップ・クリアランスの測定は，マイクロメータを用いて行う。
(4) ボデー・クリアランスとは，オイル・ポンプ・ボデーとインナ・ロータとの隙間をいう。

**【No.5】** プレッシャ型ラジエータ・キャップの構成部品のうち，冷却水温度が低下し，ラジエータ内の圧力が規定値より低くなったときに開く部品として，**適切なもの**は次のうちどれか。

(1) バキューム・バルブ
(2) バイパス・バルブ
(3) リリーフ・バルブ
(4) プレッシャ・バルブ

**【No.6】** 点火順序が1－3－4－2の4サイクル直列4シリンダ・エンジンの第2シリンダが吸入行程の下死点にあり，この状態からクランクシャフトを回転方向に360°回したときに，排気行程の上死点にあるシリンダとして，**適切なもの**は次のうちどれか。

(1) 第1シリンダ
(2) 第2シリンダ
(3) 第3シリンダ
(4) 第4シリンダ

**【No.7】** 水冷・加圧式の冷却装置に関する記述として，**適切なもの**は次のうちどれか。

(1) 冷却水としては，水あかが発生しにくい水(軟水)などが適当であり，不凍液には添加剤を含まないものを使用する。
(2) ジグル・バルブは，冷却水の循環系統内に残留している空気がない場合，浮力と水圧により閉じている。
(3) サーモスタットは，ラジエータ内に設けられている。
(4) ラジエータ・コアは軽量な樹脂で，アッパ・タンク，ロアー・タンクはアルミニウム合金で作られている。

**【No.8】** カートリッジ式(非分解式)のオイル・フィルタに関する記述として，**不適切なもの**は次のうちどれか。

(1) オイル・フィルタは，規定の走行距離又は時期に達したら交換する。
(2) オイル・ポンプから送られたオイルは，エレメント外周より内側へ流れてろ過される。
(3) バイパス・バルブは，オイル・フィルタの入口側の圧力が規定値以下になったときに開く。
(4) バイパス・バルブが開いた場合，オイルはエレメントを通らず直接各潤滑部に送られる。

**【No.9】** 排出ガス浄化装置に関する記述として，**適切なもの**は次のうちどれか。

(1) 燃料蒸発ガス排出抑止装置は，フューエル・タンクから燃料が蒸発して，大気中に放出されるのを防いでいる。

(2) 触媒コンバータに用いられる三元触媒は，酸化作用及び還元作用の働きにより，排気ガス中の$CO_2$(二酸化炭素)，$H_2O$(水蒸気)，$N_2$(窒素)をCO(一酸化炭素)，HC(炭化水素)，NOx(窒素酸化物)にそれぞれ変えて浄化している。

(3) EGR(排気ガス再循環)装置は，燃焼ガスの最高燃焼ガス温度を下げてCOの低減を図っている。

(4) PCVバルブの高負荷時の通過面積は，軽負荷時と比較してインテーク・マニホールドの負圧が高くなる(真空に近付く)ほど減少する。

**【No.10】** 電子制御装置に用いられるセンサに関する記述として，**適切なもの**は次のうちどれか。

(1) クランク角センサは，クランク角度及びスロットル・バルブの開度を検出している。

(2) 吸気温センサのサーミスタ(負特性)の抵抗値は，吸入空気温度が低いときほど小さくなる。

(3) ジルコニア式$O_2$センサのジルコニア素子は，高温で内外面の酸素濃度の差がないときに起電力を発生する性質がある。

(4) バキューム・センサは，シリコン・チップ(結晶)に圧力を加えると，その電気抵抗が変化する性質を利用している。

【No.11】 図に示すシリンダ・ヘッド・ボルトの締め付け順序として，**適切なもの**は次のうちどれか。

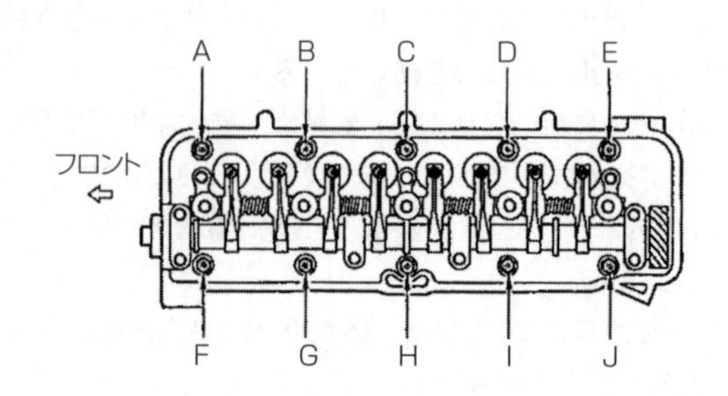


(1) A→J→E→F→I→B→D→G→C→H
(2) B→I→D→G→J→A→F→E→H→C
(3) C→H→D→G→I→B→J→A→E→F
(4) A→B→C→D→E→F→G→H→I→J

【No.12】 スリッパ・スカート・ピストンにおいてボス方向のスカート部が切り欠いてある理由として，**適切なもの**は次のうちどれか。

(1) 熱膨張によるピストンの変形を防ぐ。
(2) ピストンの質量を軽くする。
(3) 燃焼室の気密を保持する。
(4) ピストンの摩耗を軽減させる。

【No.13】 スタータに関する記述として，**適切なもの**は次のうちどれか。

(1) リダクション式スタータは，アーマチュアの回転をそのままピニオンに伝えている。
(2) オーバランニング・クラッチは，アーマチュアの回転を増速させる働きをしている。
(3) 直結式スタータは，リダクション式スタータと比べて小型軽量化ができる利点がある。
(4) モータのアーマチュアは，2個の軸受で支えられて回転する。

【No.14】 半導体に関する記述として，**不適切なもの**は次のうちどれか。

(1) P型半導体は，正孔が多くあるようにつくられた不純物半導体である。

(2) 負特性サーミスタは，温度上昇とともに抵抗値が増加する。

(3) ツェナ・ダイオードは，定電圧回路や電圧検出回路に用いられている。

(4) トランジスタは，スイッチング回路などに用いられている。

【No.15】 電子制御式燃料噴射装置に関する記述として，**不適切なもの**は次のうちどれか。

(1) インジェクタのソレノイド・コイルに電流が流れると，ニードル・バルブが全開位置に移動し，燃料が噴射される。

(2) フューエル・ポンプは，フューエル・タンク内に設けられ燃料を吸入，吐出しインジェクタに送るものである。

(3) チャコール・キャニスタは，燃料蒸発ガスが大気中に放出されるのを防止している。

(4) 燃料噴射量の制御は，インジェクタの噴射圧力を制御することによって行われている。

【No.16】 オルタネータ(IC式ボルテージ・レギュレータ内蔵)に関する記述として，**適切なもの**は次のうちどれか。

(1) オルタネータのICは，ロータ・コイルの断線は検出できない。

(2) ステータは，ステータ・コア，ステータ・コイル，スリップ・リングなどで構成されている。

(3) ステータ・コイルに発生する誘導起電力の大きさは，ステータ・コイルの巻き数が多いほど大きくなる。

(4) ステータには，一体化された冷却用ファンが取り付けられている。

**【No.17】** スタータ・スイッチをONにしたときに，マグネット・スイッチのメーン接点を閉じる力(プランジャを動かすための力)として，**適切なもの**は次のうちどれか。

(1) フィールド・コイルの磁力
(2) ホールディング・コイルのみの磁力
(3) アーマチュア・コイルの磁力
(4) プルイン・コイルとホールディング・コイルの磁力

**【No.18】** 点火装置に用いられるイグニション・コイルの一次コイルと比べたときの二次コイルの特徴に関する記述として，**適切なもの**は次のうちどれか。

(1) 銅線が細く，巻き数が少ない。
(2) 銅線が細く，巻き数が多い。
(3) 銅線が太く，巻き数が多い。
(4) 銅線が太く，巻き数が少ない。

**【No.19】** スパーク・プラグに関する記述として，**適切なもの**は次のうちどれか。

(1) 絶縁碍子(がいし)は，純度の高いアルミナ磁器で作られている。
(2) スパーク・プラグは，ハウジング，イグナイタ，電極などで構成されている。
(3) 高熱価型プラグは，標準熱価型プラグと比較して碍子脚部が長い。
(4) 放熱しやすく電極部の焼けにくいスパーク・プラグを低熱価型プラグという。

**【No.20】** オルタネータの構成部品のうち，三相交流を整流する部品として，**適切なもの**は次のうちどれか。

(1) ステータ・コア
(2) ブラシ
(3) レクチファイヤ(ダイオード)
(4) トランジスタ

**【No.21】** 自動車に用いられる非鉄金属に関する記述として，**不適切なもの**は次のうちどれか。

(1) 鉛は，塩酸や硫酸にも溶解されないので，バッテリの極板などに使用されている。
(2) 青銅は，銅に錫(すず)を加えた合金で，耐摩耗性に優れ，潤滑油とのなじみもよい。
(3) 黄銅(真ちゅう)は，銅に亜鉛を加えた合金で，加工性に優れている。
(4) アルミニウムは，熱の伝導率が鉄の約20倍である。

**【No.22】** 図に示す電気回路において，電流計Aが1.2Aを表示したときの抵抗Rの抵抗値として，**適切なもの**は次のうちどれか。ただし，バッテリ，配線等の抵抗はないものとする。

(1) 5Ω
(2) 6Ω
(3) 7Ω
(4) 10Ω

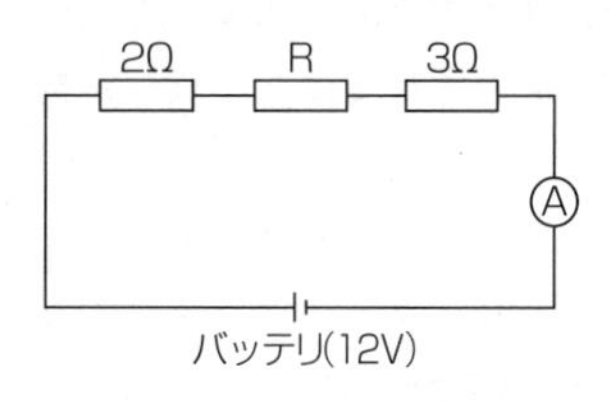

**【No.23】** プライヤの種類と構造・機能に関する記述として，**不適切なもの**は次のうちどれか。

(1) ピストン・リング・プライヤは，ピストン・リングの脱着に用いられる。

(2) コンビネーション・プライヤは，支点の穴を変えることによって，口の開きを大小二段にできるので，使用範囲が広い。

(3) ロング・ノーズ・プライヤは，刃が斜めで刃先が鋭く，細い針金の切断や電線の被覆をむくのに用いられる。

(4) バイス・グリップ(ロッキング・プライヤ)は，二重レバーによってつかむ力が非常に強い。

**【No.24】** 鉛バッテリの充電に関する記述として，**不適切なもの**は次のうちどれか。

(1) 同じバッテリを2個同時に充電する場合は，直列接続で見合った電圧にて行う。

(2) 普通充電方法とは，放電状態にあるバッテリを，短時間でその放電量の幾らかを補うために，大電流(定電流充電の数倍～十倍程度)で充電を行う方法である。

(3) 充電中は，電解液の温度が45℃(急速充電の場合は55℃)を超えないように注意する。

(4) 定電流充電法では，一般に定格容量の1／10程度の電流で充電を行う。

**【No.25】** ローリング・ベアリングのうち，ラジアル・ベアリングの種類として，**不適切なもの**は次のうちどれか。

(1) テーパ・ローラ型

(2) シリンドリカル・ローラ型

(3) ニードル・ローラ型

(4) ボール型

**【No.26】** エンジン・オイルに関する記述として，**不適切なもの**は次のうちどれか。

(1) SAE10Wのエンジン・オイルは，シングル・グレード・オイルである。

(2) オイルの粘度が低過ぎると粘性抵抗が大きくなり，動力損失が増大する。

(3) 粘度指数の大きいオイルほど温度による粘度変化の度合が少ない。

(4) 粘度番号に付いているWは，冬季用または寒冷地用を意味している。

**【No.27】** シリンダ内径85mm，ピストンのストロークが95mmの4サイクル4シリンダ・エンジンの1シリンダ当たりの排気量として，**適切なもの**は次のうちどれか。ただし，円周率は3.14として計算し，小数点以下を切り捨てなさい。

(1) 243cm$^3$

(2) 331cm$^3$

(3) 426cm$^3$

(4) 538cm$^3$

**【No.28】**「道路運送車両の保安基準」に照らし，自動車の幅に関する基準として，**適切なもの**は次のうちどれか。

(1) 3.0mを超えてはならない。

(2) 2.8mを超えてはならない。

(3) 2.5mを超えてはならない。

(4) 2.2mを超えてはならない。

【No.29】「道路運送車両法」に照らし，普通自動車特定整備事業の対象車種に**該当しないもの**は次のうちどれか。

(1) 検査対象軽自動車
(2) 大型特殊自動車
(3) 普通自動車
(4) 四輪の小型自動車

【No.30】「道路運送車両の保安基準」及び「道路運送車両の保安基準の細目を定める告示」に照らし，最高速度が100km/hである四輪小型自動車の走行用前照灯の基準に関する次の文章の（イ）と（ロ）に当てはまるものとして，下の組み合わせのうち，**適切なもの**はどれか。

走行用前照灯は，そのすべてを照射したときには，（イ）にその前方（ロ）mの距離にある交通上の障害物を確認できる性能を有するものであること。

| | （イ） | （ロ） |
|---|---|---|
| (1) | 昼　間 | 100 |
| (2) | 夜　間 | 100 |
| (3) | 昼　間 | 40 |
| (4) | 夜　間 | 40 |

# 06・3　試験問題解説（登録）

**【No.1】** 答え　(3)

(1) **インテーク・マニホールド**は，サージ・タンクと一体になっているものもある。

(2) エキゾースト・マニホールドは，一般に**シリンダ・ヘッド**に取り付けられている。

(3) インテーク・マニホールドは，**吸気抵抗を小さくすることで**，各シリンダへ分配する混合気の体積効率を高めている。

**【No.2】** 答え　(1)

一般に始動時，高負荷時などには，理論空燃比より**濃い**混合気が必要となる。

**【No.3】** 答え　(3)

(1) Aは，**クランク・ピン**

(2) Bは，**バランス・ウェイト**

(4) Dは，**クランク・ジャーナル**

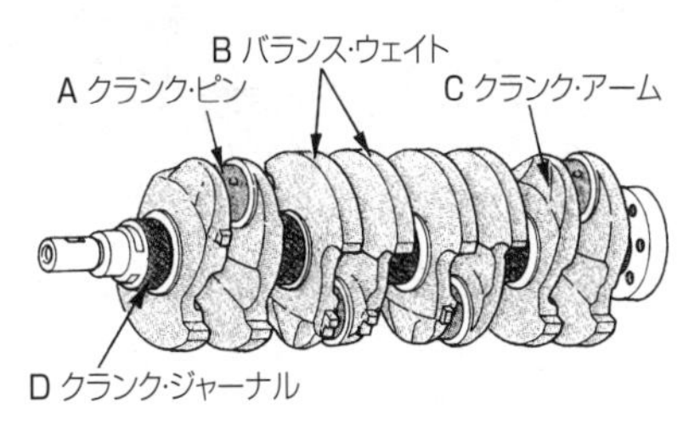


クランクシャフト

**【No.4】** 答え　(2)

(1) インナ・ロータよりも，**アウタ・ロータの歯数のほうが多い。**

(2) チップ・クリアランスの測定は，**シックネス・ゲージ**を用いて行う。

(3) ボデー・クリアランスとは，オイル・ポンプ・ボデーと**アウタ・ロータの隙間をいう。**

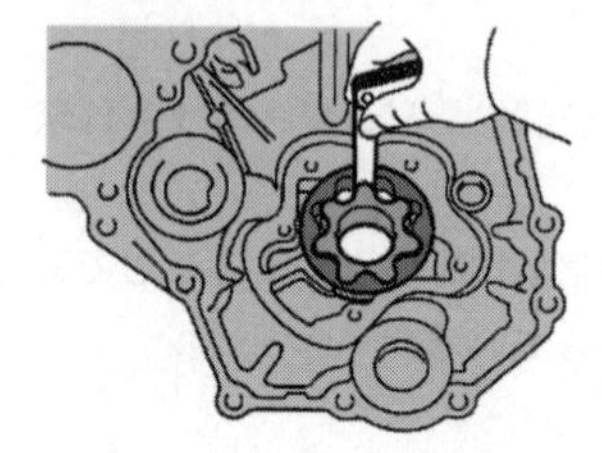

チップ・クリアランス

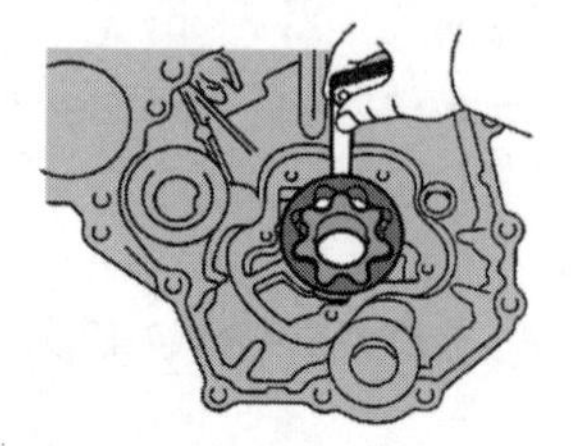

ボデー・クリアランス

**【No.5】** 答え　(1)

(1) バキューム・バルブは，冷却水温度が低下し，ラジエータ内の圧力が規定値以下になったときに開く。

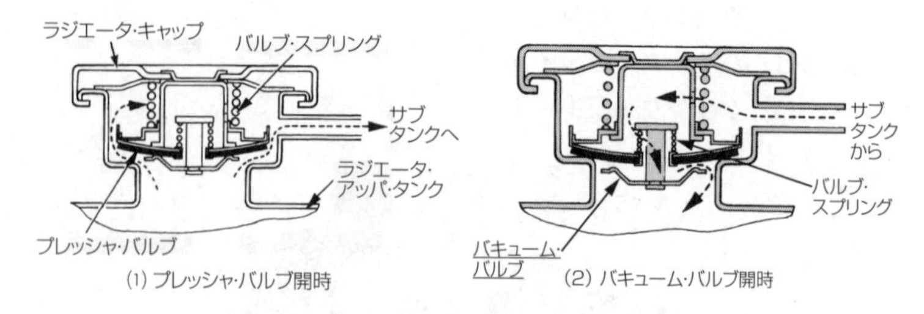


プレッシャ型ラジエータ・キャップ

**【No.6】** 答え　(4)

図1は第2シリンダが吸入行程の下死点のバルブ・タイミング・ダイヤグラムである。この状態からクランクシャフトを回転方向に360°回転させると，図2の状態となる。このとき圧縮行程の上死点にあるのは**第4シリンダ**である。

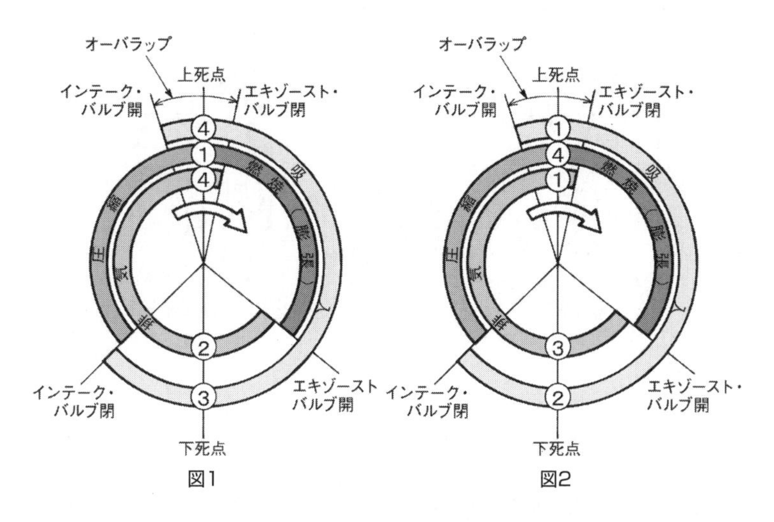


4サイクルエンジンのバルブ・タイミング・ダイヤグラム

**【No.7】** 答え　(2)

(1) バキューム・バルブは，冷却水温度が低下し，ラジエータ内の圧力が規定値以下になったときに開く。

(3) サーモスタットは、**冷却水の循環経路に設けられている。**

(4) ラジエータ・コアは軽量な**アルミニウム合金製**で、アッパ・タンク，ロア・タンクは樹脂で作られている。

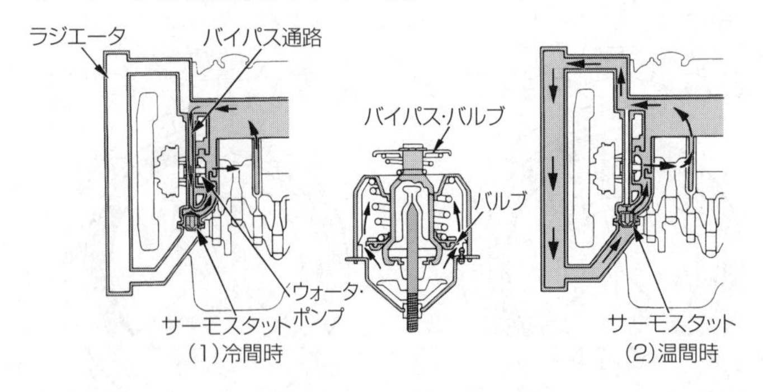


**【No.8】** 答え　(3)

(3) バイパス・バルブは、オイル・フィルタのエレメントが目詰まりし，その**入り口側の圧力が規定値を超えたとき**に開き，オイルは直接各潤滑部に送られ，各部の焼付きなどを防いでいる。

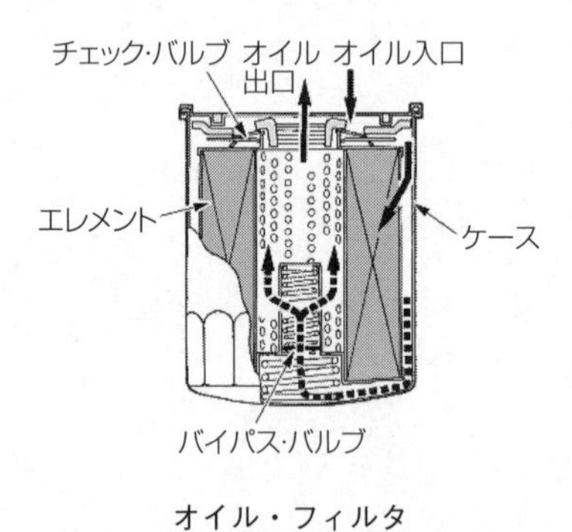


**オイル・フィルタ**

**【No.9】** 答え (1)

(2) 触媒コンバータに用いられる三元触媒は、酸化作用及び還元作用の働きにより、排気ガス中の**CO(一酸化炭素), HC(炭化水素)、NOx(窒素酸化物)**を**$CO_2$(二酸化炭素)、$H_2O$(水蒸気)、$N_2$(窒素)**にそれぞれ変えて浄化している。

(3) EGR(排気ガス再循環)装置は、燃焼ガスの最高温度を下げて**NOxの低減**を図っている。

(4) PCVバルブの高負荷時の通過面積は、軽負荷時と比較してインテーク・マニホールドの負圧が**低くなる**(大気圧に近づく)ほど減少する。

**【No.10】** 答え (4)

(1)クランク角センサは,クランク角度と**ピストン上死点**を検出している。

(2) 吸気温センサのサーミスタ(負特性)の抵抗値は, 吸入空気温度が低いときほど**高くなる**。

(3) ジルコニア式$O_2$センサのジルコニア素子は, 高温で内外面の酸素濃度の**差が大きい**ときに起電力を発生する。

**【No.11】** 答え (3)

締め付けは, **中央部のボルトから外側のボルトへ**と行う。

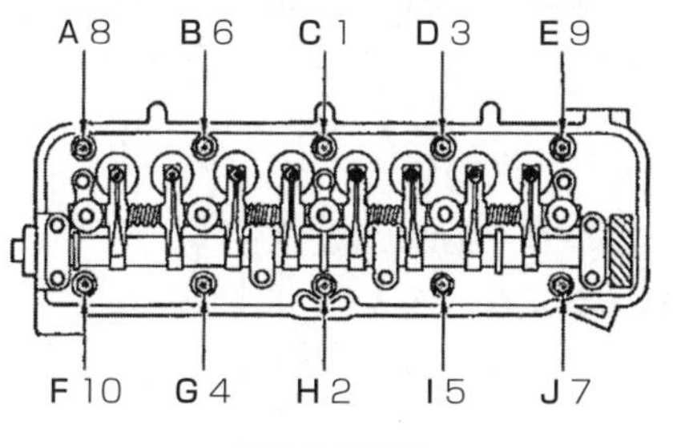


締め付け順序

**【No.12】** 答え　(2)

ピストンの質量を軽くするために，ボス方向のスカート部を切り欠いたものをスリッパ・スカート・ピストンと呼び，切り欠いてないものをソリッド・スカート・ピストンと呼んでいる。

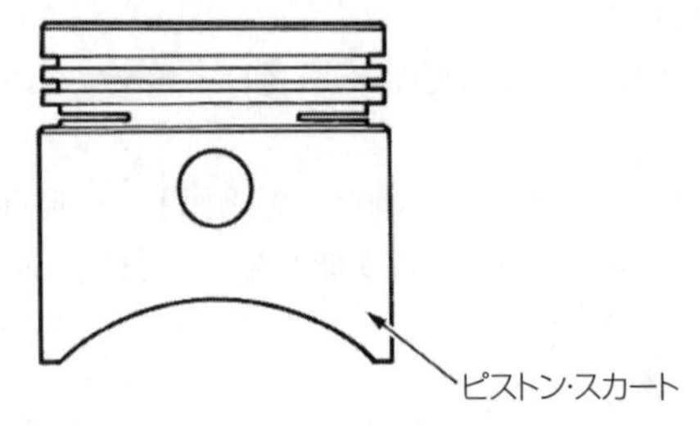


スリッパ・スカート・ピストン

**【No.13】** 答え　(4)

(1) リダクション式スタータは、**減速ギヤ部によってアーマチュアの回転を1/3～1/5程度に減速して**ピニオン・ギヤに伝えている。

(2) オーバランニング・クラッチは，**アーマチュアがエンジンの回転によって逆に駆動され，オーバランすることによる破損を防止する**ためのものである。

(3) **リダクション式スタータは**，直結式スタータと比べて**小型軽量化ができる**利点がある。

**【No.14】** 答え　(2)

負特性のサーミスタは，温度上昇とともに**抵抗値が減少する。**

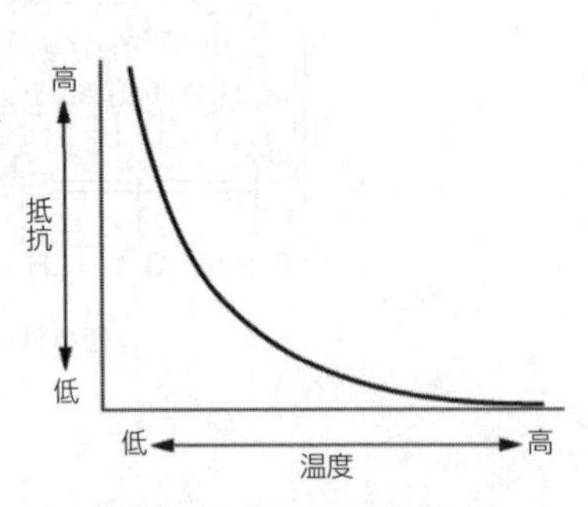


負特性サーミスタの抵抗特性

**【No.15】** 答え　(4)

燃料噴射量の制御は、インジェクタの**ソレノイド・コイルへの通電時間**によって決定される。

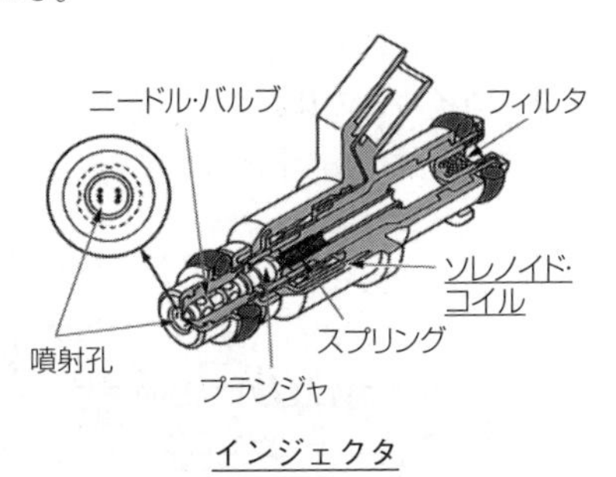


インジェクタ

**【No.16】** 答え　(3)

(1) 過電圧、低電圧、**ロータ・コイルの断線**など充電系統に異常が生じた場合、ICが異常を検出する。

(2) ステータは，ステータ・コア，ステータ・コイルなどで構成されている。**スリップ・リングは，ロータの構成部品**である。

(4) 一体化された冷却用ファンが取り付けられているのは，**ロータ**である。

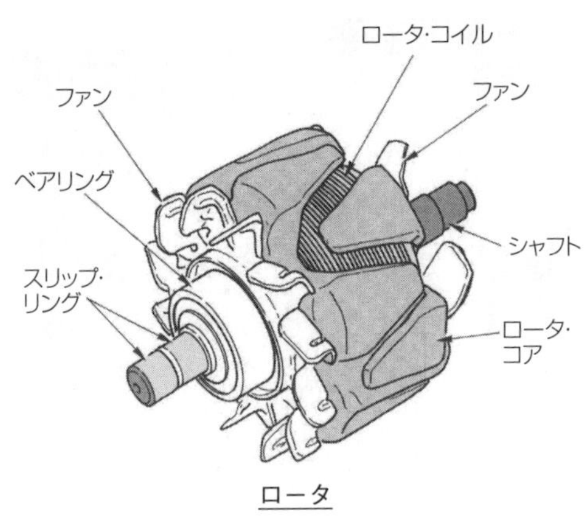


ロータ

【No.17】 答え　(4)

スタータ・スイッチをONにすると，バッテリからの電流は，プルイン・コイルを通って，フィールド・コイル及びアーマチュア・コイルに流れ，同時にホールディング・コイルにも流れる。プランジャは，**プルイン・コイルとホールディング・コイルとの加算された磁力**によってメーン接点方向(図の右方向)に動かすことで接点を閉じる。

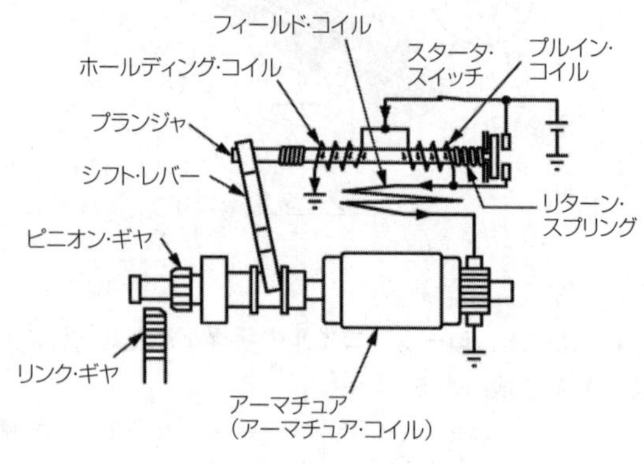


スタータ・スイッチON時

**【No.18】** 答え　(2)

二次コイルの特徴は，一次コイルより**銅線が細く**，**巻き数が多い**。

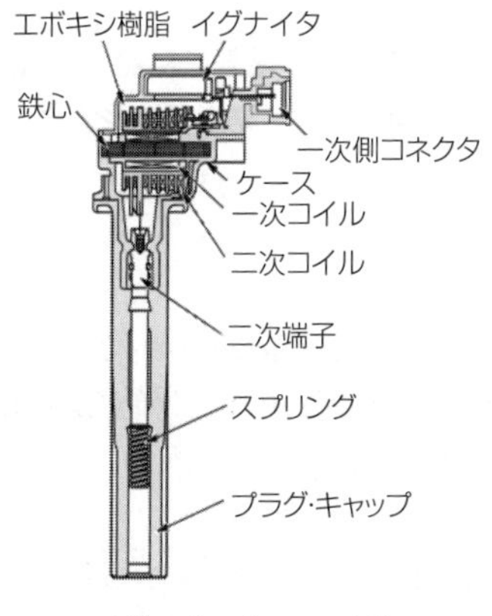


イグニション・コイル

**【No.19】** 答え　(1)

(2) スパーク・プラグは，ハウジング，**絶縁碍子**(がいし)，電極などで構成されている

(3) 高熱価型プラグは，標準熱価型プラグと比較して碍子脚部が**短い**。

(4) 放熱しやすく電極部の焼けにくいスパーク・プラグを**高熱価型プラグ**という。

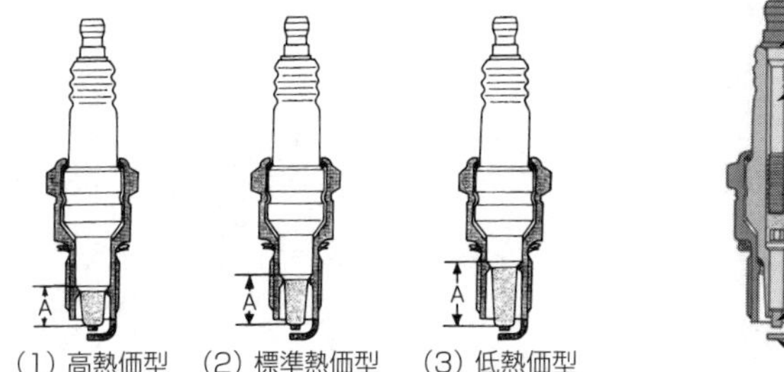


熱価による構造の違い

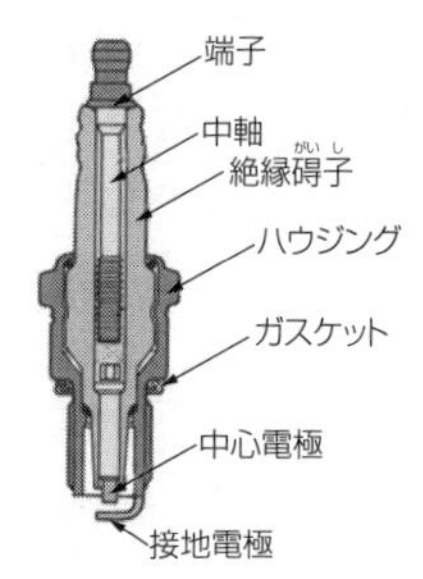


スパーク・プラグ

**【No.20】** 答え　(3)

(1) ステータ・コアは，**ロータ・コアと共に磁束の通路を形成する部品**である。

(2) ブラシは，**ロータ・コイルに電気を供給する接点となる部品**である。

(4) トランジスタは，**増幅回路，発振回路やスイッチング回路などに使用される部品**である。

**【No.21】** 答え　(4)

アルミニウム(Al)は，線膨張係数は鉄の約２倍，**熱の伝導率は鉄の約３倍**と高く，電気の伝導率は銅の約60％，比重が鉄の約３分の１と軽い。

**【No.22】** 答え　(1)

直列接続された抵抗２ΩとRΩと３Ωの合成抵抗値を$R_0$とし，回路内の抵抗値はオームの法則を利用して計算すると，

$R_0 = \dfrac{12}{1.2} = 10\Omega$ となる。

$R_0 = 2 + R + 3$　に代入し

$10 = 2 + R + 3$　となるので

$R = 10 - 5 = \underline{\mathbf{5\ \Omega}}$

求める抵抗Rの抵抗値は５Ωとなる。

【No.23】 答え　(3)

ロング・ノーズ・プライヤは，**口先が細くなっており，狭い場所の作業に便利である**。刃が斜めで刃先が鋭く，細い針金の切断や電線の被覆をむくのに用いられるプライヤは，**ニッパ**である。

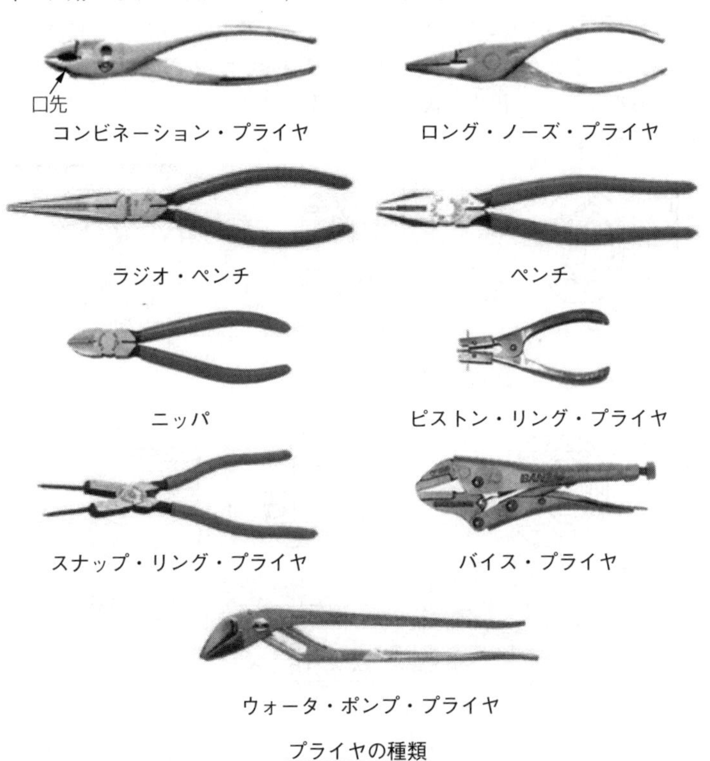


プライヤの種類

【No.24】 答え　(2)

**急速充電方法**とは、放電状態にあるバッテリを、短時間でその放電量の幾らかを補うために、大電流(定電流充電の数倍～十倍程度)で充電を行う方法である。

【No.25】 答え (1)

ローリング・ベアリングには，ラジアル方向(軸と直角方向)の荷重を受けるラジアル・ベアリング，スラスト方向(軸と同じ方向)の荷重を受けるスラスト・ベアリング，ラジアル方向とスラスト方向の両方の荷重を受けるアンギュラ・ベアリングに分けられる。**ラジアル・ベアリングには，ボール型，ニードル(針状)・ローラ型，シリンドリカル(円筒状)・ローラ型などがある。**テーパ(円すい状)・ローラ型のベアリングは，アンギュラ・ベアリングである。

ボール型

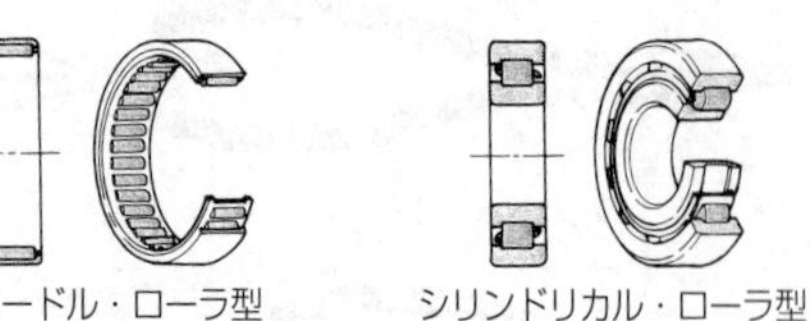

ニードル・ローラ型　シリンドリカル・ローラ型

ラジアル・ベアリング

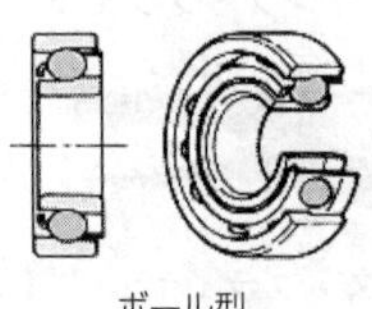

ボール型

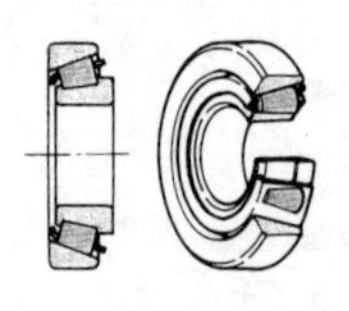

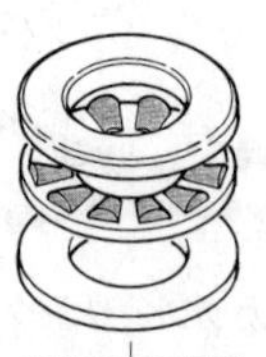

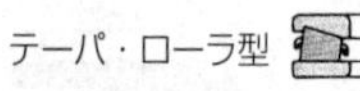

テーパ・ローラ型

アンギュラ・ベアリング

**【No.26】** 答え　(2)

オイルの粘度が**高過ぎる**と粘性抵抗が大きくなり、動力損失が増大する。

**【No.27】** 答え　(4)

V：排気量，D：シリンダ内径，$\pi$：円周率(3.14)，L：ピストンのストロークとして，

1シリンダ当たりの排気量は，$V=\frac{D^2}{4}\pi L$で求められる。

(長さの単位をmmからcmに換算して数値を代入する。)

$V=\frac{D^2}{4}\pi L=\frac{8.5^2}{4}\times3.14\times9.5=538.8=\underline{538cm^3}$となる。

**【No.28】** 答え　(3)

「道路運送車両の保安基準」第2条

自動車は，告示で定める方法により測定した場合において，長さ12m，**幅2.5m**，高さ3.8mを**超えてはならない**。

**【No.29】** 答え　(1)

「道路運送車両法」第77条

普通自動車特定整備事業(**普通自動車、四輪の小型自動車**及び**大型特殊自動車**を対象とする自動車特定整備事業をいう。)

**【No.30】** 答え　(2)

「道路運送車両の保安基準」第32条

「道路運送車両の保安基準の細目を定める告示」第198条　2　(1)

走行用前照灯は、そのすべてを照射したときには、(**夜間**)にその前方(**100**)mの距離にある交通上の障害物を確認できる性能を有するものであること。

M E M O

M E

MEMO

**自動車整備士最新試験問題解説　3級自動車ガソリン・エンジン**

2024年 1 月31日　第 1 版第 1 刷発行

著　者　自動車整備士試験問題解説編集委員会
発行者　木和田　泰正
印　刷　三省堂印刷株式会社
発行所　株式会社　精文館
〒102-0072　東京都千代田区飯田橋1-5-9
電　話　03（3261）3293
F A X　03（3261）2016
振　替　00100-6-33888



Printed in Japan　©2024 seibunkan　ISBN978-4-88102-054-8 C2053